普通高等教育信息技术类创新型系列教材

大学计算机与人工智能基础

主　编　张　杨　朱蕾蕾

副主编　孔令治　黄丽丽　王书童

科学出版社

北　京

内 容 简 介

本书以教育部高等学校计算机科学与技术教学指导委员会、非计算机专业计算机基础课程教学指导分委员会制定的《高等学校非计算机专业计算机基础课程教学基本要求》为指导，按照计算机基础课程分类、分层次组织教学的思路进行编写。全书共 9 章，主要内容包括计算机基础、计算机网络基础、操作系统基础、WPS 文字处理、WPS 表格处理、WPS 演示文稿制作、人工智能基础、程序设计基础与软件工程、医学信息系统基础。

本书内容系统全面，通俗易懂，条理清晰，详略得当，旨在培养学生的计算机应用能力，提高学生的信息技术素养，具有很强的知识性、实用性和可操作性。

本书适合作为医药类院校非计算机专业的教材，也可以作为其他高等学校非计算机专业本科、专科计算机基础课程的教材，也可作为高等学校成人教育的培训教材或教学参考书。

图书在版编目（CIP）数据

大学计算机与人工智能基础 / 张杨，朱蕾蕾主编. --北京 : 科学出版社，2025. 6. --（普通高等教育信息技术类创新型系列教材）. -- ISBN 978-7-03-082376-2

Ⅰ. TP3；TP18

中国国家版本馆 CIP 数据核字第 2025N5P215 号

责任编辑：戴　薇　袁星星 / 责任校对：王万红
责任印制：吕春珉 / 封面设计：东方人华平面设计部

科学出版社 出版
北京东黄城根北街 16 号
邮政编码：100717
http://www.sciencep.com
三河市中晟雅豪印务有限公司印刷
科学出版社发行　各地新华书店经销
*
2025 年 6 月第　一　版　　开本：787×1092 1/16
2025 年 6 月第一次印刷　　印张：15 3/4
字数：368 000

定价：58.00 元

（如有印装质量问题，我社负责调换）
销售部电话 010-62136230　编辑部电话 010-62135763-2047

本书编委会

主　编：张　杨　朱蕾蕾

副主编：孔令治　黄丽丽　王书童

编　委：（按姓氏拼音排序）

白　茹　曹　旭　侯力铁　黄家琦　霍　珊　金涛伟

冷荣伟　李思琦　刘　洁　麻文馨　马　健　朴喜航

曲　娜　苏　伟　隋永博　孙东明　孙秀丽　田钰琨

王　焱　王文龙　徐志勇　于海娇　余忆令　张　迪

张　旭　张海洋　邹元君

前　言

PREFACE

随着互联网、大数据、云计算和人工智能等信息技术的不断发展和广泛应用，计算机发挥了越来越重要的作用，同时改变着人们的工作、学习和生活方式。我国高等学校计算机基础教育进入一个新的发展阶段，各专业对大学生的计算机应用能力也提出了更高的要求。

“大学计算机基础”是高等学校非计算机专业学生的必修课程，这门课程的目标是培养具备扎实的计算机基础知识并能熟练掌握计算机操作系统、常用办公软件，能够对文档、表格、演示文稿等进行操作及处理的应用型人才。为了进一步推动高等学校计算机基础教学改革，提高针对性，适应新时期对高素质人才计算机基础知识和操作技能的需求编写了本书。编写本书的核心思想是让学生不仅熟练掌握计算机基本操作，还能够初步了解程序设计、医疗信息化、人工智能等基础知识，具备利用各种信息资源和信息技术进行自主学习和研究的能力。

全书共 9 章，全面而详细地介绍计算机基础知识和办公软件 WPS Office 的应用，并初步介绍计算机网络、人工智能、程序设计、软件工程及医学信息系统等的相关知识，具体内容如下。

第 1 章主要介绍计算机的基本概念、计算机系统的组成、数制及其转换和计算机中的数据编码、微型计算机的组成等；第 2 章主要介绍计算机网络和 Internet 应用；第 3 章主要介绍 Windows 11 操作系统的基本知识和使用方法；第 4 章至第 6 章主要介绍办公软件 WPS Office 的基本操作和使用技巧（第 4 章：WPS 文字处理；第 5 章：WPS 表格处理；第 6 章：WPS 演示文稿制作）；第 7 章主要介绍人工智能基础、研究内容及相关技术；第 8 章主要介绍计算机程序设计语言、方法和结构化程序设计与可视化程序设计基础知识；第 9 章主要介绍医学相关业务的信息系统。

本书编委会全体成员均为从事一线教学工作的教师，在多年教学及实践的基础之上结合实际编写了本书。本书重视基础知识和系统阐释，强调对学生创新和实践应用能力的培养。

本书由张杨、朱蕾蕾担任主编，孔令治、黄丽丽、王书童担任副主编，白茹、曹旭、侯力铁、黄家琦、霍珊、金涛伟、冷荣伟、李思琦、刘洁、麻文馨、马健、朴喜航、曲娜、苏伟、隋永博、孙东明、孙秀丽、田钰琨、王焱、王文龙、徐志勇、于海娇、余忆令、张迪、张旭、张海洋、邹元君参与编写。全书由张杨、朱蕾蕾统稿并审定。

由于本书知识点多，内容广泛，加之编者水平和经验有限，不足之处在所难免，敬请读者批评指正。

编 者

2025 年 2 月

目 录

CONTENTS

第1章 计算机基础

1.1 计算机的发展与应用概述

计算机是 20 世纪人类伟大的发明之一。从第一台电子计算机诞生至今，计算机的应用已经渗透到社会生活的各个领域，从科学文化、工农业生产，到国防建设都有计算机的应用，计算机已经成为人类工作和生活不可缺少的一部分。在 21 世纪，学习和掌握计算机知识，是人们主动适应现代社会的发展，更好地为社会服务必不可少的一种能力。

1.1.1 计算机的起源与发展

1. 计算机的起源

计算机的起源可以追溯到古代的计算工具，如算盘、计算尺等。在原始社会时期，人类以氏族为单位，过着打猎采摘的生活，在经过一段时间的演化之后，物品的数量日益增长。纯粹的心算已不足以应对日益复杂的计数任务，于是人类开始借助工具，如结绳、垒石、枝条和刻字等，以方便进行计算和计数。在我国春秋时期，人类的发展已经由氏族逐渐变为国家，先前的结绳刻字等方式已经无法承担当时社会规模的数据，于是我们的祖先创造出了算筹计数的“筹算法”。这些工具虽然简陋，但已经具备了计算的基本功能。然而，真正意义上的计算机，则是随着电子技术的发展而诞生的。

1666 年，英国人塞缪尔·莫兰（Samuel Morland）发明了一种可以进行加法和减法运算的机械计数器。

1673 年，德国著名科学家、微积分发明人之一戈特弗里德·威廉·莱布尼茨（Gottfried Wilhelm Leibniz）创造出了步进计算器，这成为第一台可以进行加减乘除四则运算的机械计算机。虽然步进计算器在计算能力上仍然有限，但它的推出标志着人类在计算机领域又成功迈进了一步。

在接下来的两个世纪里，众多发明家在不同时期对步进计算器进行了连续的迭代和更新。他们不断改进这一机械计算工具，使其更加精确和高效。这段时期见证了数学计算工具从简单的加法器演变为能够完成更为复杂任务的机械计算机的过程，为人类的科学研究和技术进步打开了全新的大门。

1946 年 2 月，美国宾夕法尼亚大学研制成功世界上第一台电子数字积分计算机

（electronic numerical integrator and computer，ENIAC①），如图 1-1 所示。这台计算机使用了近 18000 个电子管和 1500 个继电器，占地约 170m^2，每秒可执行 5000 次加法运算，与今天的计算机相比显然就是一个庞然大物。

图 1-1 ENIAC

2. 计算机的发展

ENIAC 标志着科学技术的发展进入新的时代：电子计算机时代。从 ENIAC 诞生至今，计算机的发展经历了以下几个阶段。

第一阶段（1946～1957 年）：电子管计算机。它的主要特征是以电子管为基本电子器件，使用机器语言和汇编语言，应用领域主要局限于科学计算和科学研究工作。第一代计算机的运算速度每秒只有几千次到几万次。由于它们体积大、功耗大、价格贵而且可靠性差、速度慢，这种计算机很快被淘汰，但它们奠定了以后计算机技术的基础。

第二阶段（1958～1964 年）：晶体管计算机。它的主要特征是晶体管取代了电子管成为基本电子器件，软件上出现了高级语言（Fortran、COBOL、ALGOL 等）和操作系统，应用领域从科学计算扩展到了数据处理。第二代计算机的运算速度已经达到每秒几万次至几十万次。同时，计算机的体积缩小，功耗降低，可靠性提高。此外，第二代计算机还增加了浮点运算，计算能力实现了一次飞跃。

第三阶段（1965～1970 年）：集成电路计算机。它的主要特征是普遍采用了集成电路，随着半导体集成技术的发展，第三代电子计算机的体积减小，功耗显著降低，可靠性大大提高。随着计算机向大型化和小型化的两极发展，计算机品种趋于多样化和系列化，运算速度已经达到每秒几十万次到几百万次，计算机的应用领域不断扩大。

图 1-2 所示的 IBM 360 系列计算机是最早采用集成电路的通用计算机，也是影响最大的第三代计算机，它的平均运算速度从每秒几千次到一百万次不等。

① 1973 年，美国联邦地方法院注销了 ENIAC 的专利，并认定世界上第一台计算机为阿塔纳索夫-贝瑞计算机（Atanasoff-Berry computer，ABC）。

图 1-2　IBM 360 系列计算机

第四阶段（1971 年至今）：大规模、超大规模集成电路计算机。它的主要特征是普遍采用大规模集成电路，运算速度提高到每秒几百万次到几亿次。随着大规模集成电路技术的发展，微型计算机诞生，它将计算机的运算器和控制器集成在一个芯片上，进一步缩小了体积，降低了功耗。系统软件的发展不仅实现了计算机运行的自动化，而且正在向工程化和智能化方向发展，数据库系统迅速普及并开始形成网络。

计算机更新换代的显著特征是体积缩小、质量减小、速度提高、成本降低、可靠性增强。微型计算机是人们目前接触最多的计算机，正是由于微型计算机的发展和普及，计算机的应用范畴迅速拓展，目前社会活动的所有领域都离不开计算机。微型计算机系统升级换代的主要标志是中央处理器（central processing unit，CPU）的升级换代。

1953 年，我国开始电子计算机的研究。1958 年，我国自主研制的第一台计算机问世，它属于电子管计算机。从 1982 年开始，我国的计算机事业进入新的发展阶段，先后研制出运算速度每秒一亿次以上的巨型计算机银河-Ⅰ、银河-Ⅱ和 32 位超级小型系列计算机等。1997 年，我国并行百亿次巨型计算机银河-Ⅲ研制成功，其峰值速度为每秒 130 亿次浮点运算。1999 年，我国高性能计算机神威-Ⅰ研制成功，其峰值速度为每秒 3480 亿次浮点运算，位列世界高性能计算机的第 48 位。2009 年，国防科技大学研制成功了首台千万亿次超级计算机系统天河一号，其峰值速度达每秒 1206 万亿次双精度浮点运算。2013 年，天河二号超级计算机落户广州超级计算中心，它的峰值速度达到了每秒 5.49 亿亿次双精度浮点运算，位列世界第一。2016 年 6 月，神威·太湖之光超级计算机在无锡诞生，它的峰值速度达到了每秒 12.5 亿亿次双精度浮点运算，位列世界第一。

1.1.2　计算机的分类与特点

1. 计算机的分类

根据计算机的性能和用途不同，一般将其分为巨型计算机、大中型计算机、小型计算机、微型计算机和工作站。

1）巨型计算机

巨型计算机又称超级计算机，其结构复杂、功能强大、运算速度极快，主要用来承担重大的科学研究、国防尖端技术、大型计算课题和数据处理任务。

2）大中型计算机

大中型计算机和巨型计算机没有根本的区别，其主要区别在于计算速度、存储容量和用途。大中型计算机 CPU 利用率高、多任务处理能力强、输入/输出处理能力强，主要应用于金融和证券行业。

3）小型计算机

小型计算机的操作系统处理能力较强，与大中型计算机相比，其性能适中，价格相对较低，容易使用和管理，可以在系统终端为多个用户执行任务。小型计算机广泛应用在中小型企业、科研部门和学校等单位。

4）微型计算机

微型计算机具有性能强、通用性好、软件丰富和价格低廉等特点，应用的领域越来越广。根据不同的使用场合和目的，微型计算机可以分为单片机、单板机、台式机和笔记本式计算机。

5）工作站

工作站介于小型计算机和微型计算机之间，运算速度比微型计算机快，具有较强的网络通信能力，主要应用于图像处理和计算机辅助设计等方面。

2. 计算机的特点

计算机作为一种通用的信息处理工具，之所以能够飞速发展，与它的性能特点是分不开的，具体体现在以下 5 个方面。

1）处理速度快

处理速度是标志计算机性能的重要指标之一，计算机处理速度一般指计算机 1 秒内所能执行的加法运算次数。计算机的电子元器件是其快速进行信息处理的物质基础，计算机的存储程序使电子元器件的快速性得到充分的发挥。

2）运算精度高

在数据处理中，计算机采用二进制数存储，其运算精度随着字长的增加而提高。目前，微型计算机处理的字长以 64 位为主。

3）存储容量大

计算机存储的数据量越大，其信息量就越大。目前，个人计算机（personal computer，PC）的内存储器容量一般为 2～32GB，硬盘（外存储器）的容量为 500GB～8TB，可以容纳一个小型图书馆的全部书籍信息。

4）逻辑判断能力可靠

计算机不但可以进行算术运算，而且可以进行各种逻辑判断、逻辑推理及复杂的定理证明。例如，计算机运行时，可以根据当前运算的结果或对外部设备（简称外设）现场测试的结果进行判断，从多个分支操作中自动选择一个分支，继续运行下去，直至得到正确的结果。计算机的逻辑判断能力是计算机智能化所必备的基本条件。

5）自动化程度高

由于计算机具有存储能力，可以将程序和数据信息存储在计算机中，因此运行程序时，计算机就会在程序的控制下自动完成指定的任务，不需要人工干预。

3. 计算机的主要性能指标

一台计算机功能的强弱或性能的好坏不是由某项指标来决定的，而是由其系统结构、指令系统、硬件组成、软件配置等多方面的因素综合决定的。总的来说，评价计算机系统性能的指标有如下几个。

1）字长

字长是指计算机运算部件能直接处理的二进制数据的位数，它标志着计算机的精度。通常，计算机的字长决定了其通用寄存器、运算器的位数和数据总线的宽度。字长越大，计算机的处理能力越强，运算精度越高，指令功能越强。字长是评价计算机性能的一个非常重要的指标。CPU 的数据总线宽度一般与字长一致。计算机的字长一般为字节（8 位二进制数）的整数倍。

2）内存储器容量

内存储器（又称主存储器，简称内存、主存）是 CPU 可以直接访问的存储器，计算机需要执行的程序与需要处理的数据就放在内存中。内存容量的大小反映了计算机即时存储信息的能力。随着操作系统的升级，以及应用软件的不断丰富和功能的不断扩展，人们对计算机内存容量的需求不断提高。内存容量越大，计算机运算速度就越快，处理能力也就越强。

3）外存储器容量

外存储器（又称辅助存储器，简称外存、辅存）容量通常是指硬盘容量。外存容量越大，可存储的信息越多，可安装的应用软件就越丰富。

存储器容量以字节（1 字节由 8 位二进制数组成）为单位。按照大小，一般常 B（字节）、KB（千字节）、MB（兆字节）、GB（吉字节）、TB（太字节）为单位，更大的存储容量单位还有 PB、EB、ZB、YB 等。

4）运算速度

运算速度是指计算机进行数值处理或信息处理的快慢程度。计算机的运行速度可以用主频和运行速度评价。

（1）主频又称时钟频率，是指 CPU 工作时钟的频率。计算机的操作需要分解指令，每个时钟周期完成一步操作，因此时钟频率在很大程度上反映了 CPU 速度的快慢。主频以赫兹（Hz）为单位，主频越高，计算机的运算速度越快。

（2）运行速度是指 CPU 每秒所能执行的指令条数，一般用每秒平均执行百万条指令数（million instructions per second，MIPS）来描述。因为各种指令的执行时间不等，所以这种描述也是粗略的。MIPS 实际上是一个描述指令执行速率的性能指标，它与执行时间成反比；运行速度越快，其 MIPS 值越高。

5）外设扩展能力

外设扩展能力主要是指计算机系统配接各种外设的能力。一台计算机可配接外设数量及类型，对整个系统性能的影响很大。因此，在系统技术说明中常给出允许配置情况与实际配置情况，以方便用户做出相应的对比。

6）软件配置

软件配置情况直接影响计算机系统的使用和性能的发挥，原则上硬件系统允许不断扩充软件配置，但是，增加软件的同时也有可能给计算机硬件系统带来负担。因此，对计算机整机系统做评价时要考虑该系统内安装软件的实际情况。

以上各项指标之间不是彼此孤立的，在实际应用中，各项指标要根据需求综合考虑，并且要力求性价比高。

1.1.3 计算机的应用

1. 计算机的应用领域

计算机的处理速度快、计算精度高、存储容量大等特点，使其在人类社会各种活动领域中的应用越来越广泛。尤其是随着计算机网络技术的发展，计算机的应用已经渗透到人类工作和生活的方方面面，如国防、科技、工业、农业、商业、交通运输、文化教育等。计算机的主要应用领域归纳起来可分为以下几个方面。

1）科学计算

科学计算又称数值计算，主要用于对科学研究和工程技术中数学问题的计算，是计算机较早的重要应用之一。例如，卫星发射中轨道的计算、发射参数的计算、空气动力学的计算等，都需要使用高速计算机才能完成。

2）数据处理

数据处理又称非数值计算，是指对数据进行采集、转换、分组、计算、存储、检索和排序等操作，也是计算机应用的一个重要领域。例如，财务管理、人事管理、物资管理和市场预测等，均利用计算机和网络技术实现信息交换、资源共享，显著提高了工作效率和工作质量。据统计，使用计算机进行数据信息处理，在计算机应用中所占的比例已超过了 70%。

3）自动控制

自动控制是指利用计算机对连续的工业生产过程进行控制（图 1-3），被控制的对象可以是一台或一组机床、一条生产线、一个车间，甚至是整个工厂。利用计算机进行过程控制，对节省劳动力、减轻劳动强度、提高生产效率、降低能源消耗和成本起着重要作用。当前，自动化程度较高的生产设备都安装计算机，计算机在过程控制中的作用有启停、巡回检测、自动调节、监视报警、记录报表等。据统计，全世界有将近 20%的微型计算机用于生产过程的控制，主要应用于冶金、化工、电力、交通、机械等各个领域。

图 1-3 自动控制

4）计算机辅助技术

计算机辅助技术是以计算机为工具，利用专用软件辅助人们完成特定的工作，以提高工作效率和工作质量，主要包括计算机辅助设计、计算机辅助制造和计算机辅助教学等。

（1）计算机辅助设计（computer aided design，CAD）是指设计人员以计算机为工具，利用相应的 CAD 应用软件，对工程或产品进行分析、设计和绘图等设计活动的技术。计算机的高速运算能力和图形处理能力，使 CAD 技术得到广泛应用。在飞机、船舶、桥梁、建筑和大规模集成电路设计中，CAD 都能帮助人们缩短设计周期，提高设计质量，节省人力和财力。

（2）计算机辅助制造（computer aided manufacturing，CAM）是指在工业制造领域中，利用计算机对生产设备进行管理、控制和操作等制造过程的技术。采用 CAM 技术可以提高产品质量、降低成本、缩短生产周期，实现无图纸加工。

（3）计算机辅助教学（computer aided instruction，CAI）是一种新的教学模式和教学方法，可以提高学生的学习兴趣，是提高教学效率和教学质量的新途径。

5）人工智能

人工智能（artificial intelligence，AI）是指将人脑演绎推理的思维过程、规则、策略和技巧等编制成计算机程序，使计算机模拟人类的某些智能活动，如感知、推理、学习和问题求解等。人工智能是计算机应用研究的前沿学科，其中具有代表性的、应用成功的两个领域是专家系统和机器人（图 1-4），目前一些智能系统已经能够替代人的部分脑力劳动。

图 1-4 机器人

6）网络应用

计算机技术与现代通信技术的结合构成了计算机网络。计算机网络的建立，不仅解决了一个单位、一个地区、一个国家计算机与计算机之间的通信，各种软件、硬件资源的共享问题，还大大促进了国际的文字、图像、视频和音频等各种类型数据的传输与处理。

2. 计算机未来应用展望

未来的电子计算机技术将向巨型化、微型化、网络化和智能化 4 个方向发展。

1）巨型化

巨型化并不是指计算机的体积大，而是运算速度更快、存储容量更大，功能更完善。巨型计算机主要应用在天气预报、地震机理研究、石油和地质勘探，以及卫星图像处理等需要大量科学计算的高科技领域。

2）微型化

微型化是指随着电子技术的发展和制造工艺水平的提高，以及大规模和超大规模集成电路技术的飞速发展，计算机的体积越来越小，功能越来越多。以微处理器为核心的微型计算机已经大范围使用，因为它便于携带。

3）网络化

网络化是网络技术与计算机技术的结合。随着网络技术的发展，人们将分布在不同地理位置的计算机通过通信线路和通信设备相互连接，形成了规模庞大、功能多样的网络系统，实现了信息的相互传递和资源共享。光纤入户使计算机联网如同电话入网一样方便，计算机的发展离不开网络技术的发展。

4）智能化

智能化是新一代计算机的主要发展方向之一。智能化要求计算机具有人类的部分智能，具有类似人的思维、推理和判断能力，能替代人进行一些脑力劳动和体力劳动。

1.2 信息在计算机中的表示

在计算机中，信息是以数据的形式表示和使用的。计算机能表示和处理的信息包括数值型数据、字符型数据及音频、视频等数据，这些信息在计算机内部都是以二进制数的形式表示的。计算机内部存储和处理数据采用二进制，是因为二进制具有运算简单、便于物理实现、节省设备等优点。计算机中的数是由位（bit）组成的，数字可以表示为二进制的形式。但是，人们习惯用十进制形式表示数据，十进制的数如何转换为二进制的形式呢？文字、符号、语言、图形和图像等复杂的信息在计算机中又如何表示呢？本节主要介绍信息在计算机中的表示。

1.2.1 进位计数制

按进位的原则进行计数的方法称为进位计数制。例如，在十进制中，是根据“逢十进一”的原则进行计数的。

1. 十进制

日常生活中经常应用的数制是十进制。这种数制有 10 个数码，分别是 0、1、2、3、4、5、6、7、8、9。数码在数据中的位置的不同，代表的数值大小也不同。例如，2846.932 就可以写为

$$(2846.932)_{10} = 2\times10^3 + 8\times10^2 + 4\times10^1 + 6\times10^0 + 9\times10^{-1} + 3\times10^{-2} + 2\times10^{-3}$$

为了明确某个数的进制，通常在其右下角写上基数值。可以看出，上述 10 是基数，10^i 则代表了某一位的权值。这是十进制数的按权展开式。

2. 二进制

计算机内部通常用二进制数来表示数据信息，二进制只有“0”和“1”两个数码，根据“逢二进一”的原则进行计数。

例如，二进制数 1001.1010 可以写为

$$(1001.1010)_2 = 1\times2^3 + 0\times2^2 + 0\times2^1 + 1\times2^0 + 1\times2^{-1} + 0\times2^{-2} + 1\times2^{-3} + 0\times2^{-4}$$

由此可以知道，二进制有两个数码，基数为 2。

3. 八进制和十六进制

八进制的数码有 8 个，即 0、1、2、3、4、5、6、7，根据“逢八进一”的原则进行计数。十六进制有 16 个数码，即 0、1、2、3、4、5、6、7、8、9、A、B、C、D、E、F，根据“逢十六进一”的原则进行计数。这里的大写字母 A、B、C、D、E、F 分别代表 10、11、12、13、14、15。

表 1-1 显示的是各个数制之间的关系。

表 1-1　十进制、二进制、八进制和十六进制对照表

十进制	二进制	八进制	十六进制	十进制	二进制	八进制	十六进制
0	0	0	0	9	1001	11	9
1	1	1	1	10	1010	12	A
2	10	2	2	11	1011	13	B
3	11	3	3	12	1100	14	C
4	100	4	4	13	1101	15	D
5	101	5	5	14	1110	16	E
6	110	6	6	15	1111	17	F
7	111	7	7	16	10000	20	10
8	1000	10	8	17	10001	21	11

1.2.2　不同数制之间的转换

1. 十进制整数转换为二进制整数

下面通过实例说明将十进制整数转换成二进制整数的过程。

【例 1.1】将十进制整数 123 转换成二进制整数。

解：方法为将十进制整数除以 2 取余数。

除数	被除数/商	余数	
2	123		
2	61	1	↑低位
2	30	1	
2	15	0	
2	7	1	
2	3	1	
2	1	1	
	0	1	高位

所以，$(123)_{10}=(1111011)_2$。

2．十进制小数转换为二进制小数

十进制小数转换为二进制小数常用的方法是将十进制小数乘以 2，取乘积的整数部分作为二进制小数的小数点后第一位；再用乘积的小数部分乘以 2，取乘积的整数作为第二位，依此循环即可。

【例 1.2】 将$(0.125)_{10}$转换为二进制小数。

解：

	整数	
0.125×2=0.25	0	高位
0.25×2=0.5	0	↓
0.5×2=1.0	1	低位

所以，$(0.125)_{10}=(0.001)_2$。

0.125 这个数比较特殊，能够比较精确地转换成二进制小数，多数情况下，十进制小数不能完全精确地转换成二进制小数，举例如下。

【例 1.3】 将$(0.56)_{10}$转换为二进制小数。

解：

	整数	
0.56×2=1.12	1	高位
0.12×2=0.24	0	
0.24×2=0.48	0	
0.48×2=0.96	0	
0.96×2=1.92	1	
0.92×2=1.84	1	
0.84×2=1.68	1	
0.68×2=1.36	1	低位
0.36×2=0.72	0	↓

所以，$(0.56)_{10}=(0.100011110\cdots)_2$。

假设要求的精度为小数点后 4 位。那么$(0.56)_{10}=(0.1001)_2$，采用 0 舍 1 入法进行取舍。

3．八进制和十六进制数转换为二进制数

因为 $8=2^3$，$16=2^4$，即 3 位二进制数相当于一位八进制数，4 位二进制数相当于一位十六进制数。所以，二进制和八进制、十六进制之间的转换十分容易。例如：

二进制：100　110　011　111

八进制：　4　　6　　3　　7

二进制：0101　1110　0111　1100

十六进制：5　　E　　7　　C

下面，介绍八进制和十六进制数是如何转化为二进制数的。例如：

八进制：　2　　5　　6　　7　　3

二进制：010　101　110　111　011

十六进制：9　　4　　B　　6

二进制：　1001　0100　1011　0110

4. 二进制运算

1）二进制算术运算

二进制算术运算与十进制算术运算类似，但其运算规则更为简单，如表 1-2 所示。

表 1-2　二进制算术运算规则

加法	减法	乘法	除法
0+0=0	0−0=0	0×0=0	0÷0（无意义）
0+1=1	0−1=1（借位）	0×1=0	0÷1=0
1+0=1	1−0=1	1×0=0	1÷0（无意义）
1+1=10（进位）	1−1=0	1×1=1	1÷1=1

【例 1.4】 有 $X=(10110110)_2$，$Y=(00101110)_2$，求 $X+Y$，$X-Y$，$X\times Y$ 的值。

解：

$$\begin{array}{cccccccccc}
 & 1 & 0 & 1 & 1 & 0 & 1 & 1 & 0 \\
+ & 0 & 0 & 1 & 0 & 1 & 1 & 1 & 0 \\
\hline
 & 1 & 1 & 1 & 0 & 0 & 1 & 0 & 0
\end{array}$$

所以，$X+Y=(11100100)_2$。

$$\begin{array}{cccccccccc}
 & 1 & 0 & 1 & 1 & 0 & 1 & 1 & 0 \\
- & 0 & 0 & 1 & 0 & 1 & 1 & 1 & 0 \\
\hline
 & 1 & 0 & 0 & 0 & 1 & 0 & 0 & 0
\end{array}$$

所以，$X-Y=(10001000)_2$。

$$\begin{array}{ccccccccccccccc}
 & & & & & & & 1 & 0 & 1 & 1 & 0 & 1 & 1 & 0 \\
\times & & & & & & & 0 & 0 & 1 & 0 & 1 & 1 & 1 & 0 \\
\hline
 & & & & & & 1 & 0 & 1 & 1 & 0 & 1 & 1 & 0 & \\
 & & & & & 1 & 0 & 1 & 1 & 0 & 1 & 1 & 0 & & \\
 & & & & 1 & 0 & 1 & 1 & 0 & 1 & 1 & 0 & & & \\
+ & & 1 & 0 & 1 & 1 & 0 & 1 & 1 & 0 & & & & & \\
\hline
 & 1 & 0 & 0 & 0 & 0 & 0 & 1 & 0 & 1 & 1 & 0 & 1 & 0 & 0
\end{array}$$

所以，$X \times Y = (1000001011 0100)_2$。

由于二进制乘法中只有“1”和“0”两种情况，相乘运算要比十进制乘法简单得多，只需要按照乘数中为1的数值的位置将被乘数写出，再将排好位置的被乘数相加即可。读者可以自行求出 $X \div Y$ 的结果［$X \div Y$ 的结果商为$(11)_2$，余数为$(101100)_2$］。

2）二进制逻辑运算

表1-3为3种基本逻辑运算的运算规则。

表1-3　3种基本逻辑运算的运算规则

“或”运算	“与”运算	“非”运算
$0 \vee 0=0$	$0 \wedge 0=0$	$\overline{0}=1$
$0 \vee 1=1$	$0 \wedge 1=0$	
$1 \vee 0=1$	$1 \wedge 0=0$	$\overline{1}=0$
$1 \vee 1=1$	$1 \wedge 1=1$	

【例1.5】 基本逻辑运算。

$X=(10101011)_2$，$Y=(11100001)_2$，则 $X \wedge Y=(10100001)_2$；

$X=(10101011)_2$，$Y=(11100001)_2$，则 $X \vee Y=(11101011)_2$；

$X=(1010)_2$，$Y=(1000)_2$，则 $\overline{X}=(0101)_2$，$\overline{Y}=(0111)_2$。

5. 计算机系统中常用的二进制计量单位

计算机中二进制数据常用的单位有位、字节和字。

位是计算机中最小的数据单位，计算机中最直接、最基本的操作就是对二进制位的操作。无论是运算器正在运算的数据，还是控制器发出的控制信号，都是由二进制位组成的。在存储器中存放的二进制数据，或在网络中发送和接收的数据也都是由二进制位组成的。

字节（byte，B）是计算机中用来表示存储空间大小的基本容量单位。计算机中的内存容量，磁盘的存储容量或者文件的大小都是以字节为单位的，千字节（KB）、兆字节（MB）、吉字节（GB）等也可以用来表示容量。它们之间的换算关系为

$$1B=8bit$$
$$1KB=1024B=2^{10}B$$
$$1MB=1024KB=2^{20}B$$
$$1GB=1024MB=2^{30}B$$
$$1TB=1024GB=2^{40}B$$
$$1PB=1024TB=2^{50}B$$

字（word，W）是计算机中作为一个整体被存取、传输和处理的二进制串。一个字由若干字节组成，不同的计算机系统对字的长度规定不一，常见的有2字节、4字节、8字节等。

1.2.3　计算机中数据的编码

计算机除了用于数值计算之外，还可进行大量的非数值数据的处理，但各种信息都是以二进制编码的形式存在的。计算机中的编码主要分为数值型数据编码和非数值型数据编码。

1. 数值型数据编码

计算机中的有符号数有三种表示方法，即原码、反码和补码。这三种表示方法均有符号位和数值位两部分，符号位都是用“0”表示“正”，用“1”表示“负”，而数值位，三种表示方法各不相同。

1）原码

原码是一种直观的二进制机器数表示形式，其中，最高位表示符号。最高位为“0”表示该数为正数，最高位为“1”表示该数为负数，有效值部分用二进制数绝对值表示。例如，设机器的字长为 8 位，则十进制数 8 的二进制原码表示为 00001000，十进制数-8 的二进制原码表示为 10001000。

2）反码

采用反码的主要原因是计算补码。编码规则是正数的反码与其原码相同，负数的反码是该数的绝对值所对应的二进制数按位求反。例如，设机器的字长为 8 位，则十进制数 8 的二进制反码为 00001000，十进制数-8 的二进制反码为 11110111。

3）补码

正数的补码等于它的原码，而负数的补码为该数的反码再加 1。例如，设机器的字长为 8 位，则十进制数 8 的二进制补码为 00001000，十进制数-8 的二进制补码为 11111000。

2. 非数值型数据编码

1）字符编码

国际上字符编码使用最多、最普遍的是美国国家信息交换标准代码（American Standard Code for Information Interchange），简称 ASCII 码。它选用常用的 128 个符号，包括 32 个控制字符、10 个十进制数码、52 个英文大写和小写字母、34 个专用符号。128 个字符分别由 128 个二进制数码表示。

表 1-4 是标准 ASCII 码字符集。存储器中的一个存储单元正好存放一个 ASCII 码。

字符串是指连续的一串字符。通常情况下，字符串占用主存中连续的多个字节，每个字节存储一个字符。例如，字符串"IF A>B THEN A=C;"可以按照表 1-4，写出它们的 ASCII 码，如表 1-5 所示。

表 1-4　标准 ASCII 码字符集

ASCII 码值	字符	ASCII 码值	字符	ASCII 码值	字符	ASCII 码值	字符
0	NUL	32	（Space）	64	@	96	`
1	SOH	33	!	65	A	97	a
2	STX	34	"	66	B	98	b
3	ETX	35	#	67	C	99	c
4	EOT	36	$	68	D	100	d
5	ENQ	37	%	69	E	101	e
6	ACK	38	&	70	F	102	f
7	BEL	39	'	71	G	103	g
8	BS	40	(	72	H	104	h
9	HT	41	)	73	I	105	i
10	LF	42	*	74	J	106	j
11	VT	43	+	75	K	107	k
12	FF	44	,	76	L	108	l
13	CR	45	-	77	M	109	m
14	SO	46	.	78	N	110	n
15	SI	47	/	79	O	111	o
16	DLE	48	0	80	P	112	p
17	DC1	49	1	81	Q	113	q
18	DC2	50	2	82	R	114	r
19	DC3	51	3	83	S	115	s
20	DC4	52	4	84	T	116	t
21	NAK	53	5	85	U	117	u
22	SYN	54	6	86	V	118	v
23	ETB	55	7	87	W	119	w
24	CAN	56	8	88	X	120	x
25	EM	57	9	89	Y	121	y
26	SUB	58	:	90	Z	122	z
27	ESC	59	;	91	[	123	{
28	FS	60	<	92	\	124	|
29	GS	61	=	93	]	125	}
30	RS	62	>	94	^	126	~
31	US	63	?	95	_	127	DEL

表 1-5　字符串的表示

字符	I	F	空	A	>	B	空	T	H	E	N	空	A	=	C	;
ASCII 码	73	70	32	65	62	66	32	84	72	69	78	32	65	61	67	59

2）汉字编码

计算机处理汉字时，同样要将其转换为二进制编码，这就需要对汉字进行编码。因为汉字是象形文字，其形状和笔画差异极大，而且数量较多，不能由键盘直接输入，所以必须用编码转换后存储到计算机中再进行处理操作。在一个汉字处理系统中，需要解决汉字输入、输出及计算机内部的编码问题。根据计算机在处理汉字过程中的不同要求，汉字编码一般分为汉字输入码、国标码、机内码和汉字字形码。汉字信息处理的流程图如图 1-5 所示。

图 1-5　汉字信息处理的流程图

3. 多媒体信息编码

计算机除了能存储和处理文字外，还能处理图形、图像、音频和视频等多媒体信息。这些多媒体信息虽然表现形式各不相同，但在计算机中都是以二进制编码表示的，这就需要对各种多媒体信息进行不同的编码。

1）图像表示法

把原始画面离散成 $m \times n$ 像素所组成的一个矩阵，黑白画面的每个像素用一个二进制数据表示该点的灰度，彩色画面的每个像素用 3 个二进制数来表示每个点的 3 个分量的灰度，即红（red）、绿（green）、蓝（blue）3 个分量的灰度。

2）图形表示法

图形表示法是根据画面中所包含的内容，分别用几何要素（如点、线、面、体和物体的材料与性质，以及环境的光线条件、观察位置等）来进行描述，如工程图样、地图等，其优点是易于加工处理，数据量较少。

计算机技术被应用于影视制作后，图像处理已成为影视制作的重要组成部分。在计算机中表示图像，主要采用两种截然不同的方法——位图和矢量图。例如，Flash 主要采用矢量图的方法，Photoshop 主要采用位图的方法，实际上越来越多的应用软件既能处理矢量图又能处理位图，这两种方法在使用中往往相互配合、融合在一起，以更好地发挥作用。

此外，计算机常用的信息编码还有 Unicode、UTF-8、GB2312、GBK 等。

1.3　计算机系统的组成

计算机系统是能够接收和存储信息，自动进行数据处理和计算，并输出结果信息的机器系统。

1.3.1 计算机系统的结构

一个完整的计算机系统由硬件系统和软件系统组成。硬件系统是计算机系统得以运行的物理基础，为各种软件系统提供运行平台。软件系统是计算机系统的“灵魂”，包括指挥、控制计算机各部分协调工作并完成各种功能的程序和数据。

1. 冯·诺依曼体系结构计算机的特点

早期的电子管计算机有以下缺点。

（1）存储容量小，只能存 20 个字长为 10 位的十进制数。

（2）依靠线路连接的方式来编制程序，每次解题都要靠人工改接线路，准备时间大大超过实际计算时间。

（3）程序和数据是分开存储的。

在研制 ENIAC 的同时，冯·诺依曼与莫尔小组也在合作研制离散变量自动电子计算机（electronic discrete variable automatic computer，EDVAC），这台计算机采用了存储程序的方案。其后，冯·诺依曼在一篇论文中概括了他的设计思想，这种思想被后人称为冯·诺依曼思想，采用这种设计思想的计算机被称为冯·诺依曼计算机。这是计算机发展史上的一个里程碑，其后开发的计算机都采用这种结构体制。

冯·诺依曼体系结构计算机的主要特点如下。

（1）采用二进制形式表示数据和指令。数据和指令在代码的表示形式上并无区别，都是“0”和“1”组成的代码序列，只是各自的约定不同。采用二进制，使各种信息的数字化表示更容易实现。

（2）采用存储程序的方式。采用存储程序的方式是冯·诺依曼思想的核心内容，即事先编制好程序（包括指令和数据），将程序存入内存，计算机在运行程序时就能自动、连续地从存储器中依次取出指令，并且按照指令要求加以执行。这是计算机能够高速自动运行的基础。计算机的工作体现为执行程序，计算机功能的扩展在很大程度上体现为所存程序的扩展。计算机的许多工作方式是由此派生的。

（3）计算机硬件系统由运算器、存储器、控制器、输入设备和输出设备五大部件组成。

以上几点奠定了现代计算机的基本结构思想，并开创了程序设计的新时代。

2. 计算机系统的基本组成

1）计算机硬件系统

硬件系统由主机和外设构成，它是人们能看得见、摸得着的物理实体。图 1-6 给出了计算机硬件系统中各部件之间的关系。

由图 1-6 可知，输入设备将信息传输到存储器，运算器和存储器之间进行数据交换后对数据进行计算，同时，存储器中的指令被传输到控制器，由控制器编译成控制命令，控制输入/输出设备、存储器运转。

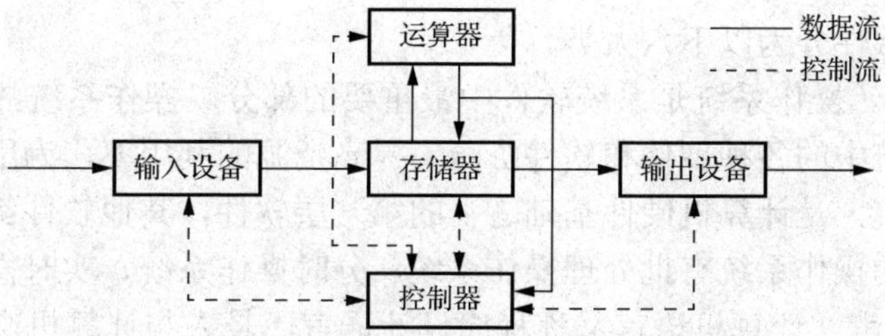

图 1-6　计算机硬件系统中各部件之间的关系

（1）运算器。运算器又称算术逻辑单元（arithmetic logic unit，ALU），是一个进行算术运算和逻辑运算的信息加工部件，又称执行部件。算术运算是指按照算术规则进行的加、减、乘、除及其混合运算。逻辑运算是指比较、移位、逻辑加、逻辑乘、逻辑取反和异或操作等非算术性的运算。

寄存器、累加器及存储单元的长度应与 ALU 的字长相等，或者是它的整数倍。

（2）控制器。控制器（control unit，CU）是计算机的指挥中心，负责解决执行程序的顺序，使计算机各个部件自动协调工作。控制器工作的实质就是解释程序，执行指令。它每次从存储器读取一条指令，经过分析译码，产生一系列的操作命令，发向各个部件，控制各部件动作，使整个计算机连续、有条不紊地工作，即执行程序。

（3）存储器。存储器是计算机中的记忆设备，用来存储程序和数据。程序是计算机操作的依据，数据是计算机操作的对象。为了实现自动计算，这些信息必须预先存储在存储器中，存储单元按照某种称为单元地址的顺序编号，进行二进制编码。给定一个单元地址，就可以获得该存储单元中的信息。

（4）输入/输出设备。输入/输出设备及其接口完成信息的输入与输出，实现人机通信。输入设备是计算机用来接收用户输入的程序和数据的设备。输入设备由两部分组成，即输入接口电路和输入装置。输入接口电路是连接输入设备和计算机主机的部件。常用的输入设备有键盘、鼠标、扫描仪、摄像头等。输出设备是将计算机处理后的最后结果或中间结果，以某种人们能够识别或其他设备所需要的形式表现出来的设备。输出设备由输出接口电路和输出装置组成。常用的输出设备有显示器、打印机和绘图仪等。

2）计算机软件系统

计算机软件是指程序、程序运行所需要的数据和与程序相关的文档资料的集合。

程序是一系列有序的指令集合。计算机之所以能够自动并连续地完成预定的操作，就是运行特定程序的结果。计算机程序通常用计算机语言编制，编制程序的工作称为程序设计。对程序进行描述的文本称为文档。因为程序是用抽象化的计算机语言编写的，非专业人员很难看懂，所以就需要用自然语言对程序进行解释说明，这就形成了程序的文档。从广义上说，计算机软件是程序和文档的集合体。

计算机软件系统可以分为系统软件和应用软件两大部分。

（1）系统软件。系统软件能够管理、监控和维护计算机资源，是计算机能够正常、高效工作的程序和相关数据的结合。系统软件的主要功能是调度、监控和维护计算机系统，负责管理计算机系统中各种独立的硬件，使它们可以协调工作。

通常将系统软件分为以下六大类。

① 操作系统。操作系统是系统软件中最重要的部分。操作系统的主要功能是控制和管理计算机系统中的各种硬件和软件资源，提高资源的利用率，为用户提供一个良好的计算机系统环境，是计算机硬件基础之上的第一层软件，其他软件都在操作系统的支持下工作。常见的操作系统有批处理操作系统、分时操作系统、实时操作系统等。

② 计算机语言。计算机语言又称程序设计语言，是人与计算机交流信息所用的语言。程序设计语言通常分为机器语言、汇编语言和高级语言。

机器语言是用二进制代码表示机器指令的语言，是计算机硬件唯一可以识别和直接执行的语言。用机器语言编写的程序，由一条条机器指令组成，是二进制形式的指令代码，计算机不需要翻译就可以直接识别和运行。机器语言因为计算机硬件的不同而有所不同。也就是说，在一台计算机上编写的机器语言程序在另一台计算机上不一定能运行。用机器语言编写的程序容易出错，不易阅读和修改，并且机器语言不易掌握。

汇编语言是用反映指令功能的助记符来代替难懂、难记忆的机器指令的计算机语言。汇编语言与机器语言指令基本上是一一对应的，是面向机器的程序设计语言。计算机无法直接执行使用汇编语言编写的源程序，必须将其翻译成机器语言才能执行。由于采用了助记符，因此汇编语言克服了机器语言难读、难修改、不易阅读的缺点。汇编语言同样也是面向机器的语言，依赖于机器，通用性和可读性都较差。

机器语言和汇编语言都是计算机的低级语言。

高级语言是采用接近自然语言的字符和表达形式并按照一定的语法规则来编写程序的语言，是面向问题的计算机语言。用高级语言编写的源程序在计算机中不能直接执行，通常要翻译成机器语言的目标程序才能执行。常用的高级语言有 Basic、Fortran、C 和 Pascal 等。高级语言具有较强的通用性，用标准版本的高级语言编写的程序可在不同的计算机系统上运行。

③ 语言处理程序。Basic、Fortran、Pascal 等语言，它们各自规定了一套基本符号和语法规则，用这些语言编制的程序称为源程序。用“0”和“1”的机器码按一定的规则组成的语言称为计算机语言，用计算机语言编制的程序称为目标程序。语言处理程序的任务就是将源程序翻译成目标程序，不同语言的源程序，使用不同的语言处理程序。常见的语言处理程序，按其翻译的方法不同，可以分为汇编程序、解释程序和编译程序。

汇编程序是将用汇编语言编写的源程序翻译成计算机可执行的目标程序的翻译程序，其翻译过程称为汇编。

解释程序是接收某种程序设计语言编写的源程序，然后对源程序中的语句进行逐条解释并执行，最后得出结果的程序。解释的过程相当于“口译”。它直接执行源程序或源程序的内部形式，不产生目标程序。解释程序的执行速度比编译程序慢很多，但占用内存较少，对源程序错误的修改也比较方便。

编译程序是将用高级语言编写的源程序翻译成与之等价的用机器语言表示的目标程序的翻译程序，其翻译过程称为编译。编译的过程相当于“笔译”。编译程序的好处是系统执行速度快，但程序比较复杂，开发和维护的费用较高。相反，解释程序比较简单，可移植性好，但执行速度慢。

④ 服务性程序。服务性程序提供各种运行所需的程序，是用于辅助计算机工作的程序。例如，程序的装入、连接、编辑及调试用的各种程序，诊断程序和纠错程序，监督程序。此外，还有二进制/十进制转换程序等为系统提供更多实用功能的服务性程序。

⑤ 数据库管理系统。数据库是为了满足大中型企业的数据处理和信息管理的需要，在文件系统的基础上发展起来的。数据库包含大量文件，有数据、表格、文字档案、信息资料等。它们之间存在着一定的关系，通过数据库管理系统可以将它们联系在一起，对它们进行检索、组合、扩建，或按用户的要求形成新的文件。因此，数据库管理系统又称数据库管理软件，用来管理系统中的相关数据，实现数据的共享，这类软件在信息处理、情报检索、办公自动化和各种管理信息系统中起着重要的支撑作用。

⑥ 计算机网络管理软件。计算机网络管理软件是为计算机网络配置的系统软件。它负责对网络资源进行组织和管理，实现相互之间的通信。计算机网络管理软件包括网络操作系统和数据通信处理程序。前者用于协调网络中各计算机的操作系统及实现网络资源的共享，后者用于网络内的通信，实现网络操作。

（2）应用软件。应用软件是为了解决用户的各种问题而编制的程序和相关资料的结合。例如，办公软件、杀毒软件、人事管理系统、银行 ATM 机上使用的软件等，都属于应用软件。

3）计算机硬件系统和软件系统之间的关系

硬件系统是软件系统赖以工作的物质基础，软件系统的正常工作是硬件系统发挥作用的唯一途径。计算机系统必须配备完整的软件系统才能正常工作，充分发挥硬件系统的各种功能。

随着计算机技术的发展，在许多情况下，计算机的某些功能既可以由硬件系统实现，又可以由软件系统来实现。因此，硬件系统和软件系统在一定意义上没有绝对严格的界限。软件技术随着硬件技术的迅速发展而发展，软件又促进硬件的更新，两者密切地交织发展，缺一不可。

1.3.2　微型计算机的主要硬件组成

微型计算机（简称微机）是人们日常所见的计算机，如图 1-7 所示，因其小巧、灵活、方便和价格廉价等优点被广泛应用于日常工作与生活的各个方面。微机也是由运算器、控制器、存储器、输入设备、输出设备五大部件组成的，其中，运算器和控制器集成为一块芯片（即 CPU）。

从外观上看，一台微机由主机、显示器、键盘、鼠标等构成。

下面分别具体介绍这几部分设备的组成和使用。

1. 主机

主机是一台微机的核心部件，包含除输入设备和输出设备之外的所有部件。主机由 CPU 和内存等组成，用来执行程序、处理数据。主机内部情况如图 1-8 所示。

图 1-7 微型计算机

图 1-8 主机内部情况

1）主板

主机芯片都安装在一块电路板上，这块电路板称为主板（又称母板），是主机箱内最大的一块电路板，如图 1-9 所示。主板是微机的核心部件之一，是 CPU 与其他部件相连接的桥梁与载体。为了与外部设备（简称外设）连接，在主板上还安装有若干接口插槽，可以在这些插槽插入与不同外设连接的接口卡，用来连接不同的外设。主板是计算机的调度中心，其性能直接影响计算机的整体性能。

图 1-9 主板示意图

2）CPU

CPU 是整台微机的核心部件，微机的所有工作都通过 CPU 来协调处理。CPU（图 1-10）主要由运算器、控制器、寄存器组和内部总线等构成，CPU 的种类决定了操作系统和相应的软件。

衡量 CPU 性能的主要技术指标如下。

图 1-10 CPU

（1）字长：CPU 各寄存器之间一次能够传输的数据位，即在单位时间内能一次处理的二进制数的位数。不同的计算机字长不同，常见的有 32 位和 64 位。字长越大，一次处理的数据位数越多，处理的速度也就越快。

（2）主频：CPU 工作的时钟频率，是 CPU 内核电路的实际运行频率，又称 CPU 的内频。但 CPU 的主频并不代表 CPU 的运算速度，CPU 的运算速度还要考虑 CPU 流水线各方面的性能指标。

一般来说，主频越高，CPU 的工作速度就越快。

人们看到的 CPU 实际上是 CPU 内核等元器件经过封装后的产品。CPU 内核，又称 CPU 核心，是 CPU 最重要的组成部分。随着制造工艺的发展，更多的功能集成在更小的核心面积，双核、多核 CPU 相继问世。

双核 CPU 就是在基于单个半导体的一个 CPU 上拥有两个一样功能的 CPU 核心，即将两个物理 CPU 核心整合入一个内核中。双核 CPU 能够提高计算机的整体性能，速度可以达到单核 CPU 的 1.4～1.8 倍。双核 CPU 需要操作系统的支持才能更好地使用第二个计算资源。

2. 存储器

1）存储器分类

计算机中的存储器分为内存和外存。内存通常由半导体存储器构成，而根据半导体存储器的读写方式的不同，又分为随机存取存储器（random access memory，RAM）和只读存储器（read only memory，ROM）。按照存储器中每个存储位的结构不同，RAM 分为静态 RAM 和动态 RAM 两种，而 ROM 分为掩模 ROM（mask ROM，MROM）、可编程 ROM（programmable ROM，PROM）、可擦除 PROM（erasable PROM，EPROM）和可电擦除可编程 ROM（electrically EPROM，EEPROM）等，如图 1-11 所示。其中，MROM 由制造厂家按计算机设计者的要求进行编程，一经制造完毕就不能更改其内容；EPROM 和 EEPROM 不但可以进行编程，而且可以用特定设备对它们进行多次擦除和再写入。

- 存储器
  - 内存
    - RAM
      - 静态RAM
      - 动态RAM
    - ROM
      - MROM
      - PROM
      - EPROM
      - EEPROM
  - 高速缓冲存储器（Cache）
  - 外存——磁盘、磁带、光盘

图 1-11　存储器分类

ROM 放在主板上，它的信息只能读不能写，但断电不会丢失其保存的信息。ROM 常用来保存启动计算机时需要的一些指令[基本输入输出系统（basic input output system，BIOS）的小型指令集合]。这些程序包括上电自检程序、转入引导程序、外设驱动程序和时钟控制程序等。这些程序永久地保留在 ROM BIOS 芯片中，不会因为断电而丢失。

RAM 又称内存条（图 1-12），主要用来临时保存数据，便于 CPU 对数据进行处理。RAM 中的数据可以读出和写入，但一旦断电 RAM 中保存的信息就会全部丢失。它速度快，连续读写速度超过 5GB/s。

外存用于存放当前不需要立即使用的信息。它既是输入设备，又是输出设备，是内存的后备和补充。它只能与内存交换信息，而不能被计算机系统中的其他部件直接访问。

2）存储器层次结构

存储器用来存放信息，信息又分为临时的和永久的。由于 CPU 的运行速度非常快，需要经常访问存储器，但存储容量、读写速度、体积及价格不可能同时满足 CPU 的要求，为了解决上述矛盾，将急需处理的信息放在内存。内存采用半导体器件，特点是速度快、容量小、价格高；外存采用磁性材料，特点是容量大、价格低、速度慢。图 1-13 为实际存储器的层次结构，与 CPU 最接近的 Cache 容量最小、速度最快。

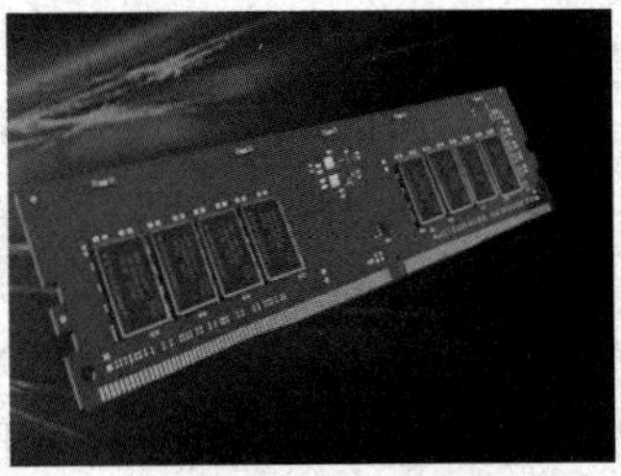

图 1-12 内存条

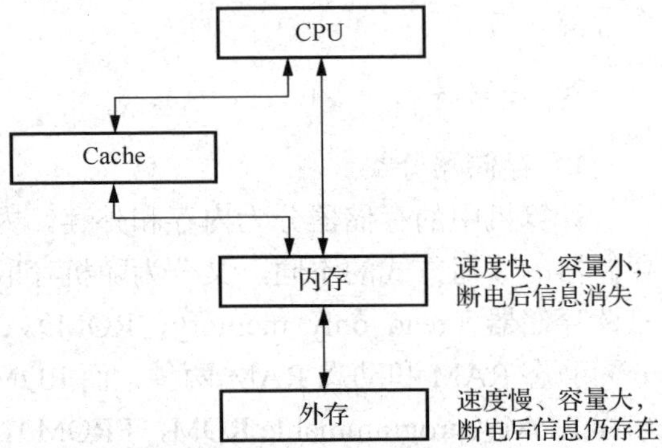

图 1-13 存储器的层次结构

内存的速度比 Cache 慢很多，但容量比 Cache 大得多。硬盘容量较大，但是存取速度较慢。硬盘是一种机电设备，数据存储于旋转磁盘上，磁盘旋转速度为每分钟几千转，仍需要宝贵的时间使正确的数据处于磁盘读写头之下。而且，数据被组织成独立的磁道，这些磁道分布在多个盘片的每一面上。为访问正确的数据，读写头必须在磁道间移动，这也需要花费时间。

3. 输入/输出设备接口

1）输入/输出接口

接口是指不同设备为实现与其他系统或设备连接和通信的对接部分。设置接口主要有以下几个方面的原因：一是输入设备大多数是机电设备，传输数据的速度远远低于主机，需要接口作为缓冲；二是输入设备表示的信息格式与主机不同；三是接口可以向主机报告设备运行的状态，传达主机的命令等。不同的设备，特别是以微机为核心的电子设备，都有自己独特的系统结构、控制软件、总线、控制信号等，因此，一个典型的计算机系统具有多种类型的外设——各种类型的接口适配器。例如，声音的输入和输出设备需要声卡来连接；显示设备也需要显卡来配合工作，类似的还有网卡、视频卡等。

输入/输出接口是 CPU 与外设之间交换信息的连接电路，它们通过总线与 CPU 相连，简称 I/O 接口。

2）总线接口

总线是计算机的神经系统，它连接着计算机内外的各种功能块。总线又称母线，是从一个或多个源部件传输信息到一个或多个目的部件的传输线束，是多个部件间的公共连线。总线接口是指把微机总线通过电路插座提供给用户的一种总线插座，供插入各种功能卡。插座各个管脚与微机总线的相应信号相连，用户只要按照总线排列的顺序制作外设或用户电路的插线板，即可实现外设或用户电路与系统总线的连接，使外设或用户电路与微机系统成为一体。

系统总线是指 CPU、内存、输入/输出（通过输入/输出接口）各部件之间的信息传输线。按系统传输信息的不同，又可分为数据总线、地址总线和控制总线。

（1）数据总线（data bus，DB）：数据总线用来传输各功能部件之间的数据信息，它是双向传输总线，其位数与机器字长、存储字长有关，一般为 8 位、16 位或 32 位等。数据总线的条数又称数据总线的宽度，它是衡量系统性能的一个重要参数。

（2）地址总线（address bus，AB）：地址总线主要用来指出数据总线上的源数据或目的数据在内存单元的地址或 I/O 端口的地址，它是单向传输的。例如，要从存储器读出一个数据，则 CPU 要将此数据所在存储单元的地址送到地址总线上。

（3）控制总线（control bus，CB）：控制总线是用来发出各种控制信号的传输线。由于数据总线、地址总线被挂在总线上的所有部件共享，当某部件要占用总线使用权时，需由控制总线发出请求。对任一控制总线而言，它的传输只能是单向的。例如，输入/输出设备向 CPU 发出请求信号，当某设备准备就绪时，便向 CPU 发出中断请求。此外，控制总线还起到监视各部件状态的作用，如查询某设备处于“忙”或“闲”、是否出错等，因此总体而言，控制信号既有出又有入。

1.3.3 微型计算机的常用外设

1. 常用的输入设备

输入设备是变换数据输入形式的部件，将数据、程序等转换成计算机能够接收的二进制代码，并将它们送入内存。输入设备不能与 CPU 直接交换信息，必须通过接口电路与 CPU 进行信息交换。常用的输入设备有键盘、鼠标，除此之外，纸带输入机、光笔、扫描仪、数码照相机、传声器、模/数转换器等都属于输入设备。所有输入设备都可以认为是模/数转换器，它们将模拟量转换成数字量，用于计算机识别。

1）键盘

键盘（keyboard）是用户向微机输入信息的主要设备，各种程序和数据都可以通过键盘输入计算机中。键盘通过一根五芯电缆连接到主机的键盘插座内，用来对键盘进行扫描，生成键盘扫描码和进行数据转换。键盘通常有 101 键、104 键和 107 键等，107 键盘比 104 键盘多了睡眠、唤醒、开机功能按键。键盘一般可分为 4 个区域：主键盘区、功能键区、编辑键区、小键盘区（数字键区）。按键的位置是依据字符的使用频率、双手手指的灵活程度与协调方便等诸多因素排列而成的。键盘上各键符及其组合所产生的字符和功能，在不同的操作系统和软件支持下有所不同。

每一个按键在计算机中都有唯一代码。当按下某个键时，键盘中的编码器通过键盘接口将该键的二进制代码输入计算机主机，并将按键字符显示在显示器上。当快速大量输入字符，主机来不及处理时，先将这些字符的代码送往键盘缓冲区，然后从键盘缓冲区中取出进行分析处理。键盘接口电路多采用单片微处理器，由它控制整个键盘的工作，如上电时对键盘的自检、扫描，按键代码的产生、发送及与主机的通信等。

2）鼠标

鼠标是用于图形界面操作系统和应用程序的快速输入设备，其主要功能是移动显示器上的鼠标指针，并通过菜单或按钮向主机发出各种操作命令。当鼠标移动时，它把移动距离及方向的信息转换成脉冲输入计算机，计算机再把脉冲转换成鼠标指针的坐标数据，以达到指示的目的。常用的鼠标有两种：一种是机械式鼠标，另一种是光电式鼠标。

机械式鼠标的底座上装有一个可以滚动的金属球，当鼠标器在桌面上移动时，金属球与桌面摩擦，发生转动。金属球与4个方向的电位器接触，可测量出上下左右4个方向的位移量，用以控制屏幕上鼠标指针的移动。鼠标指针和鼠标器的移动方向是一致的，而且移动的距离成比例。

光电式鼠标的底部装有两个平行放置的发光二极管作为光源。光电式鼠标在反射板上移动，光源发出的光经反射板反射后，由鼠标内的小型黑白摄像头和一个简单的光处理器接收，并转换为电移动信号输入计算机，使屏幕的鼠标指针随之移动。

目前，主流的鼠标是三键或两键的。对于三键鼠标，左侧键是拾取键，右侧键为消除键，中间的键是菜单选择键。鼠标所配的软件系统不同，对上述3个键的定义也有所不同。一般情况下，鼠标左键可在屏幕上确定某一位置，该位置在字符输入状态下是当前输入字符的显示点；在图形状态下是绘图的参考点。在菜单选择中，左键（拾取键）可选择菜单项，也可以选择绘图工具和命令。当做出选择后，系统会自动执行所选择的命令。鼠标能够移动鼠标指针，选择各种操作和命令，并可方便地对图形进行编辑和修改，但不能直接输入字符和数字。

2. 常用的输出设备

输出设备将计算机处理的结果转换成人们能够识别的数字、字符、图像、动画、声音等形式显示、打印或播放。输出设备只有通过输出接口电路才能与CPU交换信息。常用的输出设备有显示器、打印机，除此之外还有纸带穿孔机、投影仪、绘图仪、扬声器等。计算机的输出设备通常称为外设。这些设备有高速的，也有低速的；有机电结构的，也有电子的。因其种类繁多而且速度各异，所以不能直接与高速工作的主机相连，而是通过适配器与主机相连。适配器的作用相当于转换器，它可以保证外设用计算机系统要求的形式发送和接收信息。

1）显示器

显示器是计算机必备的输出设备（图1-14），常用的有阴极射线管（cathode ray tube，CRT）显示器、液晶显示器（liquid crystal display，LCD）和触控显示器。随着LCD技术的成熟，其已经在市场上占主导地位。

（a）CRT显示器　（b）LCD　（c）触控显示器

图1-14　显示器

显示器的主要技术指标如下。

（1）分辨率。分辨率是指屏幕上可以容纳的像素个数，它由水平行点数和垂直行点数组成。分辨率越高，屏幕上能显示的像素数越多，图像也就越细腻。

（2）点距。两个相邻像素之间的水平距离称为点距。点距越小，显示的图像越清晰。为减少眼睛的疲劳程度，应采用点距小的显示器。

（3）刷新频率。要在屏幕上看到一幅稳定的画面，必须按一定频率在屏幕上重复显示图像。显示器每秒重复图像的次数称为刷新频率，单位为 Hz。通常，显示器的刷新频率至少要达到 75Hz，即每秒重复图像 75 次。

LCD 因其显示方式，主要有以下技术指标。

（1）分辨率。LCD 是通过液晶像素实现显示的，但因为液晶像素的数目和位置都是固定不变的，所以液晶只有在标准分辨率下才能实现最佳显示效果，而在非标准的分辨率下是通过插值算法计算得到的，因此画面会变得模糊不清。LCD 的真实分辨率根据 LCD 的面板尺寸而定，15 英寸（1 英寸≈2.54cm）的真实分辨率为 1024×768 像素，17 英寸为 1280×1024 像素。

（2）可视角度。可视角度也是 LCD 非常重要的一个参数。LCD 必须在一定的观赏角度范围内才能获得最佳的视觉效果，如果从其他角度看，则画面的亮度变暗、颜色改变，甚至某些产品会由正像变为负像。由此而产生的上下（垂直可视角度）或左右（水平可视角度）所夹的角度，就是 LCD 的可视角度。由于提供 LCD 显示的光源经折射和反射后输出时已有一定的方向性，在超出这一范围观看就会产生色彩失真现象。

（3）刷新频率。由于设计上的不同，LCD 实际上并不会像 CRT 显示器那样因为刷新频率的高低而产生闪烁。

（4）亮度。亮度以坎德拉每平方米（cd/m^2）为测量单位，通常在 LCD 规格参数中会标示亮度，而标示亮度就是背光光源所能产生的最大亮度。一般 LCD 可显示 $200cd/m^2$ 的亮度，更高的会超过 $300cd/m^2$。亮度越高，适应的使用环境也就越广泛。

（5）坏点。坏点就是无论显示器所显示出来的图像为何，LCD 上的某一点永远是显示同一种颜色（一般坏点以绿色及蓝色的为多）。检查坏点的方式非常简单，只要将 LCD 的亮度及对比度调到最大（让显示器成全白的画面），以及调成最小（让显示器成全黑的画面），就可以轻易找出无法显示颜色的坏点。

2）打印机

打印机是计算机的输出设备，用于将某些信息显示在纸上。打印机可以分为击打式打印机和非击打式打印机两类。击打式打印机主要是针式打印机，非击打式打印机主要有热敏打印机、喷墨打印机和激光打印机。

下面主要介绍目前常用的针式打印机、喷墨打印机和激光打印机（图 1-15）。

（1）针式打印机。针式打印机是利用机械动作，将字体通过色带打印在纸上。在打印机发展史上，针式打印机很长一段时间占有重要地位。针式打印机之所以流行不衰与它极低的打印成本、很好的易用性和单据打印的特殊用途分不开。但打印质量低、噪声大是其不可避免的缺点，所以现在只有银行、超市等票单打印时还可以看到它的踪迹。

（a）针式打印机　　（b）喷墨打印机　　（c）激光打印机

图 1-15　打印机

（2）喷墨打印机。喷墨打印机的打印头用微小的喷嘴代替。按打印机打印出来的字符颜色，可以将它分为黑白喷墨打印机和彩色喷墨打印机两种。喷墨打印机的主要优点是打印精度较高、噪声较低、价格较低。其主要缺点是打印速度较慢、墨水消耗量较大。

（3）激光打印机。激光打印机是近年来发展很快的一种输出设备，有黑白和彩色两种。激光打印机的优点是精度高、打印速度快、噪声低，是办公自动化的主流产品。随着普及性的提高，激光打印机的价格也有了大幅下降，受到广大用户的青睐。它的打印原理是首先利用光栅图像处理器产生要打印页面的位图，然后将其转换为电信号等一系列的脉冲输入激光发射器，在一系列脉冲的控制下，激光被有规律地放出。同时，反射光束被接收的感光鼓所感光。激光发射时产生一个点，激光不发射时为空白，这样就在接收器上印出一行点来，接收器转动一小段固定的距离后继续重复上述操作。当纸张经过感光鼓时，鼓上的着色剂就会转移到纸上，印成了页面的位图。最后当纸张经过一对加热辊后，着色剂被加热熔化，固定在了纸上，即完成了打印的全过程。

3. 外存

与内存相比，外存具有容量大、速度慢、价格低、可脱机保存信息等特点。常见的外存有硬盘、光盘及可移动外存等。

1）硬盘

硬盘位于主机箱内，主要由盘片、控制电路板、电源接口、数据接口、主控芯片、次控芯片和主从设置跳线器组成（图 1-16）。硬盘的盘片通常由金属、陶瓷或玻璃制成，上面涂有磁性材料。盘片被固定在电动机的转轴上，由电动机带动它们一起转动。每个盘片的上下两面各有一个磁头，它们不与盘片接触。如果磁头碰到了高速旋转的盘片，则会破坏表面的涂层和存储在盘片上的数据，磁头也会毁坏。硬盘是一个非常精密的设备，要求的密封性能很高。任何微粒都会导致硬盘读写失败，所以要将硬盘密封在一个容器之中。控制电路板包括主轴调速电路、磁头驱动与伺服定位电路、读写电路、控制与接口电路等。电路板上还有一块ROM芯片，里面固化的程序可以进行硬盘的初始化，执行加

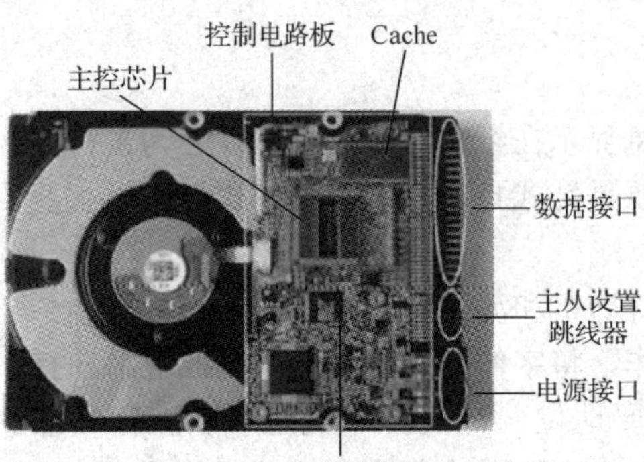

图 1-16　硬盘内部结构

电和启动主轴电机，加电初始寻道、定位以及故障检测等。电路板上还安装有容量不等的高速数据缓存芯片。电源接口用于与主机电源相连接，为硬盘正常工作提供电力保证。数据接口用于硬盘数据与主板控制芯片之间进行数据传输交换，数据接口主要分为 IDE 接口、SATA 接口和 SCSI 接口三大类。主控芯片是位于底板上的正方形芯片，是硬盘的 CPU，负责数据交换和数据处理。

硬盘信息是按柱面号、磁头号和扇区号来存储的，柱面由一组盘片上的同一个磁道纵向形成的同心圆柱构成，柱面编号从 0 开始，由外向内进行编号，柱面上的磁道是由外向内的一个个同心圆，每个磁道又分为若干扇区。硬盘信息的读写根据柱面号、磁头号和扇区号来确定读写的具体位置。若一个扇区的容量为 512B，则硬盘存储容量为 512B×柱面数×磁头数×扇区数。

新硬盘在使用前必须进行格式化。硬盘格式化分为两级，即低级格式化和高级格式化。硬盘的低级格式化是指在每个磁片上划分出一个个同心圆的磁道，属于物理格式化。现在的硬盘在出厂前都已完成了这项工作。低级格式化可以清除硬盘上所有的病毒，也会彻底清除硬盘中的内容，应谨慎使用。低级格式化次数过多对硬盘是有害的。

低级格式化后的硬盘还要进行分区和高级格式化。为了方便用户使用，系统允许把硬盘划分成若干相对独立的逻辑存储区，并把主引导程序和分区信息写到硬盘的第一个扇区。分区后，对每一个逻辑分区进行高级格式化。高级格式化是建立操作系统，使硬盘兼有系统启动盘的作用，同时对每个逻辑盘进行初始化，建立文件分配表。

2）光盘

光盘（如 CD-ROM、DVD-ROM）只有一面有数据，数据刻录在光滑的一面，数据的读取靠激光来实现。

光盘的数据存储和硬盘是不同的，它是按轨道方式存储的。光盘轨道是一条从中心开始的渐开线，是一根完整的线。光盘在工作时，激光头由内向外读取数据。

光盘上有两种状态，即凹点和空白，它们的反射信号相反，很容易经过光检测器识别。光束首先打在光盘上，再由光盘反射回来，经过光检测器捕获信号。检测器所得到的信息只是光盘上凹凸点的排列方式，驱动器中由专门部件转换并进行校验，然后才能得到实际数据。光盘分为只读光盘、一次写入光盘和可擦除光盘。光盘的特点是成本低、容量较大、保存时间长。

3）可移动外存

（1）闪存盘。闪存盘又称 U 盘，它的工作原理同内存，但断电后存储的信息不会丢失。它的特点是存储速度快、体积小，可重复读写 100 万次以上，即插即用，不需要驱动。

（2）可移动硬盘。可移动硬盘采用现有固定硬盘的新技术，主要由驱动器和盘片两部分组成。其中，每个盘片相当于一个硬盘，可以连续更换盘片，以达到无限存储的目的。

（3）固态硬盘。固态硬盘又称电子硬盘或固态电子盘，是由控制单元和固态存储单元（动态 RAM 或 Flash 芯片）组成的硬盘。固态硬盘的接口规范、定义、功能和使用方法都与普通硬盘相同，在产品外形和尺寸上也与普通硬盘一致。由于固态硬盘不存在任何机械振动部件，没有普通硬盘的旋转介质，因此抗振性极佳。

1.4 未来计算机

计算机的核心部件是芯片，目前的芯片主要采用光蚀刻技术制造，即让光线透过有线路图的掩膜照射在硅片表面以进行线路蚀刻的技术。然而以硅为基础的芯片制造技术的发展不是无限的，当线宽低于 0.1nm 以后，就必须开拓新的制造技术。目前来看，未来有可能引起计算机技术革命的技术有 4 种：光技术、纳米技术、生物技术和量子技术。同样，未来有前景的计算机有光计算机、分子计算机、生物计算机和量子计算机等。

1.4.1 光计算机

光计算机是指利用光作为载体进行信息处理的计算机。1990 年，美国贝尔实验室推出了一台由激光器、透镜反射镜等组成的计算机，这就是光计算机的雏形。随后，英国、法国、比利时、德国、意大利等国的 70 多名科学家研制成功了第一台光计算机——光脑。传统计算机靠电荷在线路中的流动来处理信息，光脑则靠激光束进入由反射镜和透镜组成的阵列来对信息进行处理。光子不像电子那样需要在导线中传播，即使在光线相交时，它们之间也不会相互影响，并且在不满足干涉的条件下也互不干扰。光束这种互不干扰的特性，使光脑能够在极小的空间内开辟很多平行的信息通道，密度极大。一块截面为硬币大小的棱镜，其通过能力超过全球现有全部电话电缆许多倍。光脑的运算速度比普通电子计算机快上千倍。而且，光无须物理连接，如果将透镜和激光器做到芯片的背面，那么计算机就可以通过空气传播信号。

1.4.2 分子计算机

分子计算机是指尝试利用分子计算的能力来进行信息处理的计算机。分子计算机的运行原理是分子晶体可以吸收以电荷形式存在的信息，并以更有效的方式进行组织排列。凭借着分子纳米级的尺寸，分子计算机的体积将剧减。此外，分子计算机耗电可大大减少，并能更长期地存储大量数据。

日本的安尼尔班 • 班德亚帕德耶博士这样形容四甲基对苯醌：“它看上去就像小汽车。”他通常会在特殊的电子显微镜下研究这种有机物分子。在镜头下，这辆“小汽车”拥有六边形苯环组成的“车身”，有 4 个圆锥体模样的碳氢“车轮”连接其上，而整个分子直径小于 1nm，是可见光波长的数百分之一。班德亚帕德耶希望用 17 个这样的分子拼凑出一部计算机，以期让纳米装置具备智能特征。

1.4.3 生物计算机

生物计算机实现起来比光计算机更困难，但潜力也更大。生物系统的信息处理过程是基于生物分子的计算和通信过程，因此生物计算又常称为生物分子计算，其主要特点是大规模并行处理及分布式存储。科学家研究发现，脱氧核糖核酸（deoxyribonucleic acid，DNA）有一种特性，即能够携带生物体各种细胞拥有的大量基因物质。数学家、生物学家、化学家及计算机专家从中得到启发，正在合作研制未来的液体 DNA 计算机。这种 DNA 计算机的工作原理是以瞬间发生的化学反应为基础，通过和酶的相互作用，将反应过程进行分子编码，对问题以新的 DNA 编码形式加以解答。

和普通计算机相比，DNA 计算机的优点首先是体积小，但存储的信息量却超过现代世界上所有的计算机。它用于存储信息的空间仅为普通计算机的几兆分之一，其信息可存储在数以兆计的 DNA 链中。其次，这种计算机运算速度极快。据估计，一台 DNA 计算机只需几天时间，就可以完成迄今为止所有计算机曾经进行过的运算。最后，这种计算机可以最大限度地减少能耗，其能耗仅为普通计算机的十亿分之一。1995 年，科学家首次报道用“编程”DNA 链解数学难题取得突破。

DNA 计算机的功能之所以强大，就在于每条链本身就是一个微型处理器。科学家能够把 10 亿亿条链安排在 1000g 的水中，而每条链各司其职，它们各自进行计算。这意味着，DAN 计算机能同时“试用”巨大数量的可能解决方案。与此形成对照的是，电子计算机对每个解决方案必须自始至终进行计算，直到试用下一个方案为止。

综上所述，电子计算机和 DNA 计算机是截然不同的。电子计算机一小时能进行许多次运算，但是一次只能进行一次运算，而 DNA 计算机进行一次运算大约需要 1h，但是一次能进行 10 亿亿次运算。

1.4.4 量子计算机

量子计算机的概念源于对可逆计算机的研究。研究可逆计算机的目的是解决计算机中的能耗问题。

量子计算机的概念最早由理查德·费曼提出，最初是从对物理现象的模拟而来的。费曼发现当模拟量子现象时，庞大的希尔伯特空间使资料量也变得庞大，一个完好的模拟所需的运算时间变得相当可观，甚至是不切实际的天文数字。费曼当时就想到，如果用量子系统构成的计算机来模拟量子现象，则运算时间可大幅度减少。

量子计算机基于量子力学原理，采用深层次计算模式，这一模式只由物质世界中一个原子的行为决定，而不像传统的二进制计算机那样将信息分为“0”和“1”，量子计算机最小的信息单元是一个量子比特（quantum bit），量子比特不只有开、关两种状态，而是以多种状态出现，这种数据结构对使用并行结构计算机来处理信息是非常有利的。量子计算机的信息传输几乎不需要时间，信息处理所需的能量接近于零。近年来，基于量子力学效应的固态纳米电子器件的研究已经取得了很大的进展。

第 2 章　计算机网络基础

计算机网络是计算机技术与通信技术结合的产物，已融入人们日常生活工作之中。作为当代大学生，学习和掌握计算机网络的基础知识已成为基本的学习任务之一。本章将介绍计算机网络概述、网络协议、网络体系结构、网络拓扑结构、网络传输介质及连接设备、Internet 概述及应用、网络安全等内容。通过学习本章内容，应当了解计算机网络基础知识，理解计算机网络协议，熟练使用 Internet 提供的各种应用。

2.1　计算机网络概述

2.1.1　计算机网络的产生与发展

计算机网络技术已成为发展较快的信息技术领域之一。特别是随着无线互联网的飞速发展，网络正在改变着人们日常的生活方式。

计算机网络诞生至今，主要经历了 4 个发展阶段。

1. 萌芽阶段（20 世纪 50 年代中期至 60 年代初期）

早期计算机网络可以说是一种远程联机系统，这种系统以单台计算机作为中心，采用分时系统，为不同用户终端分配可以使用的时间片。用户终端包括显示器、键盘等，没有配置 CPU 和硬盘、内存，仅具有输入/输出的基本功能。当时，这种计算机网络被定义为以传输信息为目的而连接起来，实现远程信息处理或进一步达到资源共享的系统。可以说，这个阶段的计算机网络仅仅是一个雏形，并非真正意义上的计算机网络。

2. 诞生阶段（20 世纪 60 年代中期到 70 年代初期）

这一阶段的典型网络是 ARPAnet（advanced research projects agency network，高级研究计划署网络），它由美国国防部高级研究计划局组建。ARPAnet 是基于分组交换技术建立的。分组交换的本质是存储转发，以网络为中心，主机和网络终端设备都设置在网络外部，分组交换网可以将用户提供的硬件和软件资源利用共享资源子网实现共享，方便信息沟通交流。计算机网络应用分组交换技术后，改变了以往计算机网络的概念、结构及设计理念，基本建立了计算机网络的结构模式。

3. 协议标准产生与确立阶段（20 世纪 70 年代中期到 90 年代初期）

随着网络体系结构的建立和国际标准的制定，计算机网络进入了具有统一网络体系结构并遵守国际标准的时期。自 ARPAnet 建立后，计算机网络逐渐从军事领域向民用领域发展。各大计算机厂商和科技公司不断推出符合自身软硬件产品要求的网络体系结构。信息要顺利沟通交流，就离不开标准化的环境，而不同的标准将使不同计算机产品之间无法进行信息互通互连。基于这种背景，网络通用体系结构逐渐建立起来，即 OSI/RM（open system interconnection/reference model，开放系统互连参考模型）和 TCP/IP 参考模型。其中，OSI/RM 是 1977 年由国际标准化组织（International Organization for Standardization，ISO）提出的，并于 1984 年正式发布。这个阶段，计算机网络具有了统一的网络体系结构，遵循国际标准化协议。

4. Internet 国际互联阶段（20 世纪 90 年代至今）

这一阶段计算机网络的特点是 Internet 高速发展。随着人们对网络需求的增长，网络接入技术也不断发展，主要体现在 BISDN（broadband intergrated services digital network，宽带综合业务数字网）和 ATM（asynchronous transfer mode，异步传输模式）技术的发展。随着数字通信的出现，计算机网络呈现高速化、协同化、智能化快速发展的态势。在这一阶段，Internet 逐渐走入千家万户，移动互联网伴随智能手机等移动智能终端得到普及推广，为人们提供了丰富多彩的移动互联生活。

2.1.2　计算机网络的定义

随着计算机网络的迅速发展，对于其定义，不同学者有不同的观点。目前，比较通用的计算机网络的定义如下：利用通信线路和通信设备，把地理位置上分散或不同，并具有独立功能的多个计算机系统互相连接，按照统一的网络协议进行通信，以实现硬件及软件资源共享和数据通信的计算机系统的集合。

计算机网络的定义体现在以下几个方面。

（1）数据通信和资源共享是计算机网络建立的主要目的。其中，需要共享的资源包括软件资源和硬件资源。数据通信可将不同计算机通过网络的互通互连，实现协同工作。

（2）计算机网络的基本组成单位是多个具有独立功能的计算机，这种计算机在脱离网络后仍然能够独立工作。

（3）构成计算机网络的计算机之间要实现数据通信和资源共享，必须依靠网络连接设备和传输介质，并且必须严格遵守事先约定的统一的网络协议。

2.1.3　计算机网络的组成

从物理连接方面分析，计算机网络由计算机系统、通信链路、网络结点组成。其中，计算机系统进行各种数据处理，通信链路和网络结点提供通信功能。

从逻辑功能方面分析，计算机网络可分为资源子网和通信子网，如图 2-1 所示。

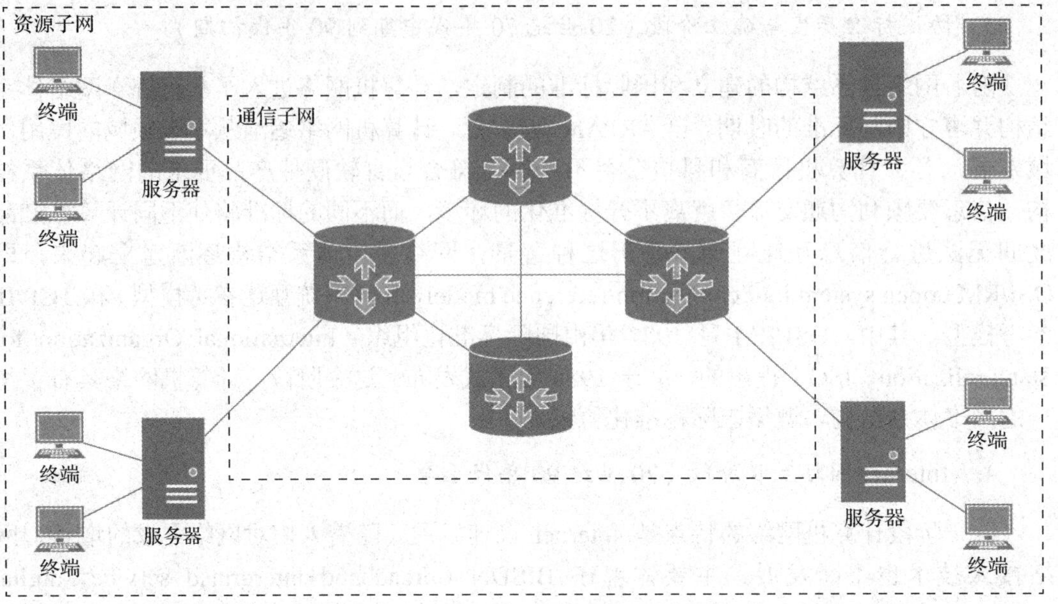

图 2-1 计算机网络的组成

1. 资源子网

资源子网由计算机及各种外围设备组成，主要负责信息处理、信息分组及共享资源管理。

2. 通信子网

通信子网主要由通信设备（如路由器、交换机等）及通信线路（如光纤、无线电波等）组成，主要负责分组信息的交换。

2.1.4 计算机网络的功能

计算机网络的主要功能是数据通信和资源共享。另外，计算机网络还可提升系统的安全性和可靠性。

1. 数据通信

数据通信是计算机网络的基本功能之一。随着大数据、人工智能的发展，每天都产生大量的数据信息，通过计算机网络将数据进行捕捉、管理和处理，将有效提升数据的利用率。电子邮件等现代化通信手段的应用，改变了以往传统信件发送的方式，还可以发送图形图像、音频、视频等，实现了分布于不同地理位置上不同用户的数据快速传输与交流。基于数据通信的网络协同办公平台的出现，为企事业单位提供了一个网络办公环境，可进行视频会议或协同办公，在家就可以完成日常工作。

2. 资源共享

资源共享包括软件资源、硬件资源的共享，是计算机网络应用的重点。通过资源共享，用户可以获得网络覆盖范围内的各类资源，实现协同工作，提高资源利用率。

（1）硬件资源的共享：用户共享计算机网络中的不同硬件设备，包括网络存储、打印设备、通信线路、图形图像工作站等，降低办公成本。

（2）软件资源的共享：随着大型数据库系统、网络应用软件的普及，允许计算机网络用户共享服务器中的数据或程序。

3. 可提升系统的安全性与可靠性

系统的安全可靠对于军事、金融等部门至关重要。计算机网络的构建，可以将数据、程序等资源备份到网络中的不同终端，即实现容灾备份，这就可以防止因地震、洪水、火灾等灾害使服务器受损导致的数据丢失，提高了系统的安全性和可靠性。此外，计算机网络通信线路可以构建冗余线路，防止单一通信线路中断导致系统数据传输中断带来的损失，提高了网络系统的可靠性。

2.1.5 计算机网络的分类

计算机网络可根据不同的标准进行划分，一般有以下几种分类方法。

1. 按网络覆盖的地理范围分类

按网络覆盖的地理范围分类，计算机网络可分为局域网（local area network，LAN）、城域网（metropolitan area network，MAN）和广域网（wide area network，WAN）。

1）局域网

局域网主要应用于较小的地理范围，一般在几十米到几千米范围内。局域网是最常见、也是应用最为广泛的一种网络。随着宽带走入家庭，很多家庭开始部署自己的家庭局域网，以便于家庭成员之间的资源共享。各类机关、企事业单位也都建立了基于本机构的局域网，如政务网、校园网、企业网等。一个局域网，一般可以容纳的计算机少则几台，多则上千台。

局域网具有如下特性。

（1）规模小、传输延迟小、数据传输错误率低，并可提供较高的数据传输速率（10～1000Mb/s）。

（2）用户数量少、配置简单、管理方便、易于建立、使用灵活、组件成本较低，主要用于实现短距离的数据通信与资源共享。

（3）覆盖的地理范围有限，一般归属于同一个组织机构，不存在寻径问题，如一个公司、一所学校、一个医院、某一幢楼等。

2）城域网

城域网一般覆盖一座城市，一般在十几千米到上百千米的范围内，是一个规模较大的城市范围内的网络。城域网常采用 ATM 技术构建骨干网，是局域网扩大应用范围后出现的一种网络类型，可以理解为局域网的拓展。城域网可以满足几十千米范围内的各大机关、企事业单位等机构的日常网络通信需求，在用户数量众多、信息量庞大的情况下实现的数据通信与资源共享。

城域网具有如下特性。

（1）主要应用场景为几十千米范围内的多用户、多机构下的网络互连。

（2）覆盖地理范围相对于局域网要广。

（3）网络组建复杂、建设成本高、数据传输距离远。

（4）可实现大量企事业单位、机构等之间的数据通信。

3）广域网

广域网覆盖范围比城域网更广，一般在不同城市之间的局域网或城域网进行网络互连，范围在几十千米到几万千米不等，可以小到一个城市，大到一个国家，甚至跨越几个国家、越过洲界，直至整个世界。广域网的建设需要借助电话线路、卫星通信线路等公共传输网来实现。ARPAnet是世界上第一个广域网，将分布于美国各地不同的计算机和网络相互连接，实现数据通信与资源共享，为Internet的产生奠定了技术基础。

广域网具有如下特性。

（1）覆盖地理范围相对于城域网要广。

（2）数据需要长距离传输，传输速率低。

（3）传输介质和使用技术复杂，建设成本高。

（4）传输误码率高。

2. 按传输介质分类

按照网络的传输介质分类，计算机网络可分为有线网络和无线网络两种。其中，局域网通常采用单一的传输介质，而城域网和广域网通常采用多种传输介质。

1）有线网络

有线网络是指使用同轴电缆、双绞线等有线介质作为网络中全部通信介质的网络。常用的有线介质包括同轴电缆、双绞线、光缆、电话线等。优点是技术成熟、安装便利、产品较多、实施方便、建设成本低、受气候环境的影响较小。同时，也存在传输速率低、抗干扰能力差、传输距离短等问题。

2）无线网络

无线网络是指使用微波、无线电波等作为载体传输数据的网络。网络结点之间不再依赖有线介质的连接，网络部署灵活，建设成本低。优点是具备高度移动性，架设维护简单，有利于智能手机等智能无线终端应用的普及。同时，也存在无线技术发展相对缓慢，信号质量和强度容易受到地理位置、天气等外在环境影响等问题。

3. 按拓扑结构分类

按拓扑结构分类，计算机网络可分为星形网络、总线型网络、环形网络、网形网络、树形网络等。

除了上述3种主要的计算机网络的分类方法外，按通信传输方式来划分，可以分为广播式网络和点到点网络；按照信号频带的占用方式来划分，可以分为基带网和宽带网；按照信息传输模式来划分，可以分为同步传输网和异步传输网等。

2.2 计算机网络协议

计算机网络协议是指网络上的计算机之间交换信息时必须遵守的规则、标准或约定的集合，是计算机网络的核心组成部分。协议明确规定了信息传输顺序、格式和内容，以及发送和接收方法的一系列规则。在网络各层中存在许多协议，接收方和发送方同层的协议必须一致，否则一方将无法识别另一方发送的信息。

网络协议主要由以下 3 个要素组成。

（1）语法，即用户数据与控制信息的结构或格式。

（2）语义，即需要发出何种控制信息，以及完成的动作与做出的响应。

（3）时序，即对事件实现顺序的详细说明。

网络协议也有很多种，具体选择哪一种协议应视情况而定。常见的协议有 IPX/SPX 协议、NetBEUI 协议、TCP/IP 等。目前，计算机广泛使用的网络协议是 TCP/IP。

2.2.1 IPX/SPX 协议

IPX/SPX（internetwork packet exchange/sequences packet exchange，互联网分组交换/顺序分组交换），是 Novell 公司开发的通信协议，具有很强的适应性，安装方便，同时具有路由功能，可实现多网段间的通信。其中，IPX 协议负责数据包的传送，SPX 协议负责数据包传输的完整性。在小型局域网中，IPX/SPX 协议的运行速度比 TCP/IP 快。IPX/SPX 协议多用于 Netware 网络环境及联网游戏。

2.2.2 NetBEUI 协议

NetBEUI（NetBios enhanced user interface，NetBios 增强用户接口）协议是由 IBM 公司于 1985 年发布的，是一种短小精悍、通信效率高的广播型通信协议，特别适用于所有网络运行都在一个局域网区段内的小型网络，并且安装后不需要进行设置。NetBEUI 协议主要用于本地局域网中，一般不能用于与其他网络的计算机进行沟通。

2.2.3 TCP/IP

TCP/IP（transmission control protocol/internet protocol）即网络通信协议，是 Internet 最基本的协议，用于计算机之间的通信，目前已经成为网络尤其是 Internet 上进行数据传输的事实标准。

TCP/IP 由网络层的 IP 和传输层的 TCP 组成。TCP/IP 是互联网上广泛使用的一种协议，使用 TCP/IP 的 Internet 网络提供的主要服务有电子邮件、文件传输、远程登录、网络文件系统、电视会议系统和 WWW。TCP/IP 是 Internet 的基础，提供了在广域网内的路由功能，使 Internet 上的不同主机可以互连。

2.3 计算机网络体系结构

计算机网络是一个复杂的系统，一般由多台主机、网络连接设备和传输介质等组成，并且主机之间需要不断地交换数据。为确保主机之间可以有条理地交换数据，计算机网络中的每台主机或网络结点必须遵守科学合理的结构化管理体系，即计算机网络体系结构。常见的计算机网络体系结构有 OSI/RM（open system interconnection reference model）、TCP/IP 参考模型等。

2.3.1 OSI/RM

为了使不同体系结构的计算机网络都能互连，国际标准化组织于 1977 年成立专门机构进行研究，提出了著名的 OSI/RM，简称为 OSI 参考模型。OSI 参考模型分为 7 层，从下到上分别是物理层、数据链路层、网络层、传输层、会话层、表示层和应用层，如图 2-2 所示。

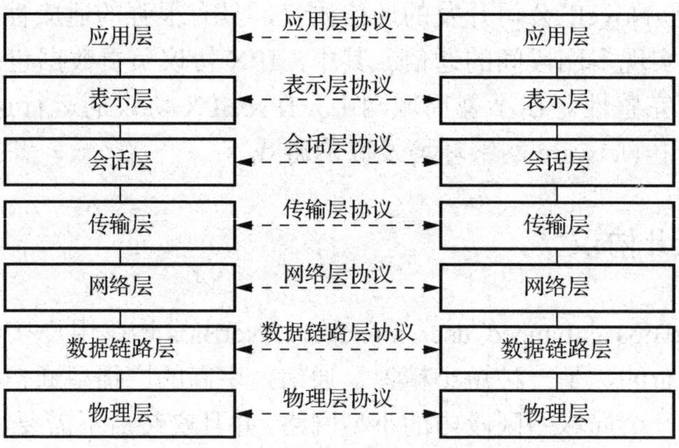

图 2-2 OSI 参考模型

1. *物理层*

物理层是 OSI 参考模型中的最底层，它既不是连接计算机的具体物理设备，又不是负责信号传输的具体物理介质，而是在连接开放系统的物理介质上为上层的数据链路层提供传送比特流的一个物理连接。物理层的主要功能是为它的服务用户（即数据链路层的实体）在具体的物理介质上提供发送或接收比特流的能力。常见的物理层设备有中继器、集线器、无线接入点（access point，AP）等。

2. 数据链路层

数据链路层是 OSI 参考模型中的第二层，介于物理层和网络层之间。数据链路层在物理层提供的服务的基础上向网络层提供服务，其最基本的服务是将源主机网络层传来的数据可靠地传输到相邻结点的目标机网络层。常见的数据链路层设备有网络适配器、网桥、二层交换机等。

3. 网络层

网络层位于 OSI 参考模型的第三层，介于传输层和数据链路层之间，管理网络中的数据通信，设法将从发送端传输层传来的数据经过若干中间结点传输到接收端，进而将数据传输到接收端的传输层。网络层的目的是实现端到端的数据透明传输。常见的网络层设备有路由器等。

4. 传输层

传输层位于 OSI 参考模型的第四层，主要在通信子网提供的服务的基础上，为源计算机和目的计算机之间提供可靠、透明的数据传输。可针对用户端的需求，采用一定的手段，屏蔽不同网络的性能差异，使用户无须了解网络传输的细节，获得相对稳定的数据传输服务。

5. 会话层

会话层位于 OSI 参考模型的第五层，主要为两个会话层实体进行会话提供会话连接管理服务。会话层为客户端的应用程序提供了打开、关闭和管理会话的机制，即半永久会话。

6. 表示层

表示层位于 OSI 参考模型的第六层，它从应用层获得数据并进行格式化供通信使用。表示层将应用程序数据排序成一个有含义的格式并提供给会话层。表示层通过提供如数据加密等服务来负责安全问题，并压缩数据以使网络上需要传输的数据尽可能少。

7. 应用层

应用层位于 OSI 参考模型的最高层，主要为用户之间的通信提供专用的应用服务和程序，如事务处理程序、文件传输服务、电子邮件服务、WWW、Telnet 等。

2.3.2 TCP/IP 参考模型

尽管 OSI 参考模型理论上比较完整，但是由于其设计过于复杂，完全符合各层协议的商用产品很少，无法满足用户的需求。鉴于此，IETF（Internet Engineering Task Force，互联网工程任务组）推出的 TCP/IP 参考模型得到了广泛应用。

TCP/IP 参考模型包括 4 层，由下到上分别为网络接口层、网络层、传输层、应用层。TCP/IP 参考模型与 OSI 参考模型相比，更加注重互联设备之间的数据传输，如图 2-3 所示。

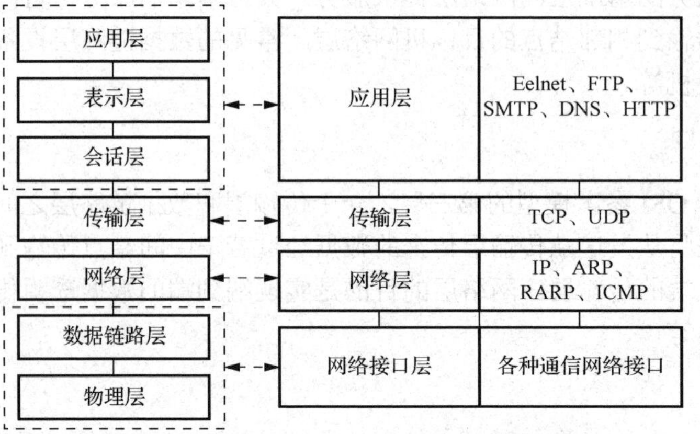

图 2-3 TCP/IP 参考模型与 OSI 参考模型对比

1. *网络接口层*

网络接口层是 TCP/IP 参考模型的最底层，负责通过网络发送和接收 IP 数据报。网络接口层与 OSI 参考模型中的数据链路层和物理层相对应，没有自己的协议，它指出计算机应用何种协议可以连接到网络中，是计算机接入网络的接口。

2. *网络层*

网络层是 TCP/IP 参考模型的第二层，又称网际层，以数据报形式向传输层提供面向无连接的服务。网络层包括的主要协议有网际协议（internet protocol，IP）、地址解析协议（address resolution protocol，ARP）、逆地址解析协议（reverse address resolution protocol，RARP）、互联网控制报文协议（internet control message protocol，ICMP）和一系列路由协议。网络层的主要功能是使主机可以把分组发往任何网络并使分组独立地传向目标。

3. *传输层*

传输层是 TCP/IP 参考模型的第三层，它负责主机应用程序之间端口到端口的数据传输。传输层的基本任务是提供一个应用程序到另一个应用程序之间的通信，这种通信通常称为端到端通信。传输层对信息流有调节作用，能提供可靠传输，确保数据正确到达，而且不颠倒顺序。在传输层中有两个主要协议，分别为传输控制协议（transmission control protocol，TCP）和用户数据报协议（user datagram protocol，UDP）。TCP 是面向连接的协议，提供可靠传输服务；UDP 是面向无连接的协议，提供不可靠传输服务。

TCP 会检查服务器和客户端之间的数据是否正确传输，这是因为数据在中间网络环节可能会丢失。TCP 检测到错误或数据丢失后会启动重传，直到数据被正确、完整地接收。因此，TCP 可以在不可靠的底层网络上提供面向连接的、可靠的传输服务。UDP 在通信前不需要建立连接，通信后也不需要释放，提供传输服务，不恢复任何错误和丢包。但是，UDP 在实时应用时非常有用，因为在这种场景下，重传会带来比丢包更多的问题。

4. *应用层*

应用层是 TCP/IP 参考模型的最高层。应用程序与协议相互配合，发送或接收数据。应用层包括所有高层协议，如文件传输协议（file transfer protocal，FTP）、域名服务器（domain name server，DNS）、虚拟终端协议等。

2.4　计算机网络拓扑结构

计算机网络拓扑结构从图论演变而来，如果将计算机、服务器、工作站、网络连接设备等实体抽象为点，将网络中的传输介质抽象为线，这样就可以将一个复杂的计算机网络系统，抽象成由点和线组成的几何图形，即计算机网络拓扑结构。从拓扑结构考虑，计算机网络可以视为由一组结点和连接结点的通信线路组成。

计算机网络常见的拓扑结构有星形、环形、总线型、树形、网形、蜂窝形等。在实际网络设计过程中，经常会综合上述多个拓扑结构。

2.4.1　星形拓扑结构

星形拓扑结构是以结点为中心与各结点连接而组成的，各结点与结点通过点与点方式连接，如图 2-4 所示。星形拓扑结构的中心结点是主结点，它接收各分散结点的信息再转发给相应的结点。

在星形拓扑结构中，其中心结点是由交换机或集线器承担的。星形拓扑结构的优点是网络结构简单、建设难度低、维护管理方便、网络延迟较短、故障诊断简便；缺点是建设成本较高、安装费用较高、过于依赖中心结点、可靠性低、网络共享能力较差。

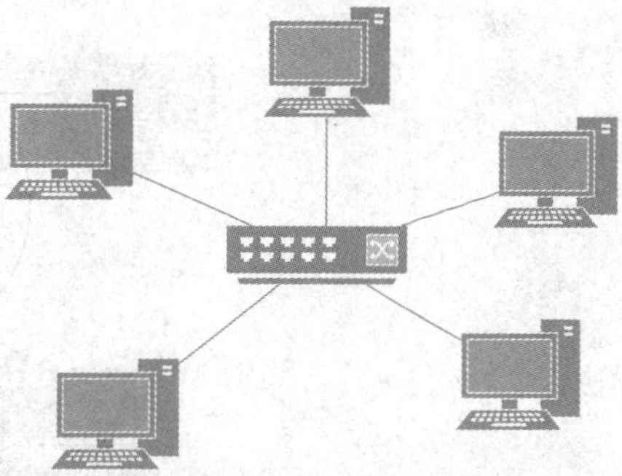

图 2-4　星形拓扑结构

2.4.2　总线型拓扑结构

总线型拓扑结构是指所有接入网络的设备共用一条物理传输线路，所有工作站、服务器等主机都通过相应的硬件接口连接在一根传输线路上，这根传输线路称为总线。总线型拓扑结构通常使用同轴电缆进行连接，如图 2-5 所示。

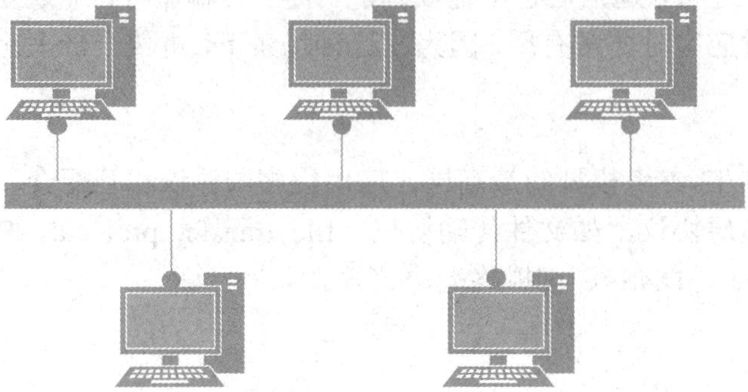

图 2-5 总线型拓扑结构

总线型拓扑结构的优点是布线容易、电缆用量小、结构简单灵活、可扩充性好、布线方便且成本低、易于扩展；缺点是多个主机共享一个通道，同一时刻只允许一个结点发送数据，故障诊断困难，一旦发生故障会引发整个网络瘫痪。

2.4.3 环形拓扑结构

环形拓扑结构是指网络中的各结点通过环路接口连在一条首尾相连的闭合环形通信线路中，类似首尾两端相连的总线型拓扑结构，如图 2-6 所示。

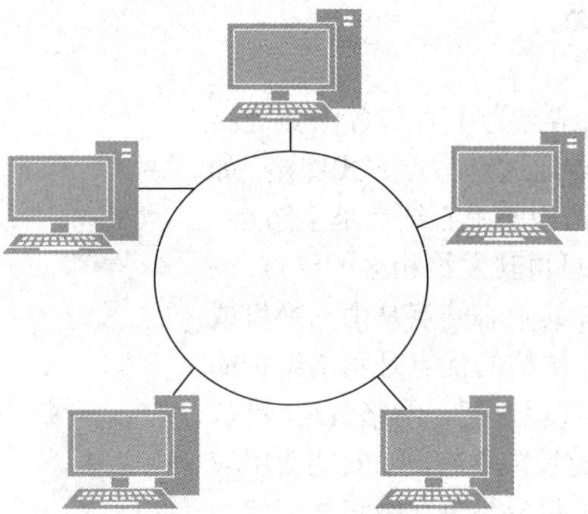

图 2-6 环形拓扑结构

环形拓扑结构中，网络的每个结点都与两个相邻的结点相连，结点之间采用点到点的链路，网络中的所有结点构成一个闭合的环，环中的数据沿着一个方向绕环逐站传输。在环形拓扑结构中，所有结点共用一个环形信道，环上传输的任何数据都必须经过所有结点。在传输数据时，会以顺时针或逆时针的固定方向，经由所在结点的主机进行分析判断，如数据不属于自己，就会将数据传递给下一结点。

环形拓扑结构的优点是电缆长度短、传输速率高、建设成本低、无差错传输；缺点是可靠性低、故障诊断困难，环中任意一处出现故障就会造成网络瘫痪。

2.4.4　其他拓扑结构

计算机网络还有其他类型的拓扑结构，如树形、网形、蜂窝形等。在实际应用中，计算机网络往往采用多种拓扑结构的混合连接，如总线型与星形混合连接等。

2.5　计算机网络传输介质与连接设备

计算机网络需要若干计算机和网络设备相互连接才能实现数据传输，发挥连接作用的就是各种传输介质，包括有线介质、无线介质等。有线介质包括双绞线、同轴电缆、光纤等。无线介质包括无线电波、微波等。

网络连接设备和传输介质一样，也是计算机网络中不可缺少的部分，是计算机网络通信子网的组成部分。

2.5.1　网络传输介质

1. 双绞线

双绞线（图 2-7）是局域网常用的一种传输介质，由两根绝缘铜线均匀地绞合而成，包含 4 个双绞线对，两端接头为具有国际标准的 RJ-45 插头，用于连接计算机、交换机、集线器、网卡等设备。双绞线分为屏蔽双绞线（shielded twisted pair，STP）和非屏蔽双绞线（unshielded twisted pair，UTP）两种，前者比后者多了一层金属丝编制成的屏蔽层，可以更为有效地抵抗在传输信息过程中的电磁干扰，但价格稍高。因此，一般常用的是非屏蔽双绞线。此外，双绞线通常传输距离不超过 100 米。

2. 同轴电缆

同轴电缆（图 2-8）是以硬质铜线为芯，外部包裹一层绝缘材料的传输介质。这层绝缘材料用密织的网状导体环绕，网状导体外再覆盖一层塑料护套作为保护性材料。同轴电缆的组成结构，决定了其可以抵抗外界电磁场的干扰，提供较高速率的传输带宽，适用于早期局域网。由于同轴电缆一般适用于总线型网络，网络维护困难，现在局域网基本采用双绞线和光纤，不再使用同轴电缆。

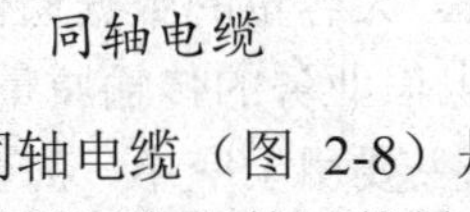

图 2-7　双绞线

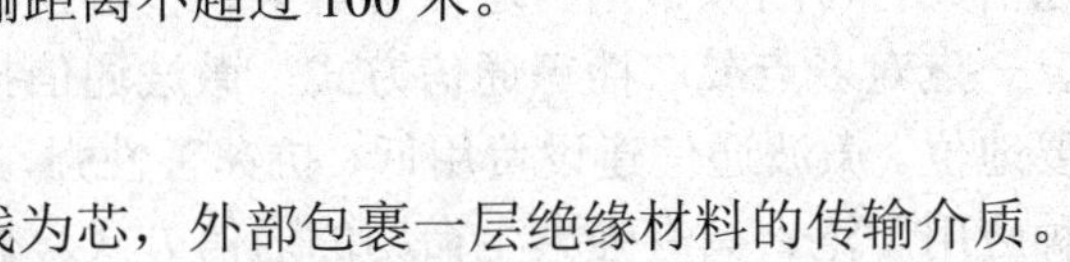

图 2-8　同轴电缆

3. 光纤

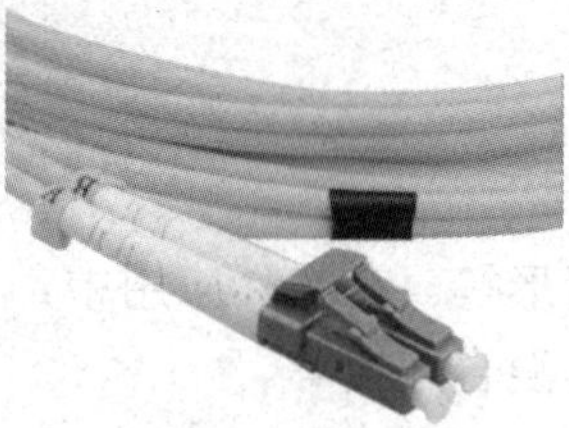

图 2-9 光纤

光纤（图 2-9）全称为光导纤维，由一组极细的具有高折射率的固体玻璃纤维组成，制作材料一般为石英玻璃，主要用于传输距离较长、抗干扰能力要求高的环境，如主干网连接。光纤可以传导光信号，利用光的全反射原理实现信号传输。由于光纤纤细，非常容易因受到外力而破损，且断裂后难以修复，因此其外部有一层外罩。当通过具有韧性的外壳将光纤封装起来，光纤就成为网络布线中的光纤线缆，简称光缆。

光纤一般分为单模光纤和多模光纤两种。单模光纤的光源一般为激光，只能传输一种波长模式的光信号，可沿着光纤直线传播，传输信息信号质量高，用于远距离传输，传输距离可以达到十几千米甚至几十千米；多模光纤的光源一般为激光或者发光二极管，利用光的色散原理，可以同时传输多种波长的光信号，但支持短距离低速传输，一般为几千米。

4. 无线电波

无线电波是一种常用的无线传输介质，对于很多无法使用有线介质或者架设困难的区域而言，利用无线电波传输信息是一种较好的方式。无线电波分为中波、短波、微波。

中波所处频率范围是 300kHz～3MHz，主要依靠地面波和天空波两种方式进行传播。在传播过程中，地面波和天空波同时存在，有时会给接收造成困难，传输距离较近，一般为几百千米，主要用于近距离的本地无线电广播、海上通信、无线电导航等。

短波所处频率范围是 3MHz～30MHz，主要依靠电离层反射进行传播。短波的波长较短，电离层不稳定，绕射能力差，传播的有效距离短，主要应用于国际无线电广播、海上和航空通信。

微波所处频率范围是 300MHz～300GHz，主要包括地面微波接力通信和卫星通信。微波通信具有可用频带宽、通信容量大、传输损伤小、抗干扰能力强等特点，可用于点对点、一点对多点或广播等通信方式。微波通信技术在长距离、大容量的数据通信中占有重要地位。微波通信建设费用低、抗灾害性强，能满足各种电信业务的传输质量要求，是一种应用广泛、具有强大生命力的通信方式。微波通信技术主要用于空中、海上、大型会议、矿山、运动会、展览会、油田等临时通信。

5. 红外线

红外线是计算机网络的一种无线传输介质，以红外二极管或者红外激光管作为信号发射源，以光电二极管作为接收设备，主要用于近距离通信。

2.5.2 网络连接设备

网络连接设备是将网络中通信线路连接起来的各种设备的总称。在计算机网络中，传输介质只是建立物理连接并传输信息的通路，仅依靠传输介质是不能实现计算机与计算机之间信息传输的，还必须通过一些网络连接设备来控制信息在传输介质中能有效可靠地传输。网络连接设备中的连接是指物理上连接在一起，实现网络距离上的延伸。常用的网络连接设备有网络适配器、中继器、集线器、交换机、路由器等。

1. 网络适配器

网络适配器又称网络接口卡，简称网卡（图 2-10 和图 2-11），作为构建网络不可缺少的重要设备，一般插在计算机主板插槽中，负责将用户要传递的数据转换为网络上其他设备能够识别的格式。每台联网的计算机内至少有一块网卡。网卡将计算机与网络从物理上及逻辑上连接起来。在网络中，网卡承担着双重任务：一方面，需要读取由网络设备传输过来的数据包，经过拆包并解析，将数据包转换为计算机可以读取的数据，并通过主板上的总线传输给本地计算机；另一方面，将计算机要发送的数据打包后输送至网络，将数据传输给其他计算机。

图 2-10　普通网卡

图 2-11　集成网卡

2. 中继器

中继器（图 2-12）是最简单的网络连接设备，可以将因为远距离传输而衰减的信号进行放大、调整、转发，多用于两个网络结点之间物理信号的双向转发工作，可以扩展局域网的覆盖距离，延长网络的长度。由于存在传输线路噪声，网络信号在传输介质的传输过程中会随着距离的增加而逐渐衰减，当衰减持续到一定程度，会导致网络信号完全失真，无法正常传输信号。考虑上述问题，中继器的设计除了要完成正常的网络连接功能外，还要对衰减的信号进行放大，使网络传输中的数据与源数据保持相同。中继器只能将网络信号进行放大、再生，连接两个以上的网络段，但无法检查数据是否发生错误，也无法对已发生的错误进行纠正。

3. 集线器

集线器（图 2-13）是对网络进行集中管理的最小单元，属于中继器的一种，区别仅在于集线器相对于中继器可提供更多的端口服务，因此集线器又称多口中继器，主要应用于建设星形拓扑结构的局域网。集线器的主要功能和中继器相似，可以将接收的网络信号进行调整、放大，扩大网络的覆盖距离，并将所有网络结点集中在以集线器为核心的结点上。集线器的优点是网络系统中的线路或结点出现异常，不会影响其他结点的信号传输，提高了网络通信效率。

图 2-12　中继器

图 2-13　集线器

4. 交换机

交换机（图 2-14）在外形上和集线器很相似，是一种高性价比和高端口密度的网络连接设备。与集线器不同，交换机独占线路带宽，而集线器共享线路带宽。交换机主要用于完成与其相连的线路之间的数据单元的交换，是一种基于 MAC（media access control，介质访问控制）的地址识别，完成封装、转发数据帧功能的网络设备。交换机可直接连接主机或者其他网段，将数据进行高速准确转发，传输速度比集线器更快，结构也更复杂。此外，交换机对用户是透明的，基本不需要配置参数就可以直接部署在网络中，在网络规划设计中应用十分普遍。

5. 路由器

路由器（图 2-15）又称选径器，是一种内置或外置的网络硬件设备，用于连接多个逻辑上分开的网络，根据网络地址选择信息传输的路径，将数据从一个网络传输到另外一个网络。在网络中，路由器会选择通畅快捷的短路径，减轻路由管理的负担，能提高路由管理效率及通信速度，减轻网络通信负荷，确保网络的通畅。

图 2-14　交换机

图 2-15　路由器

2.6 Internet 概述及应用

2.6.1 Internet 简介

Internet 起源于美国。20 世纪 60 年代末，出于国际军事战略考虑，由美国国防部高级研究计划局（Advanced Research Projects Agency，ARPA）提供资金，开展计算机网络互连研究。1969 年，第一个远程分组交换网 ARPAnet 诞生。ARPAnet 正是 Internet 的前身。1986 年美国国家科学基金会（National Science Foundation，NSF）用 TCP/IP 建立了 NSFnet，1989 年，NSFnet 更名为 Internet 向公众开放。从此，Internet 真正走上其发展道路并在全球范围内迅速普及。

Internet是国际计算机互联网的英文名称，又称全球信息资源网，是一组全球信息资源的总汇。因特网是Internet的中文译名。Internet是以相互交流信息资源为目的，基于一些共同的协议，并通过网络互联设备连接而成的网络，它是一个全球信息资源和资源共享的集合。随着通信线路的不断改进、计算机技术的不断提高及计算机的普及，Internet无所不在。

我国Internet的发展以电子邮件的联通为起点。1987年9月，北京计算机应用技术研究所通过拨号X.25（分组交换网）线路，联通了Internet的电子邮件系统。1994年4月，我国正式接入Internet。为了发展国际科技合作，我国先后建立了四大主干网，分别为中国科技网（CSTNET）、中国教育和科研计算机网（CERNET）、中国公用计算机网（ChinaNET）、中国金桥信息网（ChinaGBN）。近年来，Internet在我国得到了快速增长和多元化应用，并且还在蓬勃发展。

2.6.2 Internet接入方式

接入Internet的方式有很多，常用的接入方式有以下几种。

1. 公用电话网

公用电话网（public switched telephone network，PSTN）是利用公用电话网，通过调制解调器（modem）拨号实现用户接入Internet的方式，只需要一个内置或外置的调制解调器，通过本地电话网络PSTN接入Internet。这是最容易实施的方法，费用较低，适合家庭、个人用户或小规模的局域网使用，但传输速度慢、线路可靠性差，不适合大规模网络。

2. 综合业务数字网

综合业务数字网（integrated service digital network，ISDN）是以综合数字电话网为基础发展而来，采用数字传输和数字交换技术，能够同时提供多种服务的综合性公用电信网络。

3. 数字用户线路

数字用户线路（digital subscriber line，DSL）是以铜质电话线为传输介质的传输技术组合，包括HDSL、SDSL、VDSL、ADSL和RADSL等，一般称为xDSL。

其中，非对称数字用户线路（asymmetrical digital subscriber line，ADSL）技术是一种用非对称数字用户线实现宽带接入互联网的技术。ADSL可充分利用现有电话线资源，采用先进的复用技术和调制技术，将数字数据和模拟电话业务在同一根电话线上的不同频段同时进行传输，在高速传输数据的同时不影响现有电话业务及质量。

4. 局域网接入

局域网接入方式采用以太网技术，以光纤加双绞线的方式对社区进行综合布线，充分利用小区局域网资源优势，提供比拨号上网更大的带宽。局域网接入方式，其技术相对成熟、建设成本低、稳定性好、维护管理方便，可满足日常上网需求。

5. 光纤接入

光纤接入方式是先通过光纤接入社区结点或楼道，再使用网线连接到各个共享点。和其他接入方式相比，光纤接入方式可提供较大的带宽，可达到 100～1000Mb/s，远超过以往的电话拨号、ADSL 接入等方式。光纤接入方式具有传输速度快、通信容量大、抗干扰能力强、扩容便捷、衰减小、不受电磁干扰、网络可靠性高等优点。

6. 无线接入

随着智能手机等移动用户终端的普及，无线接入方式逐渐受到欢迎。无线接入是指采用无线技术（如移动通信技术）为终端用户提供固定或移动接入网络的服务。无线接入方式包括微波接入、卫星接入等。

2.6.3 IP 地址及域名

1. IP 地址

IP 地址（internet protocol address）是 TCP/IP 参考模型中的一个重要概念。在 Internet 中，所有网络中的计算机称为主机，为了实现不同主机之间的通信，每台主机都必须有一个全球唯一的地址，这个地址就是 IP 地址。IP 地址由 Internet 名称和数字分配机构（internet corporation for assigned names and numbers，ICANN）进行分配。常见的 IP 地址分为 IPv4 与 IPv6 两个版本。

IP 地址是 Internet 主机的一种数字型标志，由网络号和主机号组成，如图 2-16 所示。同一个物理网络上的主机都用同一个网络号，网络上的每个主机都有一个主机号与其对应。

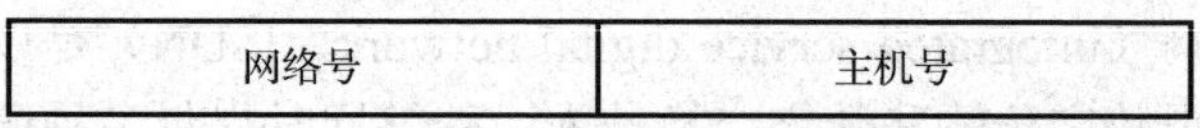

图 2-16 IP 地址结构

目前，广泛使用的 IP 地址是 IPv4 版本，长度是 32 位（bit），以 4 字节（byte，B）表示，每个字节的数字使用十进制表示，数字范围是 0～255，数字之间使用实心圆点间隔，如 192.168.0.5，这种记录方法称为“点-分”十进制记号法。

为了适应不同规模的物理网络，根据网络规模的大小，IP 地址分为 A、B、C、D、E 五类，但在 Internet 上可分配使用的 IP 地址只有 A、B、C 三类。D 类地址称为组播地址，可用于视频广播或视频点播系统，而 E 类地址作为保留地址尚未使用。

不同类别 IP 地址的网络号和主机号的长度划分不同，它们所能识别的物理网络数不同，每个物理网络能容纳的主机个数也不相同，如图 2-17 所示。

A 类地址：第 1 个字节的最高位为 0，网络号占 1 字节（8 位），主机号占 3 字节（24 位）。因为网络号全 0 和全 1 保留用于特殊目的，所以 A 类地址有效的网络数为 126 个（2^7−2），其范围是 1～126。另外，主机号全 0 和全 1 也有特殊作用，所以每个网络号包含的主机数为 16777214 个（2^{24}−2）。因此，A 类地址常用于大型网络。

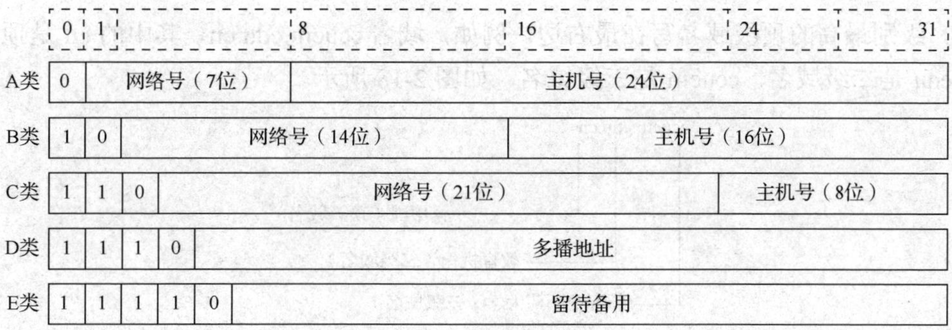

图 2-17　IP 地址分类

B 类地址：第 1 个字节的前 2 位为 10，网络号占 2 字节（16 位），主机号占 2 字节（16 位）。B 类地址有效的网络数为 16382 个（$2^{14}-2$，全 0 全 1 不能用）。每个网络号包含的主机数为 65534 个（$2^{16}-2$，全 0 全 1 不能用）。因此，B 类地址常用于中等规模网络。

C 类地址：第 1 个字节的前 3 位为 110，网络号占 3 字节（24 位），主机号占 1 字节（8 位）。C 类地址有效的网络数为 2097150 个（$2^{21}-2$，全 0 全 1 不能用），每个网络号包含的主机数为 254 个（$2^{8}-2$，全 0 全 1 不能用）。因此，C 类地址常用于小型网络。

D 类地址：前 4 位为 1110，用来支持组播。组播地址是唯一的网络地址，用来转发目的地址为预先定义的一组 IP 地址的分组。

E 类地址：前 5 位为 11110，作为研究使用，目前 Internet 上没有发布 E 类地址使用。

根据 A、B、C、D、E 的高位数值，可以总结出它们的第 1 个字节的取值范围，如 A 类地址的第 1 个字节的数值为 1～126。

随着 Internet 中计算机数量的增长，IPv4 能提供的网络地址资源非常有限，严重制约了 Internet 的应用和发展。IPv6 使用 128 位地址，其支持的地址是 IPv4 的 2^{96} 倍，可以满足未来 IP 地址数量的需求。

2. 域名

虽然 IP 地址能够唯一地标识网络上的主机，但 IP 地址是用一长串数字表示的，并不直观，而且用户记忆十分不便。与 IP 地址相对应的字符型地址，即域名解决了上述问题。

IP 地址和域名是一一对应的，域名信息存放在域名服务器内，用户只需了解记忆的域名，其对应转换工作交由域名服务器处理。域名服务器是提供 IP 地址和域名之间的相互转换服务的服务器，可以将域名和 IP 地址相互映射，能够使用户更方便地访问互联网。

1）域名构成

域名使用层次命名法，使用的字符包括字母、数字、连字符等，域名必须以字母或数字开头和结尾。每个域名都由标号系列组成，各标号之间用点隔开（小数点“.”不是中文句号“。”），每个标号不超过 63 个字符，也不区分大小写。级别最低的域名写在最左边，级别最高的顶级域名写在最右边。例如，域名 ccucm.edu.cn，其中的 cn 是顶级域名，edu 是二级域名，ccucm 是三级域名，如图 2-18 所示。

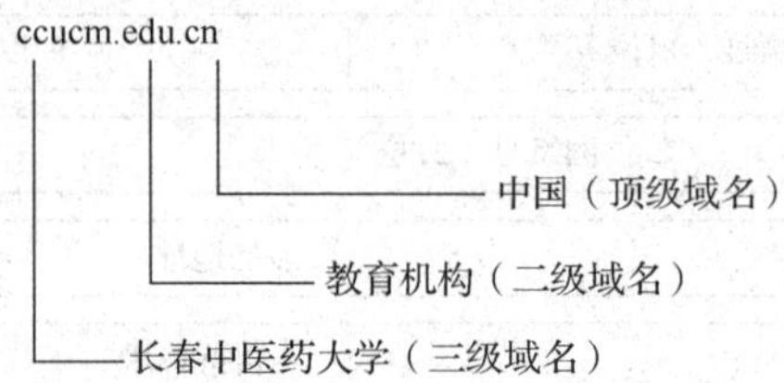

图 2-18　长春中医药大学的域名结构

2）顶级域名

目前，顶级域名分为两类，行业性顶级域名和地域性顶级域名，如表 2-1 所示。

表 2-1　常用的顶级域名

行业性顶级域名	含义	地域性顶级域名	含义
com	商业组织	au	澳大利亚
edu	教育机构	ca	加拿大
gov	政府部门	cn	中国
net	网络技术组织	de	德国
org	非营利性组织	fr	法国
mil	军事组织	jp	日本
int	国际组织	us	美国

3）域名解析

域名和网址并不是同一个含义，域名注册好之后，只说明对这个域名拥有了使用权，如果不进行域名解析，那么此域名就无法发挥作用，经过解析的域名就可作为网址来访问。虽然域名也是标识地址的一种方式，但是计算机不能用域名进行通信。因为 IP 不能识别域名，只能识别 IP 地址，所以必须把域名转换成 IP 地址，网络中的两台主机才能进行通信。这种把域名转换成 IP 地址的过程称为域名解析。

2.6.4　Internet 基础服务

1. WWW 服务

WWW（world wide web）简称 Web，中文译为万维网，是一个在 Internet 上运行的、全球性的、交互的、多平台的分布式信息系统。万维网为用户提供友好的信息查询接口，通过它用户可以查阅 Internet 上的信息资源。WWW 的信息主要是以 Web 网页的形式组织起来的，每个 Web 网页都是超文本或超媒体，通过超文本传输协议（hyper text transfer protocol，HTTP）进行传输。Web 网页存放在全球各地的 WWW 服务器上，并用超链接互相关联起来。用户可以通过 WWW 摆脱地域的限制，方便地访问分布在全球各地的 WWW 服务器，获取所需信息。如今，WWW 的应用已遍及社会的各个领域，成为 Internet

上的最大信息资源库。

下面主要介绍 WWW 服务的相关知识。

1）超文本和超链接

超文本不仅包含文本信息，还包含指向其他网页的链接，这种链接称为超链接。一个超文本文件中可包含多个超链接，这些超链接可分别指向本地或远程服务器上的超文本，使用户可以根据自己的意愿任意切换不同网页，以跳跃的方式进行阅读。

2）超媒体

超媒体将文本、图像、音频和视频的组合集成到一个信息存储辅助系统中，用户可以从一个主题跳到另一个相关主题以搜索有关信息。超媒体提供一个与人的思维方式相似的环境，即用户可以在不同主题之间建立联系，而可以不像在按字母顺序排列的列表中那样一个个地查找。如果信息主要是文本，则被视为超文本；如果信息中还包括视频、音频、动画等，则被视为超媒体。

3）统一资源定位符

统一资源定位符（uniform resource locator，URL）是一种通用的地址格式，指出了文件在 Internet 中的位置，描述了 Web 页的地址和访问它时所使用的协议，Internet 上的每个网页都有唯一的 URL 地址。

一个完整的 URL 地址由协议名、主机 IP 地址或域名、端口、路径 4 部分组成，具体格式如下：

协议名://主机 IP 地址

或

域名:端口/路径

其中，://是规定的格式；协议是服务方式或获取数据的方法，如 http、ftp 等；IP 地址或域名是指存放该资源的主机 IP 地址或域名；路径是指网页在主机中的具体位置和文件名。

例如，http://www.ccucm.edu.cn/index.html。其中，http 为所使用的传输协议名称；www.ccucm.edu.cn 为域名；index.html 为访问网页所在的路径。

4）超文本标记语言

超文本标记语言（hyper text mark-up language，HTML）是 WWW 上通用的描述语言，用于制作网页。HTML 标记用于修饰、设置 HTML 文件的内容及格式，通过特定的标记来定义网页内容在屏幕上的外观和操作方式。用户只需要输入文件内容和必要的标记，文件内容在浏览器窗口中就会按照标记定义的格式显示出来。

5）HTTP

HTTP 是用于 Web 浏览器与 WWW 服务器之间相互通信的最主要的协议。通过这个跨平台的通信协议，用户可以在浏览器中输入网址，浏览器将用户请求发送给服务器，目标服务器收到请求后，将满足用户需求的网页发送出去，用户接收后即可浏览网页。

6）网站和主页

网站就是在 Internet 上通过超链接形式构成的相关网页的集合。简单地说，网站就是一种通信工具，用户可以通过网页浏览器访问网站，获取所需资源或享受网络提供的服务。例如，可以通过搜索引擎网站搜索需要的信息。

主页既是网站设置的起始页，又是打开浏览器时开始浏览的那一页，对该站点的其他 Web 网页起着导航和索引作用。网站的主页一般包括栏目名称、内嵌 Web 地址链接的目录等，便于用户浏览网站内容。例如，长春中医药大学的主页如图 2-19 所示。

图 2-19 长春中医药大学的主页

7）浏览器

浏览器是用来浏览 Internet 资源的客户端软件，可向服务器发送各种请求，并对从服务器发来的超文本信息和各种多媒体数据格式进行解释、显示和播放。通常所说的浏览器一般是指网页浏览器，可以在 Internet 中根据链接地址确定信息资源的位置，并将用户感兴趣的信息资源传输回来。常见的浏览器有 Internet Explorer、搜狗浏览器、火狐浏览器、360 安全浏览器等。

8）搜索引擎

WWW 信息资源具有信息量大、信息类型多样、内容丰富、信息时效性强、信息分散无序、关联程度高等特点。因此，要想在众多的资源中快速查找所需要的内容，必须借助于搜索工具来提高信息检索的效率。在 WWW 中用来搜索的工具称为搜索引擎，搜索引擎是 Internet 上的站点，拥有自己的数据库，保存了 Internet 上数以亿计网页的检索信息，而且通过网络爬虫不断更新。用户可以访问它们的主页，通过输入、提交与要查找信息相关的关键词，让搜索引擎在自己的数据库中检索，并返回与关键词相关的网页。

常见的搜索引擎有必应（https://www.bing.com）、百度（https://www.baidu.com）、搜狗搜索（https://www.sogou.com）等，如图 2-20～图 2-22 所示。

图 2-20 必应搜索引擎

图 2-21　百度搜索引擎

图 2-22　搜狗搜索引擎

搜索引擎的使用比较简单，每个搜索都提供了关键词输入栏，在该栏中输入要查找的关键词即可。

2. 电子邮件

电子邮件（E-mail）是 Internet 上使用最广泛的一种服务，可利用计算机网络交换电子信件。通过电子邮件，用户可以方便快捷地收发文本邮件，还可以将音频、视频、图片等多媒体信息以附件的形式发送。电子邮件采用“存储转发”的方式，用户发送邮件后，邮件被保存在收件人邮件服务器的邮箱中，收件人可从任何一个接入 Internet 的计算机上收到邮件。

常用提供网页形式的电子邮件服务的软件有网易 126 邮箱、腾讯 QQ 邮箱等，提供电子邮件客户端服务的软件有 Foxmail、Outlook Express 等。

3. FTP

FTP 是 Internet 上使用广泛的文件传输协议。它能屏蔽计算机所处的位置、连接方式及操作系统等，让 Internet 中的计算机之间实现文件的传输。文件传输可以在两个方向进行，从远程计算机复制文件到本地计算机称为下载，而将本地计算机上的文件传输给远程计算机称为上传。用户登录到远程计算机上搜索需要的文件或程序，然后下载到本地计算机，也可以将本地计算机上的文件上传到远程计算机上。

4. 远程登录

远程登录（Telnet）是指在网络通信协议 Telnet 的支持下，使用户的计算机通过 Internet 暂时成为远程计算机终端的过程，远程登录计算机与本地终端具有同样的权力。远程登录需要使用支持 Telnet 协议的 Telnet 软件。要实现计算机的远程登录，首先要成为系统的合法用户并有相应的账号和口令。一旦登录成功，用户便可以使用远程计算机对外开放的全部资源。Telnet 界面如图 2-23 所示。

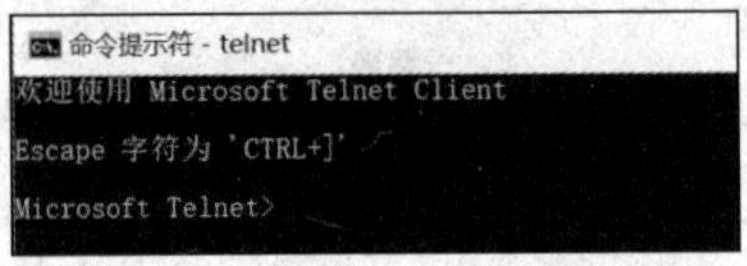

图 2-23 Telnet 界面

2.7 计算机网络安全

2.7.1 计算机网络安全概述

计算机网络安全是指计算机网络系统的硬件、软件及系统中的数据受到保护，不因偶然的或者恶意的原因而遭受破坏、更改、泄露，系统连续可靠地正常运行，网络服务不被中断。

计算机网络面临两大类威胁，即被动攻击和主动攻击。被动攻击是指攻击者从网络上窃听他人的通信内容，这类攻击通常称为截获。主动攻击包括篡改、恶意程序（计算机病毒、特洛伊木马、逻辑炸弹、后门入侵、流氓软件）、拒绝服务（denial of service，DoS）等。

计算机网络安全特性包括如下几点。

1. 保密性

保密性是指防止信息泄露给非授权个人或实体，而只向已被授权的用户提供信息，合法用户之外的人员和组织不可获取，也不能理解这些信息。保密性是保证计算机网络信息安全的基本要求。

2. 完整性

完整性是指网络中的信息安全、精确、有效，不因人为的因素而改变信息原有的内容、形式与流向，保持信息原样，确保信息正确生成、存储、传输。系统只允许合法的用户修改信息，以保证能提供完整、正确的信息。

3. 可用性

可用性是指计算机网络系统应在需要时，能随时向所有合法授权的用户提供应得的信息资源服务。

4. 可审计性

可审计性是指系统内所发生的与安全相关的活动均有记录可查。

5. 不可抵赖性

不可抵赖性是指计算机网络信息交互过程中，所有参与者都不可能否认或抵赖曾经完成的操作的特性。

2.7.2　防火墙技术

传统防火墙是为了防止火灾蔓延而人为设置的障碍。计算机网络防火墙的功能与此类似，它是用于防止网络外部的恶意攻击对网络内部造成不良影响而设置的安全防护设施，即在 Internet 和内部网络之间设置的一个网络安全系统。

1. 防火墙的定义与构成

计算机网络防火墙是一种特殊的网络互联设备，是建立在内外网络边界的过滤封锁机制，用来加强网络之间的访问控制，防止恶意、未经许可的访问。防火墙对两个或多个网络之间的连接方式按照一定的安全策略来实施检查，以决定网络之间的通信是否被允许，并监视网络的运行状态。

通常防火墙由一组硬件设备和相关软件构成。硬件可能是一台路由器或一台计算机。这台计算机控制受保护区域访问者的出入，防止不希望的、未经授权的通信进出被保护的内部网络，为防火墙内的网络提供安全保障。防火墙必须依靠在具体网络系统中实施安全控制策略的软件。这些软件具有网络连接、数据转发、数据分析、安全检查、数据过滤和操作记录等功能。

2. 防火墙的作用

（1）过滤进出网络的数据包。

（2）强化网络安全策略，限制未授权用户进入内部网络。

（3）限制内部用户访问非授权计算机，防止内部信息外泄。

（4）数据安全与用户认证，防止病毒与黑客侵入。

（5）对网络存取和访问活动进行监控审计。

2.7.3　计算机病毒

《中华人民共和国计算机信息系统安全保护条例》第二十八条中明确指出：“计算机病毒，是指编制或者在计算机程序中插入的破坏计算机功能或者破坏数据，影响计算机使用，并且能够自我复制的一组计算机指令或者程序代码。”

通过上述定义可以看到，计算机病毒是人为编制的一种计算机程序，它具有破坏计算机信息系统、毁坏数据、影响计算机正常使用的能力。它不是独立存在的，需依附于其他计算机程序，就如同生物病毒一样，具有破坏性、传染性、可激发性、隐蔽性。下面提及的病毒如无特殊说明均指的是计算机病毒。

1. 计算机病毒的特性

1）破坏性

计算机病毒的主要目的是破坏计算机系统，使系统资源受到损失、数据遭到破坏、计算机运行受到干扰，严重的甚至会使计算机系统瘫痪。计算机病毒不断自我复制，占用计算机大部分系统资源，减慢计算机速度，导致用户无法正常使用，甚至使系统瘫痪。

2）传染性

传染性是计算机病毒的重要特性。计算机系统一旦接触到病毒就可能被传染。用户使用带病毒的计算机上网操作时，一旦一个文件被病毒感染，那么不久整个计算机甚至整个网络中的计算机均有可能被传染病毒，且病毒传播速度极快。

3）可激发性

计算机病毒会在一定的条件下激活。激活条件根据病毒程序制作者的前期设定，可以是某个时间或日期、特定用户标识符的出现、特定文件的出现或使用、用户的安全保密等级或者一个文件的使用次数等。

4）隐蔽性

计算机病毒具有很强的隐蔽性，在发作前，一般隐藏在内存或硬盘之中，难以被发现。

2. 计算机病毒的分类

按照不同的划分标准，计算机病毒可以大致分为以下几类。

1）按破坏性划分

（1）良性病毒：这类病毒不直接破坏计算机的软件、硬件，对源程序不做修改，一般只进入内存，侵占一部分内存空间。这类病毒除了传染时减少磁盘的可用空间和消耗CPU资源之外，对系统的危害较小。

（2）恶性病毒：这类病毒可以封锁、干扰和中断输入、输出，甚至中止计算机运行。这类病毒会给计算机系统带来严重的危害。

（3）极恶性病毒：这类病毒可以造成系统死机、崩溃，可以删除普通程序或系统文件并且破坏系统配置，导致系统无法重启。

（4）灾难性病毒：这类病毒破坏分区表信息和主引导信息，删除数据文件，甚至格式化硬盘等。这类病毒会引起无法预料的、灾难性的破坏。

2）按传染方式划分

（1）引导型病毒：这类病毒的攻击目标首先是引导扇区，它将引导代码链接隐藏在正常的代码中。每次启动时，病毒代码首先被执行，获得系统的控制权。由于引导扇区的空间很小，病毒的其余部分常驻留在其他扇区，并将这些空间标识为坏扇区。待初始引导完成后，病毒代码会跳到驻留扇区继续执行。例如，“小球”病毒、“巴基斯坦”病毒等均属于引导型病毒。

（2）文件型病毒：这类病毒一般只传染磁盘上的可执行文件（.com 和.exe）。在用户调用感染病毒的可执行文件时，病毒首先被运行，然后病毒体驻留内存并伺机传染其他文件或直接传染其他文件。文件型病毒的特点是附着于正常程序文件中，成为程序文件的一个外壳或部件。例如，CIH 病毒即属于文件型病毒。

（3）混合型病毒：这类病毒同时具备引导型和文件型病毒的特点，既感染引导区又感染文件，其危害性要比单纯引导型和文件型病毒更大，传染性和存活率更高。

（4）蠕虫病毒：这类病毒是一个程序或程序系统，利用网络进行复制和传播，造成网络服务遭到拒绝，甚至导致系统瘫痪。蠕虫病毒一般通过用户操作系统存在的漏洞对计算机进行攻击，其传染途径是通过网络、电子邮件及闪存盘、移动硬盘等移动存储设备。

（5）宏病毒：这类病毒是一种寄存在微软公司 Office 软件中的文档或模板的宏中的计算机病毒。一旦打开这样的文档，其中的宏就会被执行，于是，宏病毒就会被激活，转移到计算机上，并驻留在文档模板内。之后，所有自动保存的文档都会“感染”这类病毒。

（6）特洛伊木马病毒：这类病毒泛指采用伪装技巧的计算机病毒，又称特洛伊木马程序或后门病毒。这类病毒将病毒代码混在表面正常的程序内进入计算机系统，使计算机在完成原指定任务的情况下，执行非授权功能，如在特定的时机病毒自动开始运行，从而使计算机中毒。

第 3 章　操作系统基础

3.1　操作系统概述

操作系统是管理计算机硬件资源，控制其他程序运行并为用户提供交互操作界面的系统软件的集合。操作系统是计算机系统的关键组成部分，负责管理与配置内存、决定系统资源供需的优先次序、控制输入与输出设备、操作网络与管理文件系统等基本任务。操作系统的种类很多，从简单到复杂，小到手机的嵌入式操作系统，大到超级计算机的大型操作系统。

3.1.1　操作系统的基本概念

操作系统（operating system，OS）是管理和控制计算机硬件与软件资源的计算机程序，是直接运行在“裸机”上的最基本的系统软件，任何其他软件都必须在操作系统的支持下才能运行。操作系统是用户和计算机的接口，同时也是计算机硬件和其他软件的接口。操作系统的功能包括管理计算机系统的硬件、软件及数据资源，控制程序运行，改善人机界面，为其他应用软件提供支持等，使计算机系统所有资源最大限度地发挥作用；提供各种形式的用户界面，使用户有一个好的工作环境；为其他软件的开发提供必要的服务和相应的接口。实际上，用户是不用接触操作系统的，操作系统管理着计算机硬件资源，同时根据应用程序的资源请求，为其分配资源，如划分 CPU 时间、内存空间的开辟、调用打印机等。

3.1.2　操作系统的功能

操作系统的主要功能是资源管理、程序控制和人机交互等。计算机系统的资源可分为设备资源和信息资源两大类。设备资源指的是组成计算机的硬件设备，如中央处理器、主存储器、磁盘存储器、打印机、磁带存储器、显示器、键盘输入设备和鼠标等。信息资源指的是存放于计算机内的各种数据，如文件、程序库、知识库、系统软件和应用软件等。

操作系统位于底层硬件与用户之间，是两者沟通的桥梁。用户可以通过操作系统的用户界面，输入命令。操作系统则对命令进行解释，驱动硬件设备实现用户要求。以现代观点而言，一个标准个人计算机的操作系统应该提供以下的功能。

1. 资源管理

系统的设备资源和信息资源都是操作系统根据用户需求按一定的策略来进行分配和调度的。操作系统的存储管理就负责把内存单元分配给需要内存的程序以便让它执行，在程序执行结束后将它占用的内存单元收回以便再使用。对于提供虚拟存储的计算机系统，操作系统还要与硬件配合做好页面调度工作，根据执行程序的要求分配页面，在执行中将页面调入和调出内存以及回收页面等。

处理器管理又称处理器调度，是操作系统资源管理功能的另一个重要内容。在一个允许多道程序同时执行的系统里，操作系统会根据一定的策略将处理器交替地分配给系统内等待运行的程序。一道等待运行的程序只有在获得了处理器分配后才能运行。一道程序在运行中若遇到某个事件，例如启动外部设备而暂时不能继续运行下去，或一个外部事件的发生等，操作系统就要来处理相应的事件，然后将处理器重新分配。

操作系统的设备管理功能主要是分配和回收外部设备以及控制外部设备按用户程序的要求进行操作等。对于非存储型外部设备（如打印机、显示器等），它们可以直接作为一个设备分配给一个用户程序，在使用完毕后回收以便给另一个有需求的用户使用。对于存储型的外部设备（如磁盘、磁带等），则是提供存储空间给用户，用来存放文件和数据。存储性外部设备的管理与信息管理是密切结合的。

信息管理是操作系统的一个重要功能，主要是向用户提供一个文件系统。一般来说，一个文件系统向用户提供创建文件、撤销文件、读写文件、打开和关闭文件等功能。有了文件系统后，用户可按文件名存取数据而无须知道这些数据存放在哪里。这种做法不仅便于用户使用，还有利于用户共享公共数据。此外，由于文件建立时允许创建者规定使用权限，这就可以保证数据的安全性。

2. 程序控制

一个用户程序的执行，自始至终是在操作系统控制下进行的。一个用户将要解决的问题用某一种程序设计语言编写了一个程序后，将该程序连同对它执行的要求输入到计算机内，操作系统就根据要求，控制这个用户程序的执行直到结束。操作系统控制用户的执行主要有以下一些内容：调入相应的编译程序，将用某种程序设计语言编写的源程序编译成计算机可执行的目标程序，分配内存等资源将程序调入内存并启动，按用户指定的要求处理执行中出现的各种事件以及与操作员联系请示有关意外事件的处理等。

3. 人机交互

操作系统的人机交互功能是决定计算机系统"友善性"的一个重要因素。人机交互功能主要靠可输入、输出的外部设备和相应的软件来完成。可供人机交互使用的设备主要有键盘、显示器、鼠标、各种模式识别设备等。与这些设备相应的软件就是操作系统提供人机交互功能的部分。人机交互部分的主要作用是控制有关设备的运行和理解并执行通过人机交互设备传来的有关的各种命令和要求。

4. 进程管理

不管是常驻程序还是应用程序，它们都以进程为标准执行单位。当运用冯·诺依曼架构建造计算机时，每个中央处理器最多只能同时执行一个进程。早期的操作系统也不允许任何程序打破这个限制，且磁盘操作系统（disk operating system，DOS）同时只有执行一个进程能力，可以部分且艰难地解决这些问题。现代的操作系统，即使只拥有一个 CPU，也可以利用多进程功能同时执行复数进程。进程管理指的是操作系统调整复数进程的功能。

由于大部分的计算机只包含一个中央处理器，在单内核的情况下，多进程只是简单迅速地切换各进程，让每个进程都能够执行，在多内核或多处理器的情况下，所有进程通过许多协同技术在各处理器或内核上转换。越多进程同时执行，每个进程能分配到的时间比率就越小。很多操作系统在遇到此问题时会出现诸如音效断续或鼠标跳格的情况，一种操作系统只能不停执行自己的管理程序并耗尽系统资源的状态，其他使用者或硬件的程序皆无法执行。进程管理通常实现了分时的概念，大部分的操作系统可以利用指定不同的特权等级，为每个进程改变所占的分时比例。特权越高的进程，执行优先级越高，单位时间内占的比例也越高。交互式操作系统也提供某种程度的回馈机制，让直接与使用者交互的进程拥有较高的特权值。

5. 内存管理

操作系统的存储器管理提供查找可用的记忆空间、配置与释放记忆空间以及交换存储器和低速存储设备。存储器管理的另一个重点活动就是借由 CPU 的帮助来管理虚拟位置。如果同时有许多进程存储于记忆设备上，操作系统必须防止它们互相干扰对方的存储器内容。分区存储器空间可以达成这一目标，每个进程只会看到整个存储器空间被配置给它自己。CPU 事先存了几个表以此对虚拟位置与实际存储器位置，这种方法称为标签页配置。

借由对每个进程产生分开独立的位置空间，操作系统也可以轻易地一次性释放某进程所占据的所有存储器。如果这个进程不释放存储器，操作系统可以退出进程并将存储器自动释放。

6. 用户接口

用户接口包括作业一级接口和程序一级接口。作业一级接口是为了便于用户直接或间接地控制自己的作业而设置的。它通常包括联机用户接口与脱机用户接口。程序一级接口是为了用户程序在执行中访问系统资源而设置的，通常由一组系统调用组成。

在早期的单用户单任务操作系统中，每台计算机只有一个用户，每次只运行一个程序，单个程序可以存放在实际内存中，这时虚拟内存并没有太大的用处。但随着程序占用存储器容量的增长和多用户多任务操作系统的出现，在程序设计时，在程序所需要的存储量与计算机系统实际配备的主存储器的容量之间往往存在着矛盾。例如，在某些低档的计算机中，物理内存的容量较小，而某些程序却需要很大的内存才能运行；而在多用户多任务操作系统中，多个用户或多个任务更新全部主存，要求同时执行独断程序。

这些同时运行的程序到底占用实际内存中的哪一部分，在编写程序时是无法确定的，必须等到程序运行时才能动态分配。

3.1.3 操作系统的分类

操作系统根据其功能、处理对象和处理方式、运行环境的不同，可分为如下几类。

1. 单用户/多用户、单任务/多任务操作系统

单用户操作系统一次只支持一个用户使用计算机，该用户独占计算机系统的全部软硬件资源。

多用户操作系统可支持多个用户同时使用计算机，这些用户分享计算机系统的软硬件资源。

单任务操作系统是指计算机系统一次只能执行一个作业，该作业独占系统的全部软硬件资源。

多任务操作系统是指多个作业同时存在和运行，操作系统负责调度和控制各个作业的输入/输出、资源分配与执行等。

早期的DOS操作系统为单用户单任务操作系统，基于图形用户界面的Windows 95为单用户多任务操作系统，Windows 98、Windows XP、Windows 7、Windows 8、Windows 10、Windows 11等均为多用户多任务操作系统。

2. 批处理操作系统

批处理是指用户将一批作业提交给操作系统后就不再干预，由操作系统控制它们自动运行。批处理操作系统又称多道批处理操作系统，是一种早期的大型机用操作系统，现代的操作系统大多具有批处理功能。多道批处理操作系统的优点是系统资源被多个作业程序共享，作业之间自动调度执行，极大提高了系统资源的利用率和作业吞吐量；缺点是没有交互性，用户提交作业后就无法干涉之后的执行过程，且作业周转时间长，用户使用不方便。

3. 分时操作系统

分时操作系统是为了解决无交互性的问题，以满足用户独占并控制计算机的愿望，同时避开独占与资源效率的矛盾，让一台计算机可同时连接多个用户终端，而每个用户可在自己的终端上联机使用计算机而研发的。

分时操作系统即多用户操作系统，是指在一台计算机上挂有多个终端，系统把时间划分为若干个很短的时间片，在不同时间片轮流为每个用户服务，实现多个用户同时共用一台计算机的目的。分时操作系统具有会话功能，可以在工作过程中随时进行人机对话。由于计算机的运算速度快，在系统中工作的不同用户都好像自己独占这台计算机一样，没有分时运行的感觉。每个用户可以通过自己的终端向系统发出各种操作控制指令，完成作业执行。

4. 实时操作系统

实时操作系统是一种时间性强、反应迅速的操作系统，可以对外部输入的信息进行及时处理，并在规定的时间内输出处理的结果。实时操作系统具有实时性和可靠性，常用于实时控制系统和自动控制系统中，其主要特点是对资源的分配和调度首先要考虑实时性，然后才是效率。此外，它还具有较强的容错能力。

5. 网络操作系统

网络操作系统是基于计算机网络的，是在各种普通的计算机操作系统上按照网络体系结构的协议标准开发的软件，包括网络管理、通信、安全、资源共享和各种网络应用，其目标是网络中的各台计算机之间能互相通信和共享资源，其主要特点是与网络的硬件相结合来完成网络的通信任务。

6. 分布式操作系统

分布式操作系统（distributed system）是为分布式计算系统配置的操作系统。大量的计算机通过网络连接在一起，可以获得极高的运算能力及广泛的数据共享，这种系统被称作分布式系统。分布式操作系统在资源管理、通信控制和操作系统结构等方面都与其他操作系统有较大的区别。由于分布式系统的资源分散在系统的不同计算机上，操作系统对用户的资源需求不能像一般的操作系统那样等待有资源时直接分配，而是要在系统的各台计算机上搜索，找到所需资源后才可进行分配。分布式操作系统的结构也不同于其他的操作系统，它分布于系统的各台计算机上，能并行地处理用户的各种需求，有较强的容错能力。

3.1.4 常用的操作系统

世界上制造的第一台计算机是没有操作系统的，但是随着计算机技术的不断发展，已经出现了多种类型的操作系统，目前常用的有 Windows、UNIX、Linux、Android 及 Mac OS 等。

1. DOS

DOS 是英文 disk operating system 的缩写，意思是“磁盘操作系统”。从 1981 年至 1995 年的 15 年间，DOS 在 IBM PC 兼容机市场中占有举足轻重的地位，而且 DOS 操作系统的众多版本中，最著名的是 PC DOS 和 MS DOS。

DOS 操作系统的特点是只要掌握了命令，就可以方便地执行操作，对计算机的硬件要求低，而且存储能力有限。基本的 DOS 操作系统是由一个基于 MBR 的 BOOT 引导程序和 3 个文件模块组成的。这 3 个模块是：输入/输出模块（IO.SYS）、文件管理模块（MSDOS.SYS）及命令解释模块（COMMAND.COM）。除此之外，DOS 操作系统包中还加入了若干标准的外部程序（即外部命令），它与内部命令（即由 COMMAND.COM 解释执行的命令）一同构建起一个在磁盘操作时代相对完备的人机交互环境。

2. Windows

Windows 是 Microsoft 公司开发的“视窗”操作系统。第一个 Windows 于 1985 年推出，替代了先前的 DOS。Windows 完全兼容 IBM 公司生产的兼容型微机的结构，利用 IBM 的强大实力和 PC 制造业的地位，Windows 迅速成长为最普及的操作系统。廉价的 PC 微型机加上便宜的 Windows 操作系统，其巨大的销量造就了 Windows 的垄断地位，目前 Windows 是世界上用户最多的操作系统。

Windows 是基于图形界面执行程序和处理事件的操作系统。它拥有生动形象的用户界面，简便易懂的操作方式，对非计算机专业的人员而言，配置和安装了 Windows 操作系统的计算机是最易学习和掌握的，因此它对全球范围内应用和普及个人计算机起到了重要的推动作用。

3. UNIX

UNIX 是一个早期发展起来的强大的多用户、多任务操作系统。它支持多种处理器架构，具有技术成熟、结构简练、可靠性高、可移植性好、可操作性强、网络和数据库功能强、伸缩性突出和开放性好等特点。UNIX 操作系统可以满足各行各业的实际需要，特别能满足企业重要业务处理的需要，它已经成为主要的工作站平台和重要的企业操作平台。目前，UNIX 主要安装在巨型计算机、大型计算机上作为网络操作系统使用，也可以用于个人计算机和嵌入式系统，它是目前唯一能在各种类型计算机硬件平台上稳定运行的操作系统。

由于 UNIX 操作系统的设计理念先进，当前许多流行的技术和方法（如微内核技术、进程通信方法、TCP/IP、客户/服务模式等）都源自 UNIX，所以说它对近代的操作系统有着不可估量的影响。即使是以今天的眼光来看待 UNIX，它也是一个非常成功的操作系统。

4. Linux

Linux 是一套免费使用和自由传播的操作系统，是一个基于 POSIX 和 UNIX 的多用户、多任务、支持多线程和多 CPU 的操作系统。它能运行主要的 UNIX 工具软件、应用程序和网络协议。它支持 32 位和 64 位硬件。Linux 是 UNIX 操作系统的一种克隆系统，继承了 UNIX 以网络为核心的设计思想。它主要用于基于 Intel x86 系列 CPU 的计算机上。Linux 操作系统具有多种版本，用户可以通过 Internet 免费获取 Linux 及其生成的工具软件的源代码，也可以根据自己的需要对它进行必要的修改，无偿使用，无约束地继续传播。

Linux 的设计定位于网络操作系统，它的设计灵感来自 UNIX，因此它的命令的设计比较简洁。因为纯文本可以很好地跨网络工作，所以 Linux 的配置文件及数据都是以文本为基础。Linux 由于其系统软件可以免费获取、系统的移植性好、对硬件平台要求低等特点，近年来发展十分迅猛。Linux 以它的高效性和灵活性著称，Linux 模块化的设计结构，使得它既能在价格昂贵的工作站上运行，也能在廉价的 PC 机上实现全部的 UNIX 特性，具有多任务、多用户的能力。Linux 是在 GNU 公共许可权限下免费获得的，是一个符合 POSIX 标准的操作系统。Linux 操作系统软件包不仅包括完整的 Linux 操作系统，而且还包括了文本编辑器、高级语言编译器等应用软件。它还包括带有多个窗口管理器的 X-Windows 图形用户界面，如同使用 Windows NT 一样，允许用户使用窗口、图标和菜单对系统进行操作。

5. 安卓（Android）

Android 是一种以 Linux 为基础的开放源代码操作系统，主要使用于便携设备。Android 操作系统最初由安迪・鲁宾（Andy Rubin）开发，最初主要支持手机。2005 年由 Google 收购注资，并组建开放手机联盟开发改良，逐渐扩展到平板计算机及其他领域上。Android 的主要竞争对手是苹果公司的 iOS。

开放联盟由谷歌与 34 家手机移动互联公司于 2007 年组建，旨在普及 Android 智能手机和打破其他智能手机高价低配的局面，开放联盟的成员负责推广和制造 Android 手机，并且支持更新和完善 Android 操作系统，使得 Android 能更好发展。

6. Mac OS

Mac OS 是运行于 Apple 公司的 Macintosh 系列计算机上的操作系统。它以美丽的外观著称，是首个运用图形界面操作，并在商用领域获得成功的操作系统。Mac OS 是基于 UNIX 内核的图形化操作系统，它的系统具有更高的稳定性和安全性。Mac OS 具有独特的图形处理能力，其色彩表现完美，在计算机的图形图像设计领域中居于稳定的地位。但是，Mac OS 与 Windows 缺乏较好的兼容性，因而影响了它的普及。

3.2 Windows 11 基础操作

3.2.1 Windows 11 的启动和关闭

1. 启动 Windows 11

计算机系统的启动有冷启动和重新启动，可以在不同情况下选择操作。

1）冷启动

冷启动又称加电启动，是指计算机在断电下加电开机启动。按下主机电源键，经过自检后就自动启动进入 Windows 11 操作系统，并会根据用户数量及是否设置了登录密码，出现不同的界面。如果没有设置登录密码，单击用户名可以直接登录系统；如果设置了密码，输入密码后单击“确定”按钮，密码验证通过后，Windows 11 即进入系统桌面。

2）重新启动

重新启动是指在计算机使用过程中遇到故障、改动设置、安装更新等时，重新引导操作系统的方法。由于重新启动是在开机状态下进行的，所以不再进行硬件自检。重新启动的步骤是在 Windows 的“开始”菜单中选择“电源”选项，选择“重启”命令。

2. 关闭 Windows 11

图 3-1　电源菜单

应按照正确方式关闭计算机，不能简单切断电源，非正常关机可能会造成有用信息丢失。Windows 11 操作系统关闭操作如下：打开“开始”菜单，选择“电源”选项，在弹出的列表中选择“关机”命令，如图 3-1 所示，稍后计算机将自动关闭电源。有时，因系统程序卡顿会导致鼠标指针无法移动，不能进行正常操作，即所谓的“死机”，此时，无法通过“开始”菜单正常关机，需要强制关闭计算机。具体操作如下：按下机箱电源（Power）键不放，待几秒钟主机电源关闭后，再松开电源键。

在“电源”选项中主要有以下操作，其含义如下。

（1）关机：关闭整个系统。

（2）重启：关闭 Windows 11 并重新启动系统。

（3）睡眠：计算机进入睡眠状态时，显示器将关闭，但 Windows 会记住并保存正在进行的工作状态，因此无须关闭程序或文件。睡眠状态下，计算机将切断除内存外其他配件的电源，工作数据将保存在内存中，此时耗电量极少。唤醒计算机可通过按机箱电源键，随后计算机恢复至睡眠前的工作状态。

3.2.2 Windows 11 桌面组成及操作

桌面是打开计算机并登录到 Windows 之后看到的主屏幕区域，用于显示屏幕工作区域的窗口、图表和菜单等。Windows 11 桌面主要由桌面图标、桌面背景和任务栏等部分构成，如图 3-2 所示。

图 3-2　Windows 11 桌面

1. 桌面背景

桌面背景也称壁纸、桌布，可以是一幅图片或纯色背景。可以设置自己喜欢的背景，设置方法后面将详细介绍。

2. 桌面图标

桌面图标是指桌面上排列的小图像，它包含图片和文字两部分，文字说明图标的名称或功能，图片是它的标识。桌面图标有助于快速执行命令和打开程序文件。双击桌面图标，可以快速启动对应的文件、文件夹或应用程序。

1）添加系统图标

系统图标是指 Windows 系统自带的图标，包括“此电脑”“回收站”“网络”“用户的文件”“控制面板”。通常在 Windows 11 初始状态下，桌面上只有一个“回收站”图标，可以根据需要添加其他系统图标，具体操作如下。

（1）在桌面空白处右击，在弹出的快捷菜单中选择“个性化”命令，如图 3-3 所示。

（2）弹出“个性化”设置窗口，切换到“主题”选项卡，在右侧“相关的设置”区域中选择“桌面图标设置”选项，如图 3-4 所示。

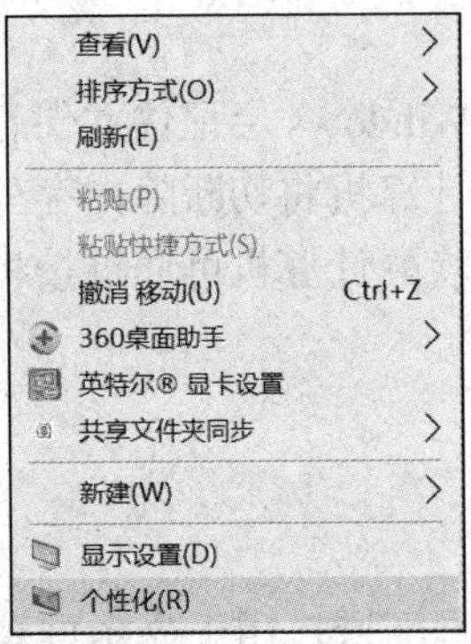

图 3-3 个性化命令

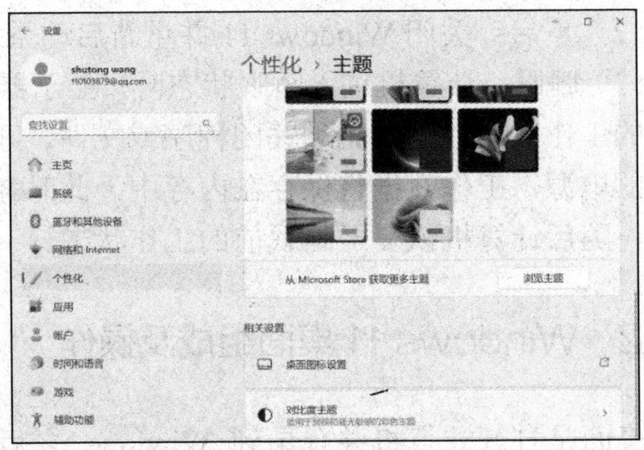

图 3-4 “主题”选项卡

（3）弹出“桌面图标设置”对话框，选中需要添加的系统图标前的复选框，如图 3-5 所示。单击“确定”按钮，即可完成设置。

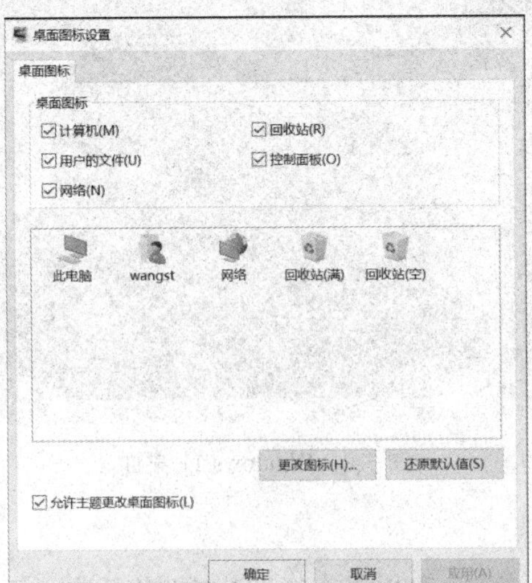

图 3-5 桌面图标设置

2）查看及排列图标

如果桌面上的图标较多，会显得十分凌乱，这时可以通过设置桌面图标的大小和排列方式来整理桌面。

在桌面的空白处右击，在弹出的快捷菜单中选择“查看”命令，其子菜单中包含了大图标、中图标和小图标等多种查看方式，可根据需要选择其中一种，如图 3-6 所示。大图标、中图标和小图标之间只能选择其一，其他选项可以同时选择多个。

在桌面的空白处右击，在弹出的快捷菜单中选择“排序方式”命令，可以看到其子菜单中有 4 种排列方式，分别为名称、大小、项目类型和修改日期，如图 3-7 所示。

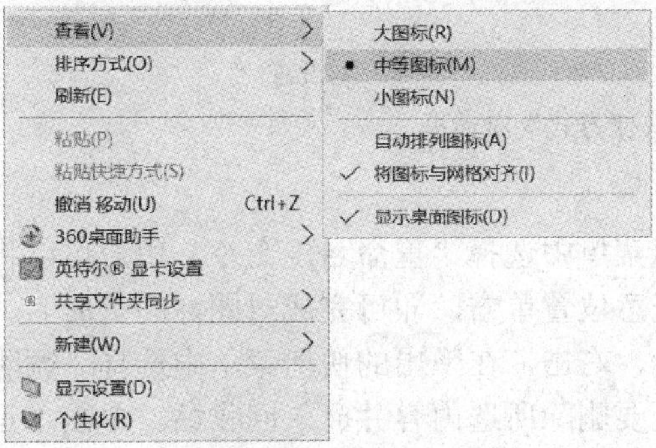

图 3-6　查看图标

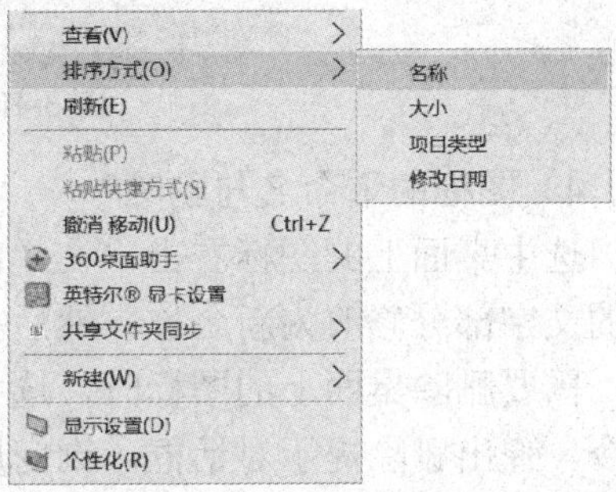

图 3-7　排序方式

3）创建桌面快捷图标

桌面上的图标实质上就是打开各种程序和文件的快捷方式。用户可以在桌面上创建自己经常使用的程序或文件的图标，这样使用时直接双击桌面图标，即可快速启动该项目。以下两种方式都可以创建桌面快捷方式。

（1）选中需要创建图标的文件（文件夹）或程序右击，在弹出的快捷菜单中选择“发送到”→“桌面快捷方式”命令，即可在桌面上创建快捷图标，如图 3-8 所示。

（2）在桌面空白处右击，在弹出的快捷菜单中选择“新建”→“快捷方式”命令（图 3-9），弹出“创建快捷方式”对话框，单击“浏览”按钮，按照路径选择文件，单击“下一步”按钮即可，如图 3-10 所示。

图 3-8　发送到“桌面快捷方式”命令

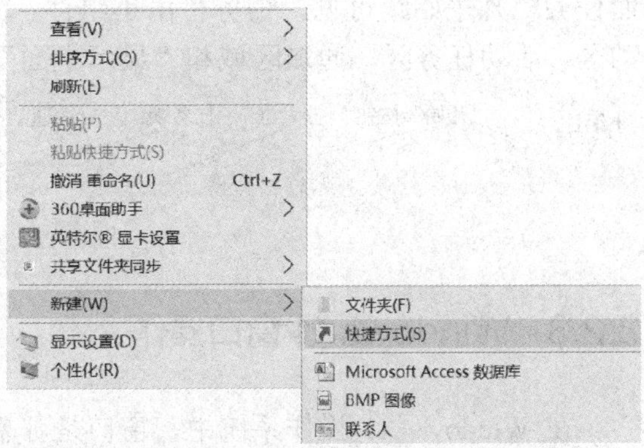

图 3-9　选择“新建”→“快捷方式”命令

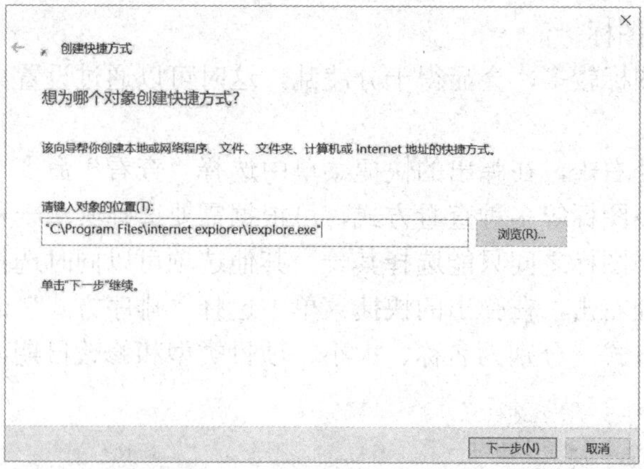

图 3-10 “创建快捷方式”对话框

4）图标的重命名与删除

选中桌面上的图标右击，在弹出的快捷菜单中选择“重命名”命令，用户可以将图标的文字部分修改为新名称，然后在桌面任意位置单击，即可完成对图标的重命名。

需要删除桌面上的图标时，选中该图标，右击，在弹出的快捷菜单中选择“删除”命令。弹出删除提示对话框，询问用户是否要删除所选内容并放入回收站。单击“是”按钮，确认删除；单击“否”按钮，取消操作，如图 3-11 所示。

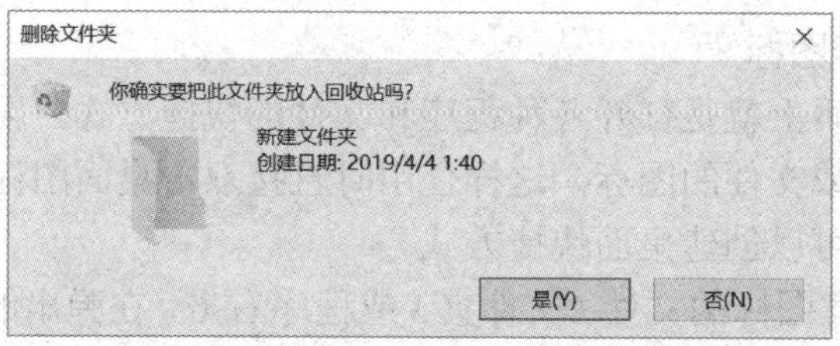

图 3-11 图标的删除

3. 任务栏

任务栏是位于屏幕底部的水平长条。与桌面不同的是，桌面可以被打开的窗口覆盖，而任务栏几乎始终可见。任务栏由小组件、“开始”按钮、搜索框、任务视图、快速启动区、活动任务区、通知区域和“显示桌面”按钮组成，如图 3-12 所示。

图 3-12 任务栏

3.2.3 Windows 11 窗口操作

在 Windows 11 操作系统中，窗口是屏幕上与一个应用程序相对应的矩形区域，它是用户与应用程序之间的可视化操作界面。每个窗口负责显示和处理某一类信息，用户可在任意窗口上工作，并在各窗口之间交换信息。因此，窗口操作是 Windows 系统中最频繁和基础的操作。

1. 窗口的结构和组成

虽然每个窗口的内容各不相同，但窗口的结构基本一致，由标签、窗口控制按钮、控制按钮区、导航窗格、地址栏、功能选项区、搜索框、内容窗格、状态栏等部分组成，如图 3-13 所示。

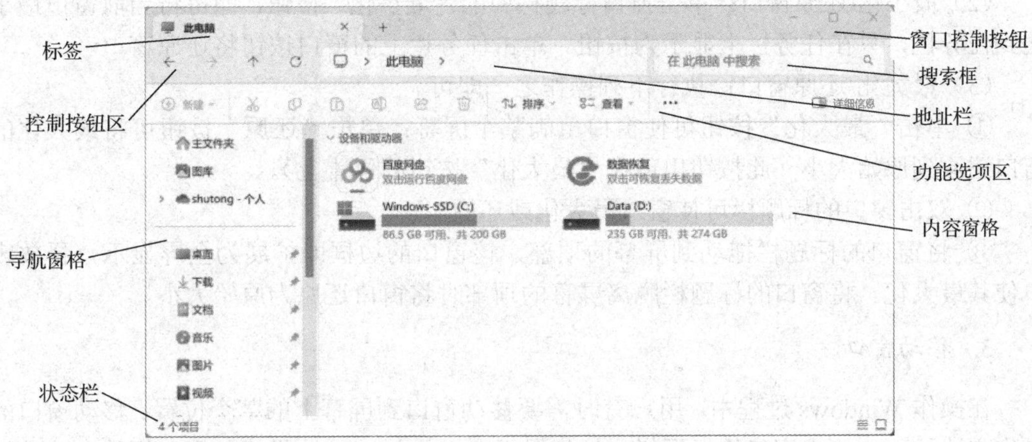

图 3-13　窗口的组成

（1）标签（标题栏）：在一个窗口中，默认打开一个标签页，单击标签后的“添加新标签”按钮可以打开多个标签页。单击该标签页右侧的“关闭标签页”按钮，则关闭该标签页，若该标签页是最后一个，则关闭窗口。通过拖动标签页右侧空白区域可以进行窗口移动。

（2）窗口控制按钮：每个窗口右上角显示了“最小化”“最大化/还原”“关闭”按钮，用于控制窗口。

（3）功能选项区：功能选项区包含常用的功能按钮，其代替了菜单栏和工具栏，直接单击功能区中的按钮即可进行快捷操作。“文件资源管理器”窗口的常用功能按钮有“新建”“剪切”“复制”“粘贴”“删除”“排序”“查看”等。

（4）地址栏：地址栏位于文件夹窗口标签栏的下方，显示当前文件夹的路径。可以通过单击某个链接或输入位置路径来导航到其他位置。

（5）搜索框：搜索框位于窗口地址栏的右侧，与“开始”菜单中搜索框的作用和用法相同，都是在计算机中搜索各种文件。在搜索框中输入关键字，可以快速查找当前位置中相关的文件和文件夹。

（6）控制按钮区（导航按钮）：控制按钮区位于窗口地址栏的左侧，由一组导航按钮组成，包括“返回”“前进”“上移到上一层目录”“刷新”按钮。

（7）导航窗格：导航窗格位于控制按钮区下方，显示计算机中包含的具体位置，可以通过导航窗格快速定位到相应位置。

（8）内容窗格：内容窗格位于导航窗格右侧，是显示当前文件夹内容的区域，也称为工作区。

（9）状态栏：状态栏位于窗口底部，显示窗口当前状态和用户操作有关的信息。

2. 改变窗口的大小

（1）用鼠标拖动：若要调整窗口的大小（使其变小或变大），可将鼠标指针指向窗口的任意边框或角，当鼠标指针变成双箭头↕时，拖动边框或角可以缩小或放大窗口。

（2）最小化/还原窗口：单击窗口标题栏中的“最小化”按钮，即可将当前窗口最小化到任务栏，只在任务栏上显示为按钮。单击任务栏上的窗口按钮将还原窗口。

（3）最大化/还原窗口：执行下列操作之一即可。

① 单击“最大化”按钮可使窗口填满整个屏幕；单击“还原”按钮可将最大化的窗口还原到原始大小（此按钮出现在“最大化”按钮的位置上）。

② 双击窗口的标题栏可使窗口最大化或还原。

③ 将窗口的标题栏拖动到屏幕的顶部，该窗口的边框即扩展为全屏显示，释放窗口使其最大化。将窗口的标题栏脱离屏幕的顶部时将窗口还原为原始大小。

3. 移动窗口

在操作 Windows 过程中，用户有时需要移动窗口到屏幕上的某个位置。移动窗口的操作方法如下：单击窗口的标题栏，按住鼠标左键不放，移动鼠标，窗口便随之移动，至合适的位置后释放鼠标左键即可。

4. 切换窗口

用户打开了多个窗口，但当前工作的前台窗口只有一个。有时用户需要在不同窗口之间任意切换，进行不同的工作。具体切换方法有以下两种。

（1）使用任务栏切换窗口：单击任务栏上的窗口图标，其对应窗口将出现在所有其他窗口的前面，成为活动窗口。

（2）使用 Alt+Tab 组合键：按 Alt+Tab 组合键将弹出一个缩略图面板，按住 Alt 键不放，并重复按 Tab 键将循环切换所有打开的窗口和桌面，释放 Alt 键即可显示所选的窗口。

5. 关闭窗口

用户完成对窗口的操作后，关闭窗口有以下 4 种方式。

（1）在标题栏上单击“关闭”按钮。

（2）双击窗口左上角的“控制菜单”按钮。

（3）单击“控制菜单”按钮，在弹出的控制菜单中选择“关闭”命令。

（4）使用 Alt+F4 组合键。

如果用户打开的是应用程序窗口，可以在“文件”菜单中选择“退出”命令，同样也能关闭窗口。如果所要关闭的窗口处于最小化，可以在任务栏的程序图标上右击，在弹出的快捷菜单中选择“关闭窗口”命令，如图 3-14 所示。

6. 对话框

对话框用于完成某项任务所需选项的小型窗口，是一种特殊类型的窗口。与常规窗口不同，对话框无法进行最大化、最小化或调整大小等操作，但是它们可以被移动。如图3-15所示是“文件夹选项”对话框。

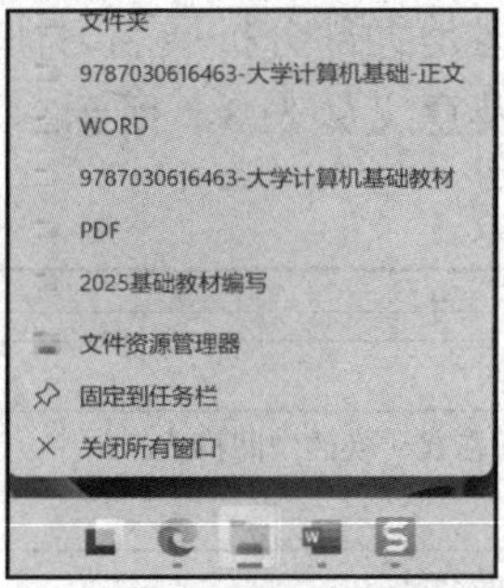

图3-14　关闭窗口

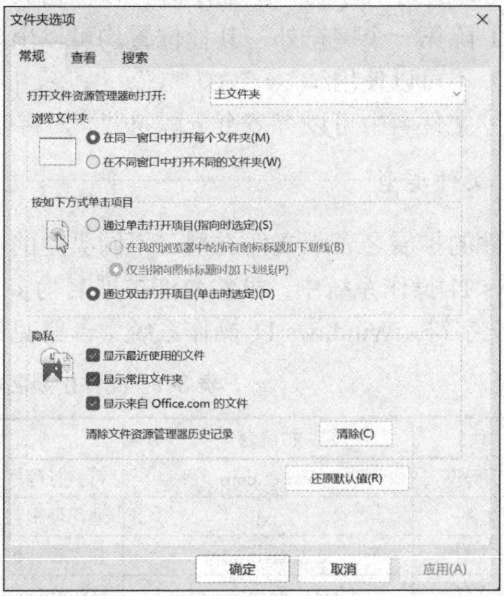

图3-15　“文件夹选项”对话框

3.3　Windows 11 文件和资源管理

3.3.1　文件和文件夹的概念

1. 文件和文件夹

存放在存储器中的信息集合称为文件。在 Windows 11 操作系统中，每个文件都有自己的名字和图标。文件名是存取文件的依据，即按名存取。硬盘是存储文件的大容量存储设备，其中可以存储很多文件。文件的内容可以是多种多样的信息，如文本、图像、声音、程序等。多种文件被分门别类地组织在文件夹中进行管理。

文件夹是存放文件和子文件夹的容器。每个文件夹必须有一个自己的名字。把相关的文件放在一个文件夹中，便于对文件的使用和管理。Windows 11 采用树形结构的文件夹来对文件进行管理。这种结构层次分明，便于被人们理解和使用。

2. 文件名

在计算机中，任何一个文件都有文件名，文件名是文件存取和执行的依据。文件名

分为主文件名和扩展名两个部分，即

文件名=主文件名.扩展名

在 Windows 11 操作系统中，文件名的命名规则如下。

（1）最多可以使用 255 个字符。

（2）不区分大小写，但显示时可以保留大小写格式。

（3）除第一个字符外，其他位置均可以出现空格。

（4）不可以使用/、\、?、:、*、”、<、>、| 等。

（5）文件名中可以有多个分隔符“.”，将以最后一个作为扩展名的分隔符。

3. 文件类型

文件的扩展名表示文件类型，不同类型的文件处理方法是不同的，由系统定义。在 Windows 11 操作系统中，虽然允许扩展名为多个英文字符，但是大部分扩展名习惯采用 3 个英文字符。Windows 11 操作系统中，常见的文件扩展名及意义如表 3-1 所示。

表 3-1 文件扩展名的类型及意义

文件类型	扩展名	说明
可执行程序	.exe、.com	可执行程序文件
文本文件	.txt	通用性极强，往往作为各种文件格式转换的中间格式
源程序文件	.c、.bas、.asm	程序设计语言的源程序文件
Office 文件	.doc、.docx、.xlsx	MS Office 中 Word、Excel 创建的文档
图像文件	.jpg、.gif、.bmp	图像文件，不同的扩展名表示不同格式的图像文件
视频文件	.avi、.mp4、.rmvb	通过视频播放软件播放，视频文件格式极不统一
压缩文件	.rar、.zip	压缩文件
音频文件	.wav、.mp3、.mid	不同的扩展名表示不同格式的音频文件
网页文件	.http、.html、.asp	一般来说，前两者是静态网页，后者是动态网页

3.3.2 文件资源管理器

文件资源管理器是 Windows 11 操作系统提供的资源管理工具，用户可以用它查到本计算机中的所有资源，特别是它提供的树形文件系统结构，能更清楚、更直观地认识计算机中的文件和文件夹。在文件资源管理器中还可以很方便地对文件进行各种操作，如打开、复制、移动等。

1. 启动文件资源管理器

在 Windows 11 中，启动文件资源管理器有以下 4 种常用方法。

（1）直接双击桌面上的“此电脑”图标，打开“此电脑”界面，左侧窗格中的“查看”列表实际上就是文件资源管理器。

（2）打开“开始”菜单，在“已固定”项目中单击“文件资源管理器”按钮即可启动文件资源管理器，如图 3-16 所示。

（3）在桌面上右击左下角的“开始”按钮，在弹出的快捷菜单中选择“文件资源管理器”命令，如图 3-17 所示。

图 3-16 “文件资源管理器”启动方式一

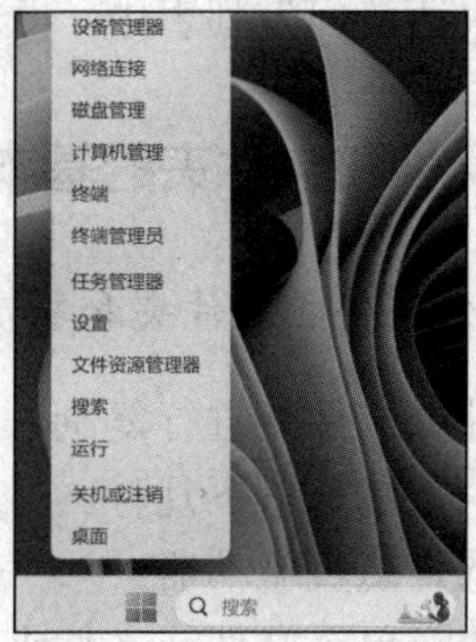

图 3-17 “文件资源管理器”启动方式二

（4）按 Win+E 快捷键，可以快速启动文件资源管理器。

文件资源管理器启动后的窗口界面如图 3-18 所示。左侧窗格中会以树形结构显示计算机中的资源，单击某一个文件夹会显示更详细的信息，同时文件夹中的内容会显示在右侧的主窗格中。

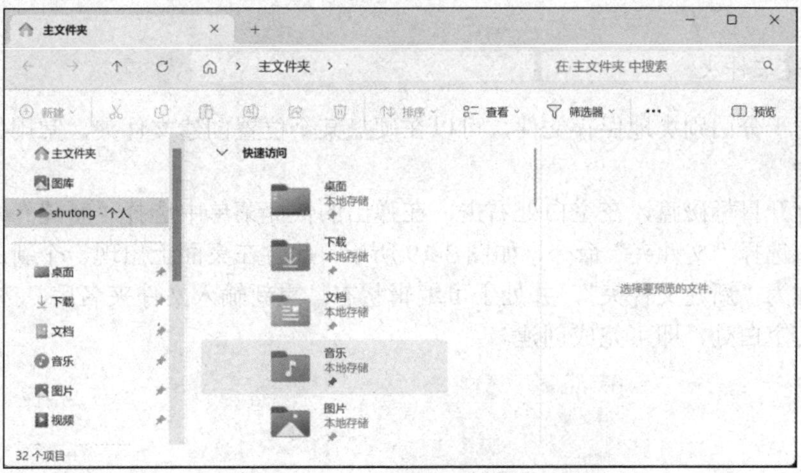

图 3-18 “文件资源管理器”窗口

在文件资源管理器中，使用鼠标拖动的方法实现文件的移动或复制非常方便。首先在左侧窗格中展开文件所在的目录，在右侧窗格中选择需要移动的文件（复制时则按下 Ctrl 键），然后拖动文件至左侧窗格目标文件夹后释放鼠标即可完成文件的移动（或复制）。

2. 快速访问

“快速访问”是 Windows 11 文件资源管理器中特殊的文件夹，它用来记录用户最近的访问记录，便于用户快速找到文件资源管理器中常用的文件夹。只要用户打开过某一个文件夹，Windows 11 会自动将文件夹的链接保存在下方的“常用”列表中，下一次用户可以在“快速访问”列表中找到相应的记录。右击某一个文件夹，在弹出的快捷菜单中选择“固定到‘快速访问’”命令，即可将文件夹的位置固定到文件资源管理器左侧窗格的“快速访问”列表中。

3.3.3 文件和文件夹的基本操作

1. 选定文件、文件夹和驱动器

对文件或文件夹进行复制、移动或删除等操作之前，必须先选定后操作，选定文件或文件夹的方法有以下几种。

（1）选定磁盘驱动器。

（2）选择单个文件或文件夹。

（3）选定多个连续的文件或文件夹：选中第一个文件，按住 Shift 键不放，选中最后一个文件。

（4）选择多个不连续的文件或文件夹：可以先选择第一个文件或文件夹，然后按下 Ctrl 键不放，在窗口中依次单击所需的各个文件和文件夹。

（5）选择全部文件或文件夹：按 Ctrl+A 快捷键，可以选中当前窗口中全部的文件和文件夹。

2. 创建文件夹

为了便于分门别类地保存文件，可以在硬盘某个位置创建文件夹，常用的创建方法有以下两种。

（1）打开目标磁盘，在空白处右击，在弹出的快捷菜单中选择“新建”命令，再在级联菜单中选择“文件夹”命令，如图 3-19 所示。此时在桌面上出现一个新的文件夹图标，其名称为“新建文件夹”，并处于可编辑状态。重新输入文件夹名后，按 Enter 键，或单击任何空白处，即可完成创建。

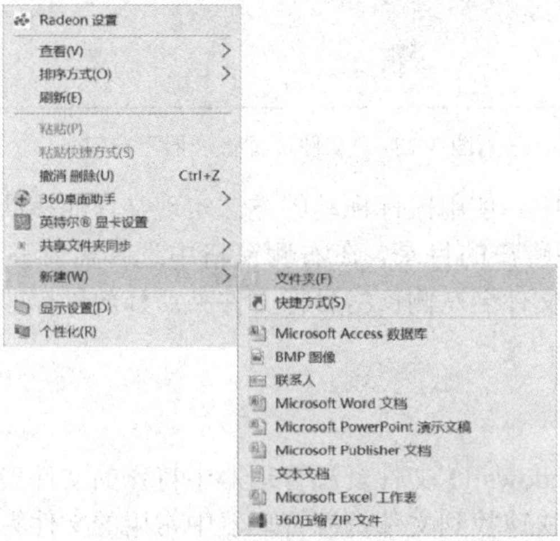

图 3-19 创建文件夹方法一

（2）打开要创建文件夹的目录（如“文档”），在功能选项区中单击“新建”功能按钮，在其下拉菜单中选择“文件夹”选项，内容窗格名称列表底部会新增一个文件夹图标，且其文件名处于可编辑状态，如图 3-20 所示。在其文本框内输入预期的文件夹名称，文件夹名称编辑好后，按 Enter 键或单击空白处，即可完成文件夹的创建。

图 3-20　创建文件夹方法二

3．移动文件（文件夹）

文件和文件夹的移动是将其从原位置移到新的位置，原位置上的文件和文件夹消失。下面介绍 3 种方法。

1）鼠标拖动法

在同一磁盘间移动时，先选择文件或文件夹，用鼠标将其拖动到所需的位置后，释放鼠标按键。

在不同磁盘间移动时，先选定文件或文件夹，用鼠标拖动的同时按住 Shift 键，将选定的文件或文件夹移动到目标位置，然后释放鼠标左键及 Shift 键。

2）使用命令移动文件（文件夹）

选定要移动的文件（文件夹），在功能选项区中，单击“剪切”按钮，如图 3-21 所示，然后到目标文件夹（如桌面）单击功能选项区中的“粘贴”按钮，即可将项目移动到目标文件夹。

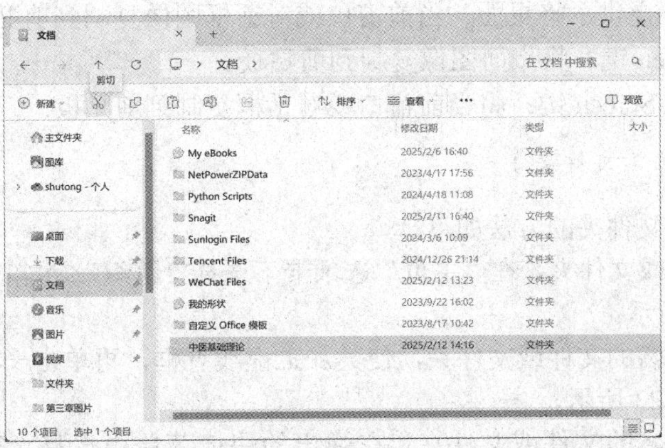

图 3-21　移动文件（文件夹）

3）通过快捷菜单移动文件（文件夹）

选定要移动的文件或文件夹，右击，在弹出的快捷菜单中选择“剪切”命令，将其放入剪贴板，然后在目标驱动器或文件夹空白处右击，在弹出的快捷菜单中选择“粘贴”命令即可实现文件（夹）的移动。

4. 复制文件（文件夹）

复制和移动文件（文件夹）的区别如下：复制文件（文件夹）是原文件存在且位置不变，在新位置增加一个对象的副本；而文件（文件夹）移动后，原文件不存在。复制文件（文件夹）同样有以下 3 种方法。

1）鼠标拖动法

在同一磁盘间复制，先选定文件或文件夹，按住 Ctrl 键的同时用鼠标将选定对象拖动到新的位置，然后释放鼠标按键和 Ctrl 键。

在不同磁盘间复制文件或文件夹时，先选定文件或文件夹，用鼠标直接拖动到目标位置即可。

用鼠标拖动的方法复制文件或文件夹时，在鼠标指针后有一个“+”号标志，以区别移动。

2）使用命令复制文件（文件夹）

选定要移动的文件（文件夹），在“主页”选项卡中，单击“组织”功能区域中“复制到”按钮，在弹出的快捷菜单中选择目标文件夹，即可完成项目的复制。

3）通过快捷菜单复制文件（文件夹）

选定要复制的项目，右击，在弹出的快捷菜单中选择“复制”命令，然后在目标文件夹的空白处右击，在弹出的快捷菜单中选择“粘贴”命令即可实现文件（文件夹）的复制。

提示：文件（文件夹）的移动和复制是通过剪贴板进行的。剪贴板是 Windows 程序和文件之间用于传递信息的临时存储区，它不但可以存放文本，还可以存放图像、声音等其他多媒体信息。应用剪贴板常用的快捷键有：剪切——Ctrl+X，复制——Ctrl+C，粘贴——Ctrl+V。

Windows 11 还提供了将桌面、当前窗口或对话框图像复制到剪贴板的按键。

（1）Print Screen 键：将桌面图像复制到剪贴板。

（2）Alt+ Print Screen 键：将当前窗口或对话框复制到剪贴板。

5. 重命名文件（文件夹）

重命名文件和文件夹的方法如下。

（1）选定文件或文件夹，在“主页”选项卡下选择“组织”功能区域中的“重命名”命令，如图 3-22 所示。

（2）单击要改名的文件或文件夹，使其加上虚线方框，再单击一次，虚线方框变为实线方框，如图 3-23 所示。

（3）右击要改名的文件或文件夹，在弹出的快捷菜单中选择“重命名”命令，如图 3-24 所示。

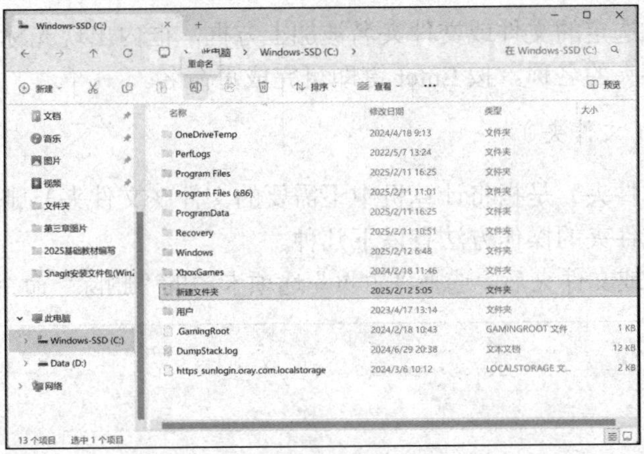

图 3-22　重命名文件夹方法一

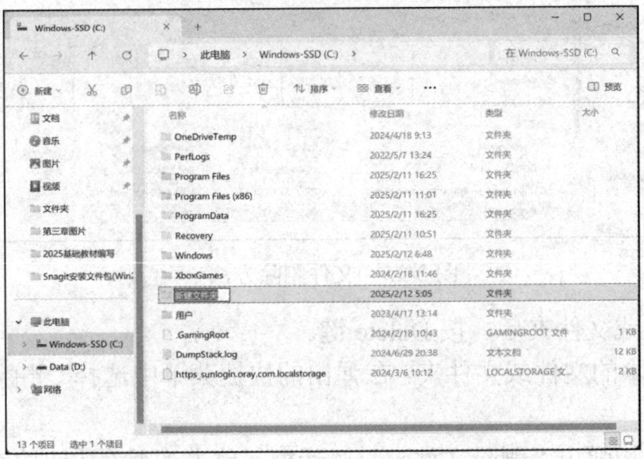

图 3-23　重命名文件夹方法二

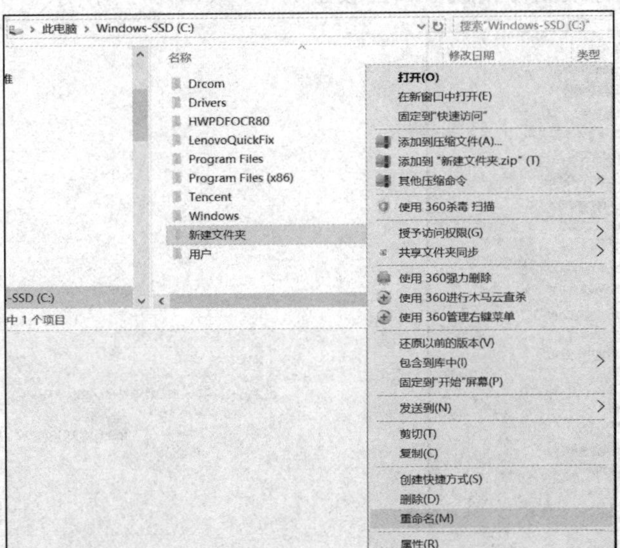

图 3-24　重命名文件夹方法三

以上 3 种情况选定的文件或文件夹名被加上方框，框内出现光标闪动，可在框内输入新的文件或文件夹的名称，按 Enter 键即可完成重命名。

6. 删除文件（文件夹）

删除文件（文件夹）是指将计算机中不需要的文件（文件夹）删除，以节省磁盘空间。删除文件或文件夹的操作方法有以下几种。

（1）选定文件或文件夹后，选择“主页”选项卡中的“删除”命令，如图 3-25 所示。

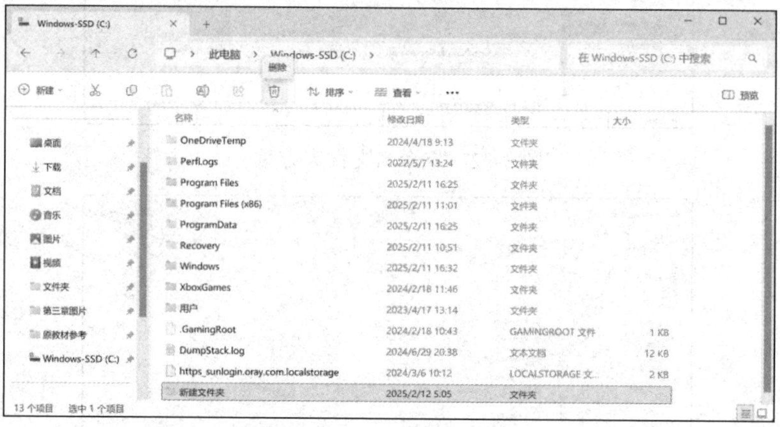

图 3-25 文件删除方法一

（2）选定文件或文件夹后，按 Delete 键。

（3）右击要删除的文件或文件夹，在弹出的快捷菜单中选择“删除”命令，如图 3-26 所示。

以上 3 种情况均弹出“删除文件夹”对话框，单击“否”按钮放弃删除；单击“是”按钮则将删除的文件或文件夹放入“回收站”中，如图 3-27 所示。

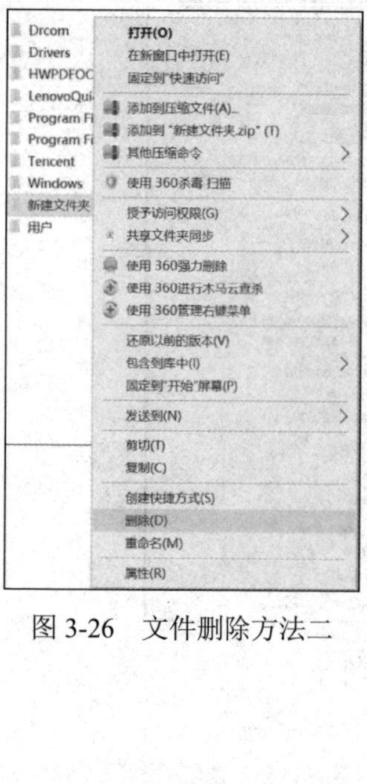

图 3-26 文件删除方法二

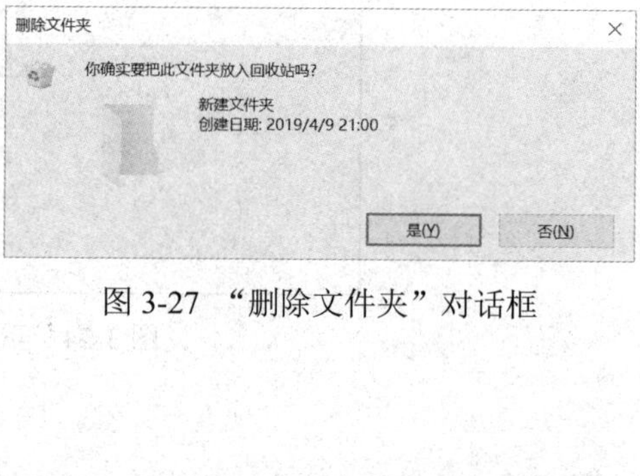

图 3-27 “删除文件夹”对话框

（4）选定文件或文件夹后，用鼠标将选定的文件或文件夹拖到“回收站”。如果在拖动时按住 Shift 键，则文件或文件夹将从计算机中彻底删除，而不存到“回收站”中。

被放入“回收站”中的文件或文件夹在清空“回收站”之前一直被保存在“回收站”中，没被彻底删除。

7. 文件和文件夹属性的设置

选定文件或文件夹后，可用以下方法打开选定文件或文件夹的属性对话框。

（1）在文件或文件夹上右击，在弹出的快捷菜单上选择“属性”命令。

（2）在文件资源管理器的菜单栏上选择“主页”→“属性”命令。

属性对话框中显示文件夹的名称、位置、大小、包含的文件夹或文件数、创建时间等常规信息，如图 3-28 所示。

文件或文件夹的常用属性的有两种，即只读、隐藏。

（1）只读：该类型的文件或文件夹只能显示不能修改。为了防止文件或文件夹被别人修改、意外删除，可把属性设置为“只读”。

（2）隐藏：该类型的文件或文件夹被隐藏起来，不再显示，因而安全性高。某些重要的文件或配置文件、系统文件都为隐藏文件。若在“文件”菜单中单击“更改文件夹和搜索选项”按钮，打开“文件夹选项”对话框，切换到“查看”选项卡，选中“不显示隐藏文件”单选按钮，则“隐藏”属性的文件或文件夹不被显示，如图 3-29 所示。

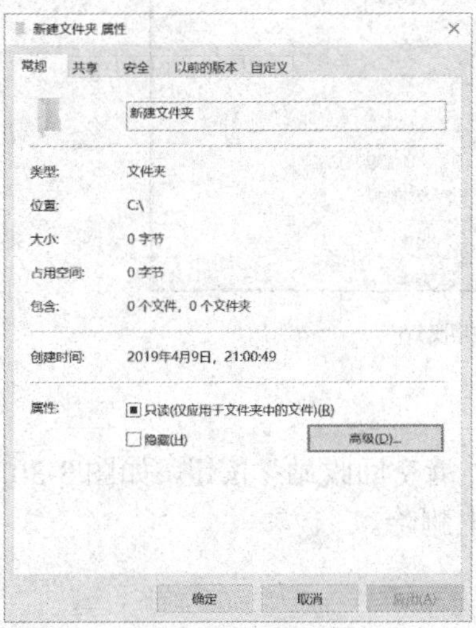

图 3-28 文件属性

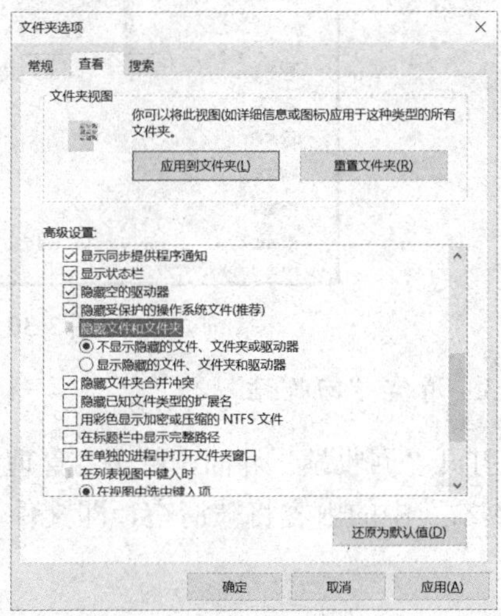

图 3-29 设置文件隐藏与显示

如果要设置高级属性，则可在属性对话框中单击“高级”按钮，打开“高级属性”对话框进行设置即可。

3.3.4 回收站

“回收站”是桌面上的一个文件夹，用以临时保存用户从硬盘上删除的文件、文件夹、应用程序以及快捷方式等对象。在清空“回收站”之前，存放在“回收站”里的对象并没有被真正删除，一旦需要可以从“回收站”恢复到原来的硬盘位置，“回收站”中暂存的文件等对象，也可以再予以删除，可以有选择地单个删除，也可以清空“回收站”。从“回收站”中删除的对象将是永久性删除，不可恢复。当“回收站”满时，先放入“回收站”的文件或文件夹将被永久删除。

1. 打开“回收站”

双击桌面上的“回收站”图标，就可以打开“回收站”的窗口。

2. 恢复“回收站”中的文件

双击桌面上的“回收站”图标，打开其窗口。如果需要恢复全部文件，直接单击上方的“还原所有项目”按钮即可，如图 3-30 所示。或者选中要恢复的目标，选择上方的“还原选定的项目”命令。

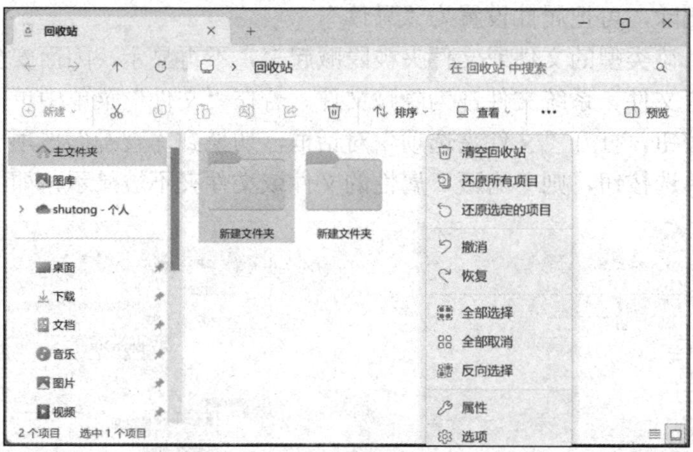

图 3-30　还原、清空回收站

3. 清空“回收站”

打开“回收站”界面，单击“管理”功能区的“清空回收站”按钮，如图 3-30 所示。“回收站”中的内容将被清空，即文件真正从磁盘上删除。

3.4　Windows 11 系统设置与管理

3.4.1　控制面板与设置

在 Windows 11 中，“控制面板”和“设置”是系统管理和配置的核心界面，系统管理员可以通过“控制面板”和“设置”中提供的工具实现对计算机的管理。可以对多种设备进行参数设置和调整，如键盘、鼠标、字体、区域设置、打印机、声音等。“控制面板”的常用启动方法有两种。

（1）在桌面上直接双击“控制面板”图标，打开“控制面板”窗口，如图 3-31 所示。

图 3-31　“控制面板”窗口

（2）打开“开始”菜单，在应用列表中单击“Windows 工具”链接后，选择“控制面板”命令，如图 3-32 所示。

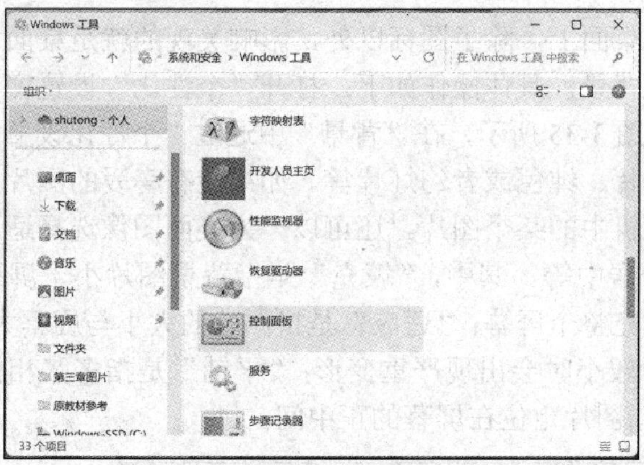

图 3-32　打开“控制面板”

“设置”更适合平板电脑、手机等触控设备的平板模式。打开方式如下：在“开始”菜单的“已固定”区域中单击“设置”链接；或在任务栏的“搜索框”中输入“设置”即可。

3.4.2　显示与个性化设置

外观和个性化可以使自己的计算机不同于其他人，调整显示器的设置可以得到更佳的视觉效果或得到具有个性化的显示方式。个性化设置一般有两种打开方式：在桌面空白处右击，在弹出的快捷菜单中选择“个性化”命令，如图 3-33 所示；或在“控制面板”窗口中选择“外观和个性化”命令，即可以进入外观和个性化设置界面，如图 3-34 所示。

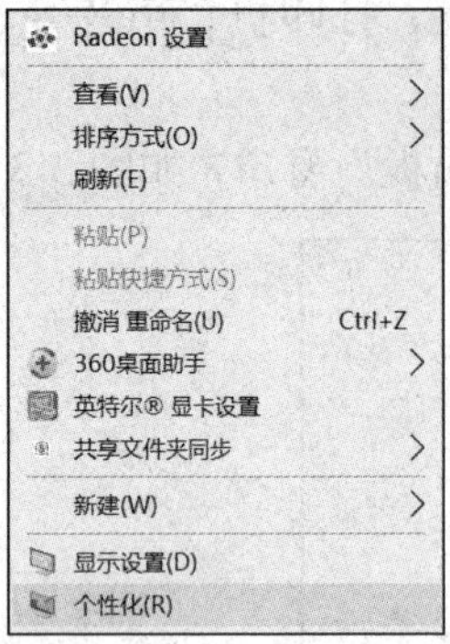

图 3-33 选择“个性化”命令

图 3-34 “外观和个性化”命令

1. 个性化设置

在 Windows 11 中，对桌面的各种要素进行设置，能改变系统的背景和视觉外观，个性化设置主要是指对桌面的设置。用户可以根据自己的个性化需要设置桌面背景、窗口颜色、主题及屏幕保护程序等。

1）设置桌面背景

在 Windows 11 桌面上，除了图标以外，影响美观的就是桌面背景。用户可以根据自己的喜好更换桌面背景，具体操作如下：打开“个性化”设置窗口，在右侧列表中选择“背景”选项，如图 3-35 所示，在“背景”中通过“个性化设置背景”下拉列表可以将桌面背景设置为图片、纯色或者幻灯片等。如果没有喜爱的图片，可以单击“浏览照片”按钮，指定计算机中的某个图片。还可以“为桌面图像选择适应模式”，包括填充、适应、拉伸、平铺、居中等。其中，“填充”是指背景图片小于屏幕时，图片在横向和纵向都进行扩展以填充整个屏幕；“适应”是指图片的大小与屏幕大小相匹配；“拉伸”类似于填充，但图片较小时会出现严重变形；“平铺”是指多张相同的背景图片铺满整个屏幕；“居中”是指图片定位在屏幕的正中间。

图 3-35 桌面背景设置 1

在“个性化设置背景”下拉列表中选择“幻灯片放映”选项，单击“浏览”按钮，指定保存多张图片的文件夹，然后在“图片切换频率”列表框中设置图片的切换时间，如图3-36所示。此种设置方式的效果是每隔某个时间间隔，桌面背景就会发生变化。若不喜欢使用图片作为桌面背景，用户还可以直接设定某种单一颜色作为桌面背景，在“个性化设置背景”下拉列表中选择“纯色”选项，然后在下面的背景色中选定一种颜色即可。

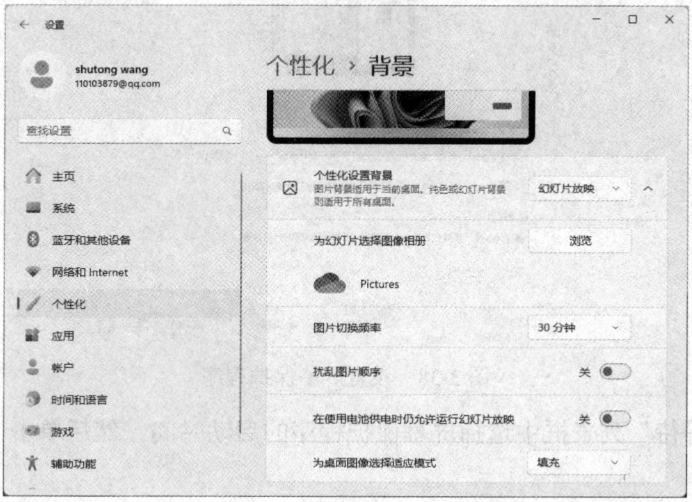

图3-36　桌面背景设置2

2）设置屏幕保护

屏幕保护是指当用户在较长时间内没有操作计算机的情况下，用于保护显示器屏幕的实用程序。设置屏幕保护的操作步骤如下。

（1）在“个性化”设置窗口的右侧列表中选择“锁屏界面”选项，进入锁屏界面管理，如图3-37所示。

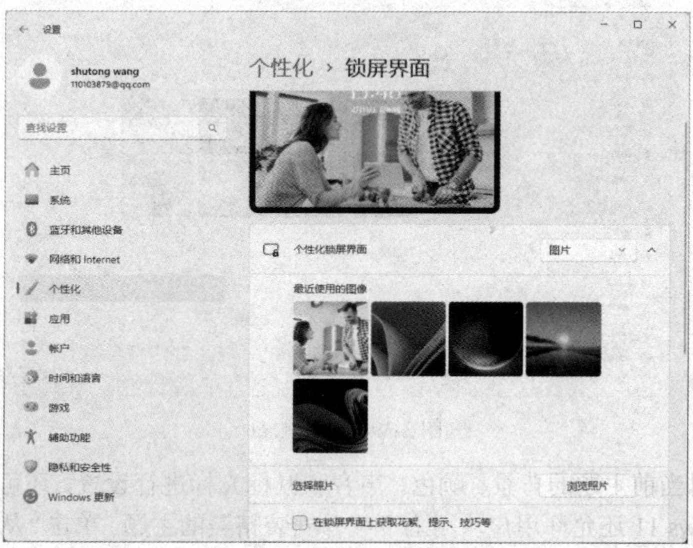

图3-37　锁屏界面

（2）在打开的“屏幕保护程序设置”对话框中，在“屏幕保护程序”下拉列表中选择喜爱的屏幕保护程序，并单击“设置”按钮进行详细的设置，如图 3-38 所示。

图 3-38 设置屏幕保护程序

（3）在“等待”列表框中选择屏幕保护程序的启动时间，然后单击“确定”按钮即可完成设置。

3）更改桌面主题

主题是指将桌面壁纸、边框颜色、系统声效等组合，从而为用户提供焕然一新的用户界面效果。Windows 11 内置了许多漂亮、个性化的主题供用户选择。

（1）在“个性化”设置窗口的右侧列表中选择“主题”选项，在“当前主题”区域中选择喜爱的主题，如图 3-39 所示。

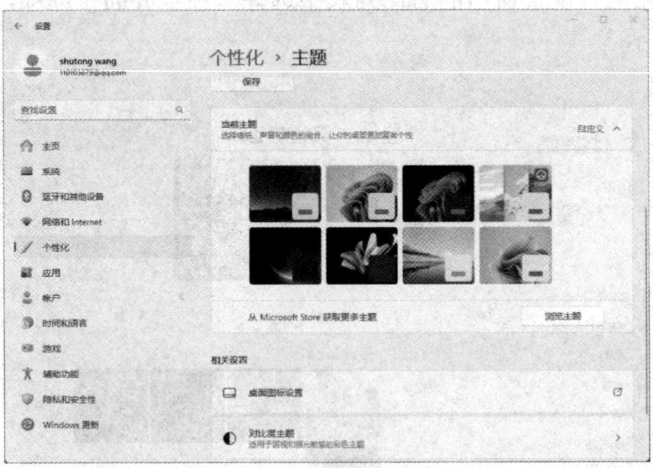

图 3-39 更改主题

（2）可以对当前主题的背景、颜色、声音和鼠标光标进行设置，还可以自定义主题。

（3）Windows 11 还允许用户从网上下载并安装精美的主题。单击“从 Microsoft Store 获取更多主题”链接，即可下载更多主题。

2. 显示设置

显示属性包括显示器分辨率、文本大小、屏幕亮度、刷新率、多显示器及投影等相关设置。打开方法为：在桌面空白处右击，在弹出的快捷菜单中选择“显示设置”命令，即可进入系统屏幕设置界面，如图 3-40 所示。

图 3-40 显示属性设置

1）放大或缩小文本和其他项目

在该界面中，用户可以改变屏幕上文本或其他项目的大小，使阅读屏幕上的内容更加清晰，单击“显示设置”右侧窗格的“缩放和布局”区域下的“更改文本、应用等项目的大小”选项，选择适当的显示比例。

2）调整显示器分辨率

分辨率是指显示器屏幕的像素数量。分辨率越高，像素数目越多，在屏幕尺寸相同的情况下，图像就越清晰。在此界面中可以打开“显示器分辨率”的下拉列表，设置合适的分辨率，如图 3-40 所示。

3. 任务栏和“开始”菜单

Windows 11 具有多任务处理功能，可以同时打开多个窗口，运行多个应用程序，每个正在运行的程序图标都会显示在任务栏中。通过“任务栏”选项可以设置任务栏的显示方式和“开始”菜单的增减。

在“任务栏设置”窗口中，通过设置右侧窗格的“在桌面模式下自动隐藏任务栏”选项的开关即可设置任务栏的隐藏与显示。

“开始”菜单按钮是 Windows 操作系统中非常经典的一个功能。在“开始”菜单中间栏区域能够显示系统中安装的所有程序和文件夹。打开“开始”菜单可在其按照字母顺序搜索程序；对于不需要的程序可以在“开始”菜单中右击该程序并进行卸载。

打开“开始”菜单设置窗口，可以设置“开始”菜单的相关属性。具体操作方法如下：在桌面空白处右击，在弹出的快捷菜单中选择“个性化”命令，在打开的窗口左侧选择下方的“开始”选项，在右侧窗格中可以进行属性设置。例如，可以设置是否在“开始”菜单中显示最近添加的应用，如图 3-41 所示。

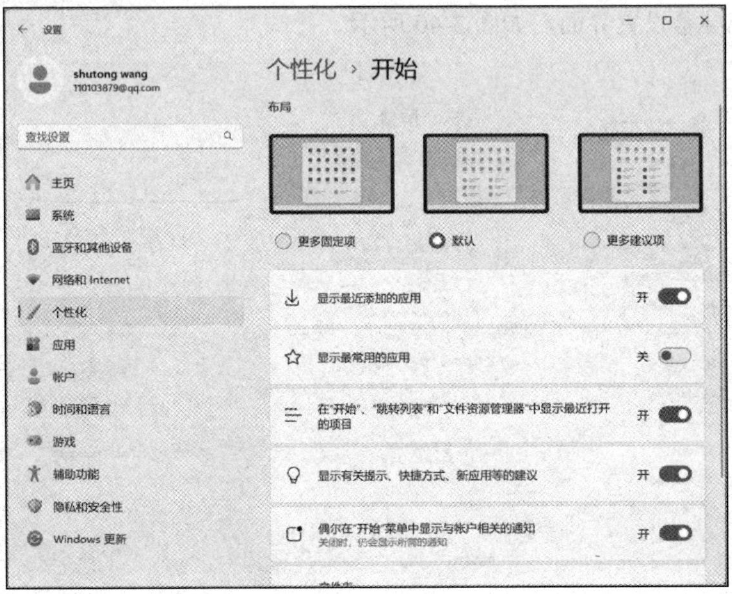

图 3-41　设置“开始”菜单

3.4.3　硬件与声音设置

在“控制面板”窗口中选择“硬件和声音”选项可以打开“硬件和声音”窗口，如图 3-42 所示。在此窗口中，可以进行设备和打印机、自动播放、声音、电源选项等硬件设备的设置和管理。

图 3-42 “硬件和声音”窗口

1. 设备和打印机

在“硬件与声音”窗口中选择“设备和打印机”类别下的“添加设备”命令，进入设备管理界面，可对蓝牙、鼠标、摄像头、移动设备等常用设备进行管理，如图 3-43 所示。选择“打印机和扫描仪”→“添加设备”命令，系统自动检测周围设备，若设备不在列表中，可单击“我需要的打印机不在列表中”右侧的“手动添加”按钮，如图 3-44 所示。在弹出的“添加打印机”对话框下方选中“通过手动设置添加本地打印机或网络打印机”单选按钮，如图 3-45 所示。单击“下一步”按钮，按照向导选择打印机端口及厂商，即可完成打印机的手动添加。

图 3-43　设备管理界面

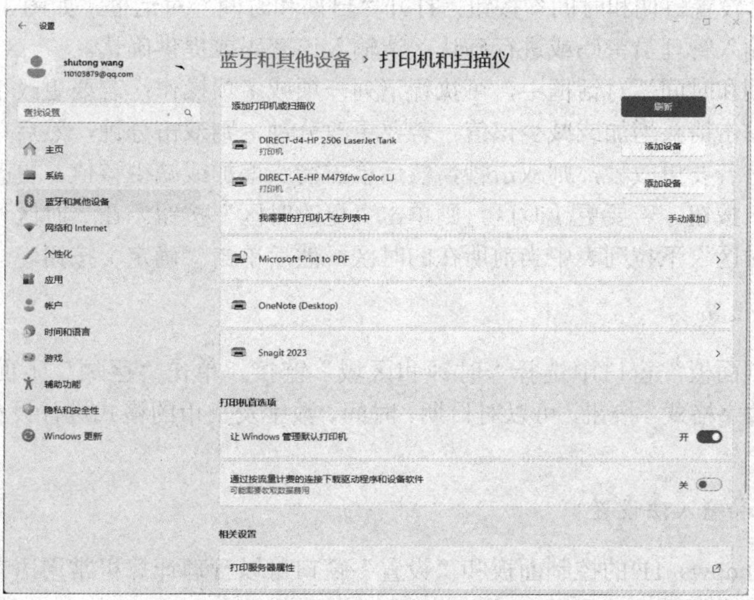

图 3-44　添加打印机或扫描仪

2. 声音的设置

在“控制面板”窗口中选择“硬件与声音”选项，然后选择“声音”选项，在弹出的“声音”对话框中即可对系统声音进行设置，如图 3-46 所示。

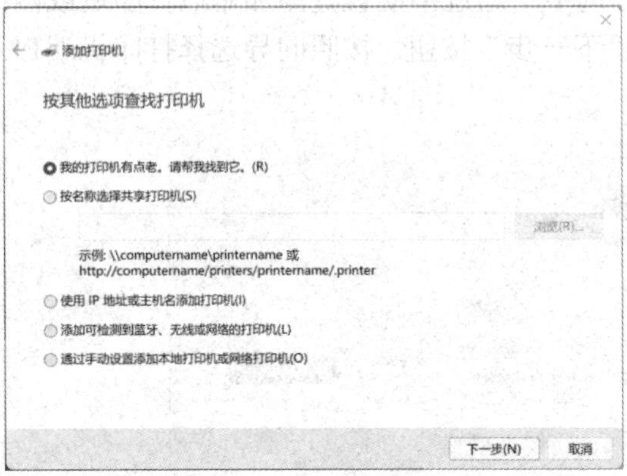

图 3-45 手动添加打印机

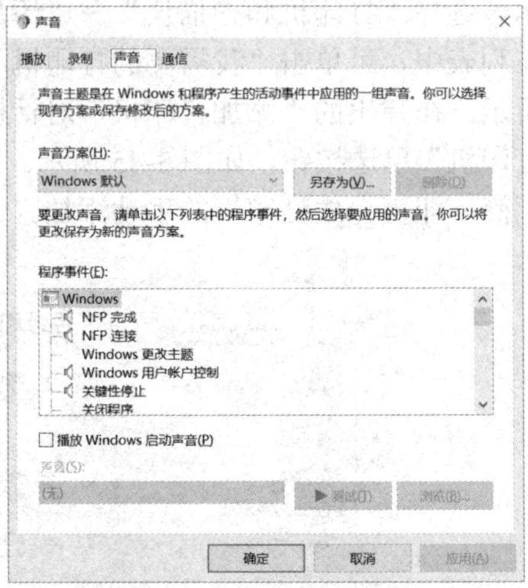

图 3-46 声音设置

3.4.4 时钟、语言与区域设置

1. 日期和时间设置

在“控制面板”窗口中选择“时钟和区域”链接，在打开的窗口中单击“日期和时间”下面的“设置日期和时间”按钮，打开“日期和时间”对话框，如图 3-47 所示。如果系统提示输入管理员密码或进行确认，请输入该密码或提供确认。

在“日期和时间”对话框中，可执行下列一项或多项操作：若要更改小时，则双击小时，然后单击箭头增加或减少该值；若要更改分钟，则双击分钟，然后单击箭头增加或减少该值；若要更改秒，则双击秒，然后单击箭头增加或减少该值。更改完时间后，单击“确定”按钮。若要更改时区，则单击“更改时区”按钮。在“时区设置”对话框中，单击“时区”下拉列表中当前所在的时区，然后单击“确定”按钮。

2. 区域设置

在“控制面板”窗口中选择“时钟和区域”链接，单击“区域”下面的“更改日期、时间或数字格式”按钮，可以对日期、时间、数字及货币的格式进行设置，如图 3-48 所示。

3. 语言和输入法设置

通过 Windows 11 的控制面板和“设置”窗口可以管理计算机常用语言和输入法。进入语言和键盘管理界面通常有以下两种方式。

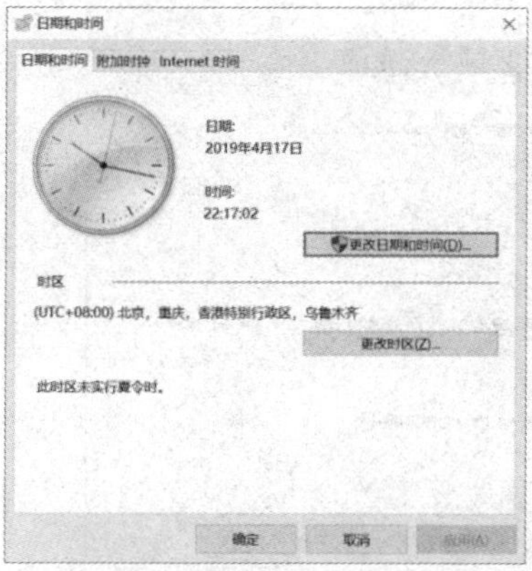

图 3-47 “日期和时间”对话框

图 3-48 “区域”对话框

（1）在“开始”菜单中选择“设置”命令，在弹出的“设置”窗口左侧列表选择“时间和语言”→“语言和区域”命令，如图 3-49 所示。

（2）单击任务栏中的输入法图标，在弹出的输入法列表框中单击“更多键盘设置”按钮。

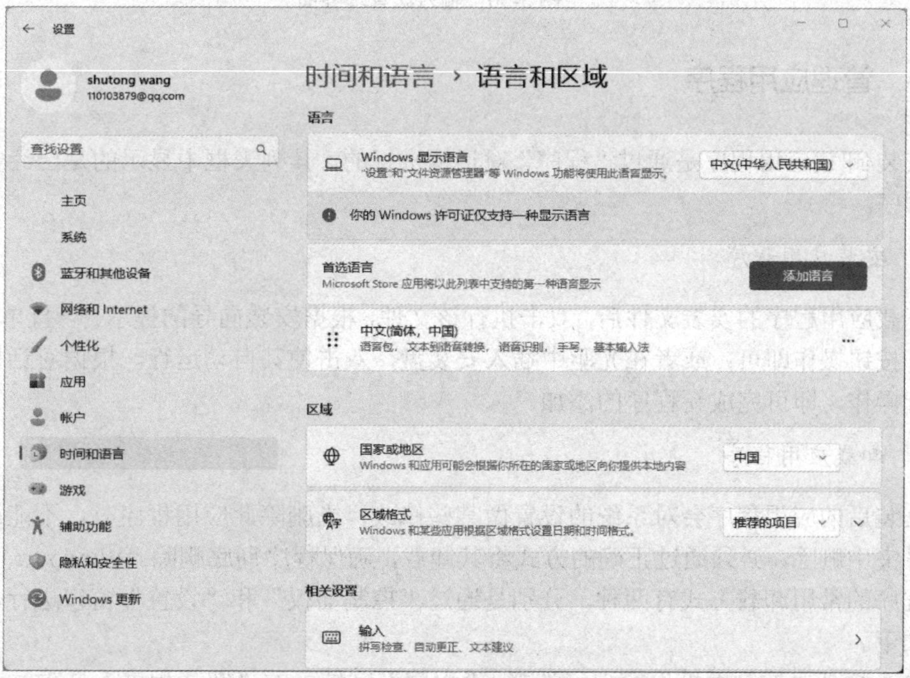

图 3-49 语言和输入法设置

如图 3-49 所示，单击右侧窗格“首选语言”右侧的“添加语言”按钮，即可为本机安装其他语言。在该界面右侧窗格“中文（简体，中国）”右侧，鼠标悬停于“…”并单击，出现“语言选项”按钮，单击进入，即可在“键盘”区添加或删除输入法，如图 3-50 所示。

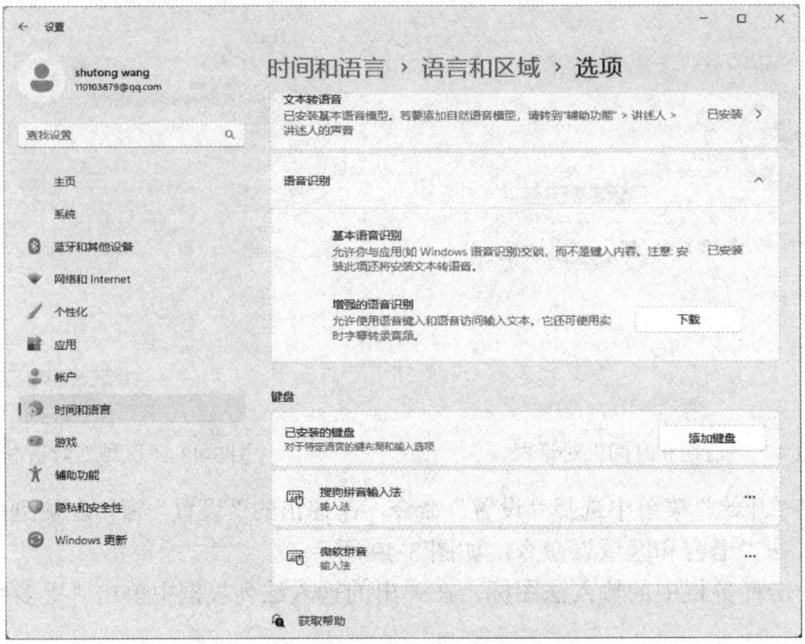

图 3-50　输入法管理界面

3.4.5　管理应用程序

安装/卸载应用程序是通过“程序”对话框进行的，其列表框中显示的是已经安装的应用程序。

1. 安装应用程序

下载应用程序的安装文件后，双击执行该文件，根据安装向导的提示，一直单击“下一步”按钮操作即可；或者在光驱中插入安装盘，双击使其自动运行，根据对话框的提示进行操作，即可完成新程序的添加。

2. 卸载应用程序

安装后的应用程序会对系统的设置做某些修改，当删除此应用程序时，不能简单地从文件夹中删除，必须通过正确的方式将其卸载，确保程序彻底删除。Windows 11 系统应用程序的常用卸载方式有两种，分别是通过“控制面板”和“设置”窗口进行，具体操作如下。

（1）打开“控制面板”窗口，选择 “程序”区域下的“卸载程序”选项，在“当前安装的程序”列表框中选定要删除的应用程序，然后单击“卸载”按钮即可删除，如图 3-51 所示。

（2）打开“设置”窗口，在左侧列表框选择“应用”选项，右侧窗格随即显示本机安装的所有应用程序，如图 3-52 所示。在应用列表中选择要删除的程序，单击其右侧选项按钮“…”，即可弹出“卸载”选项。

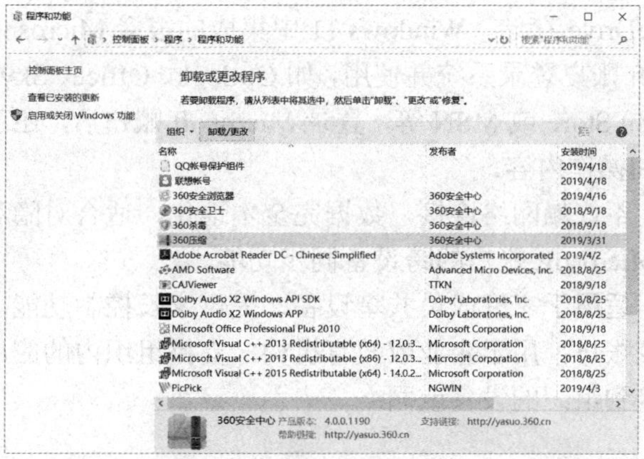

图 3-51　“程序和功能”窗口

图 3-52　应用程序管理

3.4.6　用户账户管理

Windows 11 具有多用户管理功能，多个用户可以共用一台计算机，而且每个用户可以建立个人账户，通过独立的账户密码登录系统和操作计算机，有利于个人的隐私保护且互不干扰。Windows 11 提供了灵活的用户账户管理功能，适用于个人、家庭和企业等多种场景。用户可以根据需求选择合适的账户类型，并通过设置实现高效管理和安全保护。

1. 用户账户类型

Windows 11 支持多种用户账户类型，具体类型如下。

（1）管理员账户：拥有最高权限，可以进行系统设置更改、安装软件等操作。

（2）标准账户：权限较低，仅能执行日常任务，如浏览网页、文档编辑等。

（3）Microsoft 账户：通过 Microsoft 账户登录，可实现跨设备同步功能，如同步设置、应用数据和 OneDrive 存储。Windows 11 中集成的很多 Microsoft 应用程序和服务，都需要通过 Microsoft 账户登录系统并使用，如 Outlook、Office、Skype、OneDrive、Xbox Live、必应、Microsoft Store 或 MSN 等，登录 Microsoft 账户后，还可以在多个 Windows 11 设备上同步设置和操作内容。

（4）本地账户：不依赖网络连接，数据完全本地化，适合对隐私要求较高的用户。本地账户无法享受 Microsoft 账户的跨设备同步功能。

（5）家庭账户：适用于家庭成员共享设备，提供家长控制功能。

（6）工作或学校账户：用于企业或教育机构，支持组织内的应用和服务访问。工作或学校账户需要连接到组织的设备或网络。

2. 创建账户

打开“控制面板”窗口，选择“用户帐户”类别下的“更改帐户类型”命令，如图 3-53 所示，打开“管理帐户”窗口，即可发现计算机中已存在的账户，单击下方的“在电脑设置中添加新用户”链接，如图 3-54 所示。在出现的“其他用户”窗口中，单击“添加帐户”按钮，如图 3-55 所示，输入 Microsoft 账户信息（邮箱或手机号）或创建本地账户（需输入用户名、密码等）。可选择将新账户添加为管理员或标准用户。

图 3-53 用户帐户管理

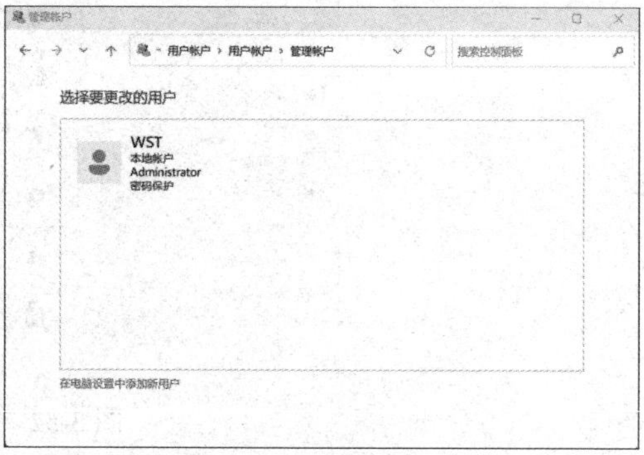

图 3-54 管理账户

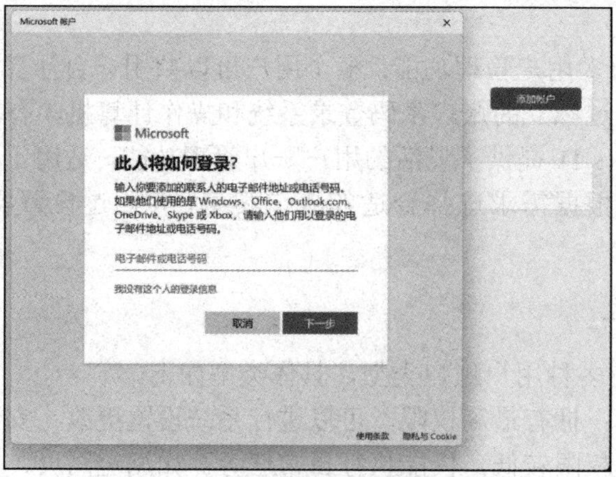

图 3-55 添加新账户

3. 修改账户信息

在“控制面板”窗口中选择“用户帐户”选项，进入“更改帐户信息”界面，可以对当前账户的名称、类型等进行修改，如图3-56所示。

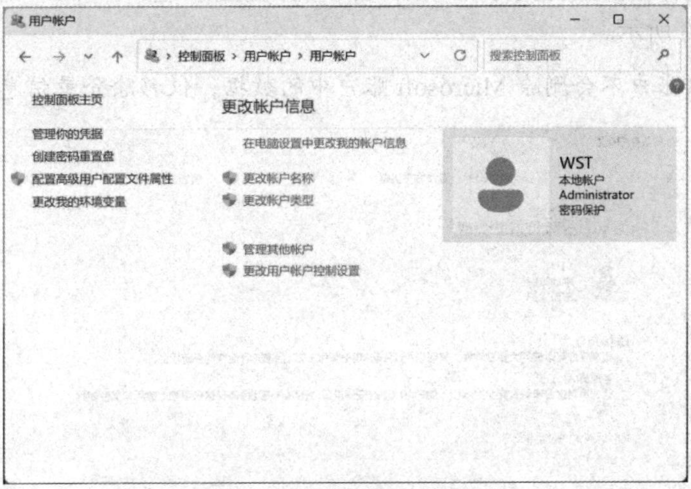

图3-56 更改账户信息

打开“用户帐户”窗口，单击“更改帐户信息”区域中的“管理其他帐户”按钮，选择一个已创建的账户，进入更改账户界面，如图3-57所示。可以修改该账户的名称、密码等信息，单击“更改帐户类型”按钮，可以选择账户类型为“标准”或“管理员”，如图3-58所示。

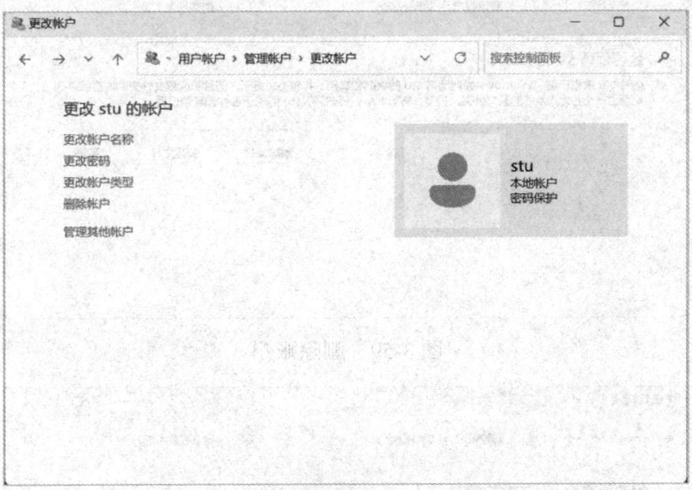

图3-57 修改本地账户信息

4. 删除账户

如果不需要某个账户，可以将其删除以确保使用安全。在“用户帐户”窗口中选择“删除用户帐户”命令，进入“管理帐户”窗口；选择要删除的账户，单击“删除帐户”

按钮。此时提示用户“是否保留用户在系统中所有配置文件”，单击“删除文件”按钮即可，如图 3-59 所示。“删除文件”是指删除用户在系统中所有配置文件，“保留文件”是指只删除用户的名称，但用户的配置文件还会保留在系统中，以后能重新创建相同的用户名使用系统保留的配置文件。最后弹出“确认删除”窗口，单击“删除帐户”按钮即可，如图 3-60 所示。

注意：删除账户不会删除 Microsoft 账户中的数据，仅移除登录信息。

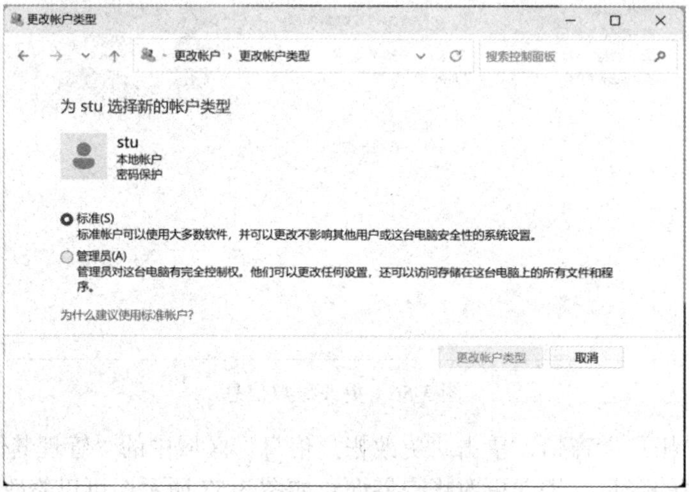

图 3-58 修改账户类型

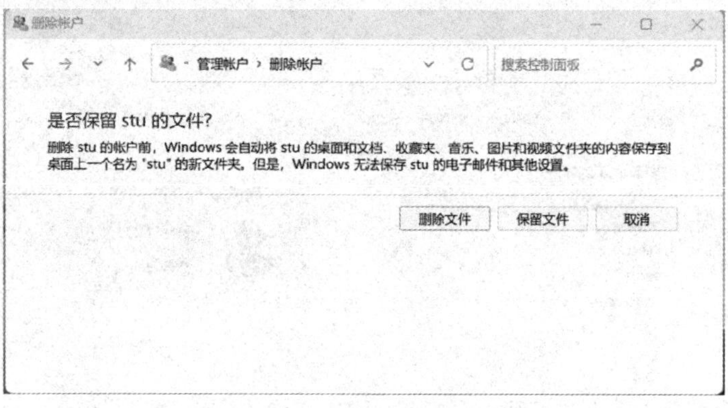

图 3-59 删除账户

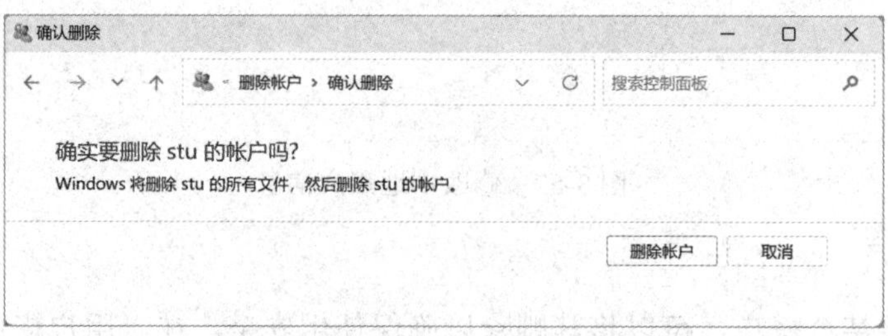

图 3-60 确认删除账户

3.5 Windows 11 实用工具

3.5.1 记事本

记事本是 Windows 11 提供的一个简单的文本编辑器，只能编辑文字和数字，不能进行字符和段落格式化，也不能将图片插入到文本中，功能比较少，操作也容易。但记事本运行速度快，占用空间小，比较实用。

在“开始”菜单可见 “已固定”项目下找到“记事本”图标，单击即可打开记事本窗口。记事本的程序文件名是 Notepad.exe，运行该文件也可打开记事本，保存记事本文档时以.txt 作为默认的扩展名。

3.5.2 画图

画图应用程序是 Windows 11 自带的绘画作图工具，是相对简单实用的图形图像处理软件。它除了具有简单的图形处理功能外，还可以进行手工绘制精致的图画，并且保存为多种文件格式，以及查看、编辑照片、打印绘图等。

1. 打开画图应用程序

选择“开始”菜单→“已固定”→“画图”命令，即可启动画图应用程序，打开“画图”窗口，如图 3-61 所示。此外，在文件资源管理器中双击扩展名为.bmp 的位图文件，也可以启动画图应用程序并打开相应的文件。

图 3-61 “画图”窗口

2. 画图的功能和操作

“画图”窗口中包括菜单栏、绘图工具箱和颜料盒等组件。在画图应用程序中，可以对图片进行裁剪、旋转、调整大小、填充颜色等操作。

3.5.3 计算器

计算器是 Windows 11 中一款功能强大的内置工具，支持多种计算模式，包括标准计算、科学计算、绘图模式、程序员模式和日期计算等多种切换模式，具体介绍如下。

标准计算：标准计算是 Windows 11 计算器的基本功能，支持加、减、乘、除等基本数学运算，是日常计算的得力助手。

科学计算：内置科学计算模式，可以进行三角函数、对数运算、幂运算等高级数学计算。

绘图模式：允许用户绘制和分析函数图像，支持解析几何图形的性质，如函数的定义域、值域、极值等。

程序员模式：提供二进制、八进制、十进制及十六进制之间的转换，以及逻辑运算等功能，适合编程和工程计算。

日期计算：能够计算两个日期之间的差值，方便用户处理时间相关问题。

此外，Windows 11 中的计算器还提供不同单位的转换功能，支持货币、容量、长度、重量、温度、能量等多种单位换算，特别适合国际贸易和工程计算。

打开计算器的方式主要有以下几种。

（1）选择“开始”菜单→“已固定”→“计算器”命令，即可启动计算器。

（2）在“开始”菜单中找到“所有应用”，在字母“J”下方找到“计算器”图标并单击打开。

（3）在任务栏的搜索框中输入“计算器”，通过单击搜索结果也可打开计算器。

（4）通过运行窗口（Win+R）输入“Calc.exe”直接启动计算器。

第 4 章　WPS 文字处理

WPS Office 是金山办公软件股份有限公司自主研发的一款办公软件，融合了 WPS 文字、WPS 表格、WPS 演示、PDF 阅读等多种功能，该软件具有内存占用低、运行速度快、云功能多、支持插件以及 AI 人工智能辅助等优点，WPS Office 作为一款国产办公套件已经广泛应用于公文撰写、企业宣传、产品方案制作、教育培训等领域，本章以 WPS 文字为对象，重点介绍基于 WPS 文字的文档编辑。

4.1　WPS Office 办公软件基本操作

本节主要介绍 WPS 的启动与退出，WPS 文档的新建、打开、保存和关闭等基本操作方法。

4.1.1　启动与退出

1. *启动*

WPS Office 常用的启动方法有以下几种。

（1）在“开始”菜单中找到“所有程序”，然后在“所有程序”区域栏中的字母 W 下找到 WPS Office 图标并单击打开。

（2）在桌面双击 WPS Office 快捷方式图标。

（3）双击已经存在的 WPS Office 文档，如扩展名为.wps 或者.docx 的文档。

2. *退出*

通过以下 3 种方法可以退出 WPS Office 程序。

（1）打开“文件”菜单，选择“退出”命令。

（2）单击标题栏右侧的“关闭”按钮。

（3）按 Alt+F4 快捷键。

4.1.2　WPS 文字窗口的组成

启动 WPS Office 后，将打开如图 4-1 所示的窗口，当新建一份 WPS 文字的空白文档，或者打开一份已经创建好的文字文档时，就会出现 WPS 文字的工作窗口。WPS 文字的工作窗口是创建和编辑文字文档的标签页，它主要由快速访问工具栏、标题栏、选项卡、功能区、标尺、文档编辑区、滚动条、状态栏等部分组成。

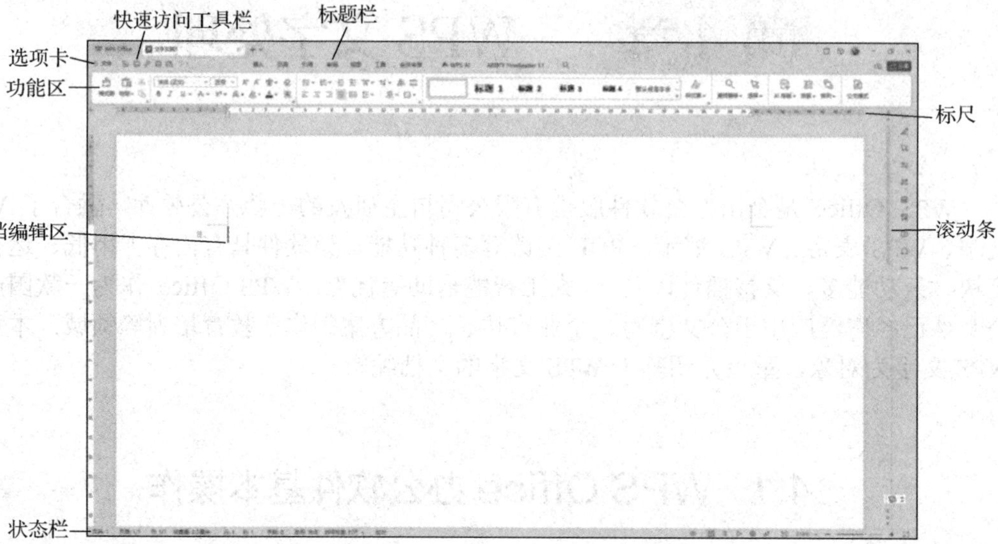

图 4-1 WPS 文字窗口

1. 快速访问工具栏

快速访问工具栏位于窗口顶端标题栏的左侧，单击“自定义快速访问工具栏”按钮，在弹出的下拉菜单中可以选择常用命令添加到快速访问工具栏中。在快速访问工具栏的下拉菜单中选择“其他命令”命令，可以在工具栏中添加需要的命令按钮，如图 4-2 所示。

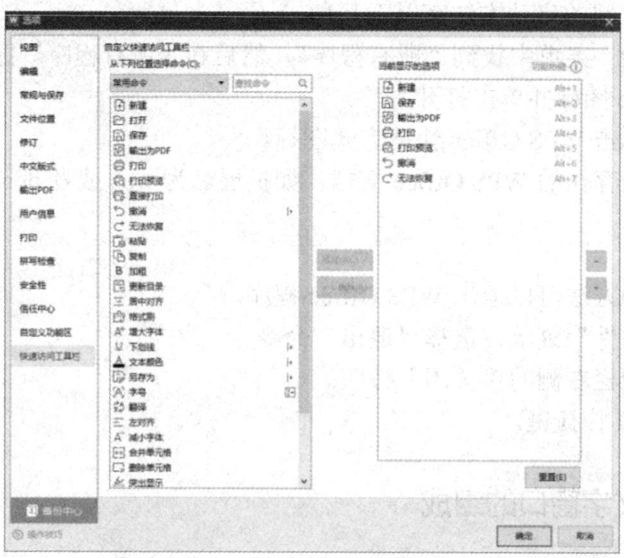

图 4-2 自定义快速访问工具栏

2. 标题栏

标题栏位于窗口最顶端，用于显示应用程序名称和当前正在编辑的文档的文件名。标题栏右侧包括“功能区显示选项”“最小化”“还原/最大化”“关闭”按钮。

3. 选项卡和功能区

选项卡和功能区一一对应，选择某个选项卡即可显示相应的功能区，不同的功能区由不同的工具组组成。每个工具组提供了常用的命令按钮和相应的对话框启动器按钮。

4. 标尺

标尺分为水平标尺和垂直标尺。在默认情况下，标尺是隐藏的，可通过“视图”选项卡中的“标尺”命令添加标尺。

5. 文档编辑区

文档编辑区是输入文本、插入图片和创建表格等对象的工作区域。

6. 滚动条

滚动条分为水平滚动条和垂直滚动条，用于滚动显示文本。滚动条上的滚动块表示当前内容在文档中的位置。

7. 状态栏

状态栏位于窗口最下方，左侧部分用于显示当前文档的状态信息，包括插入点所在页的页数、文档的总页数、字数等信息；右侧部分主要用于视图显示方式切换和调整文档显示比例。

4.1.3 WPS 文字视图显示方式

WPS 文字提供了全屏显示、阅读版式、写作模式、页面、大纲和 Web 版式等视图显示方式，如图 4-3 所示同一篇文档可以在不同的视图显示方式下显示和编辑，但不同视图显示方式下文档显示的对象和内容有所不同，各有侧重，用户可以通过不同的视图按钮进行切换。

图 4-3　视图

1. 全屏显示和阅读版式

这两个视图分别以全屏和书页的形式显示文档，便于利用最大的空间显示、阅读和批注文档。

2. 写作模式

写作模式视图是 WPS Office 为用户提供的一种专注于写作的环境视图，通过隐藏不必要的界面元素，帮助用户减少干扰，还可以提供一定素材以及政策法律条文的查找，以提高写作效率。

3. 页面视图

页面视图是“所见即所得”视图，在这种视图显示方式下，能直观地显示页眉、页脚、脚注和批注等信息，适合绘图、插入图片和图表等排版操作，便于查看文档的打印效果。

4. 大纲视图

大纲视图用于显示和编辑文档的框架。在大纲视图下，文档所有的标题分级显示，通过对标题的操作改变文档的层次结构。大纲视图适合于层次较多的文档，以章节的形式排版。

5. Web 版式视图

Web 版式视图可以显示文档在浏览器中的效果，用于查看网页形式的文档效果。

4.1.4 新建、打开、保存和关闭文档

使用 WPS 文字处理文档的过程一般是先创建文档，然后编辑内容、设置格式，最后保存和打印文档。文档保存后会以文件的形式存储在计算机的存储器上，用户可以再次打开文档并进行各种处理。

1. 创建文档

（1）启动 WPS 文字时，系统会自动打开创建窗口，可以使用已有文件创建新文档，也可以通过“空白文档”或者“模板”创建一个新文档。

（2）在已打开的文本文档中，选择“文件”→“新建”命令，在打开的“新建”页面中可以根据需要创建新文档，如图 4-4 所示。

（3）单击快速访问工具栏中的“新建”按钮或者使用快捷键 Ctrl+N，同样可以创建新文档。

2. 打开文档

（1）直接双击要打开的文档图标。

（2）启动 WPS 文字应用程序，然后选择“文件”→“打开”命令（图 4-5），选择“最近”命令，在显示的最近打开过的文档列表中，选择要打开的文档；或选择“此电脑”命令，在弹出的“打开”对话框中找到要打开的文档，单击“打开”按钮即可打开文档。

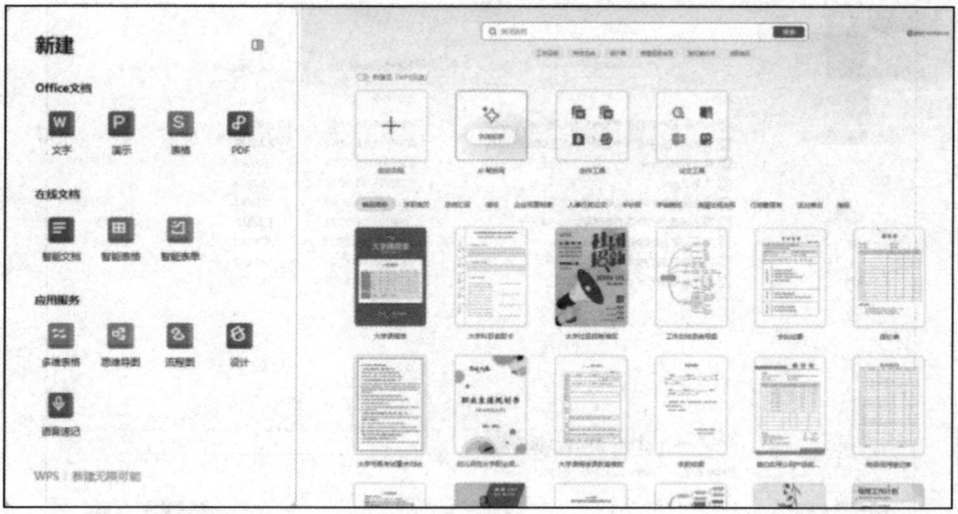

图 4-4　新建文档

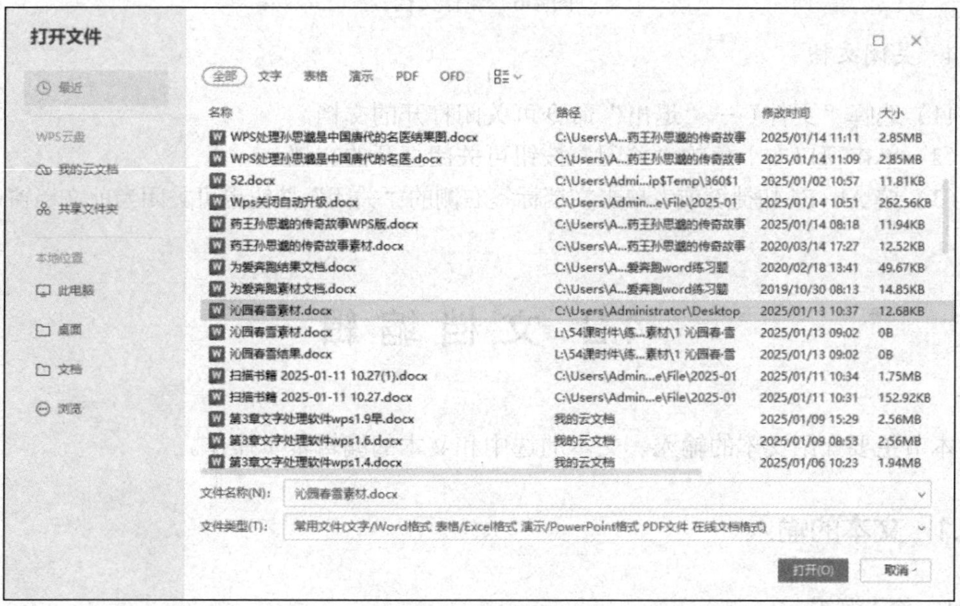

图 4-5　打开文档

3. 保存文档

保存文档分为文档的初次保存和对已有文档的保存。

（1）初次保存文档，会出现如图 4-6 所示的页面，用户可以通过选择“文件”→“另存为”命令，然后选择要保存的位置、确定文件名称和文件类型，最后单击“保存”按钮保存文件。保存为文件后，标题栏中的文件名将随之更改。

（2）对于已经保存过的文档，可通过单击快速访问栏工具栏中的“保存”按钮或选择“文件”→“保存”命令进行保存。系统默认按原来的文件名保存在原来的保存位置。

（3）对已有文档的另存操作与初次保存时“另存为”对话框的操作相同。

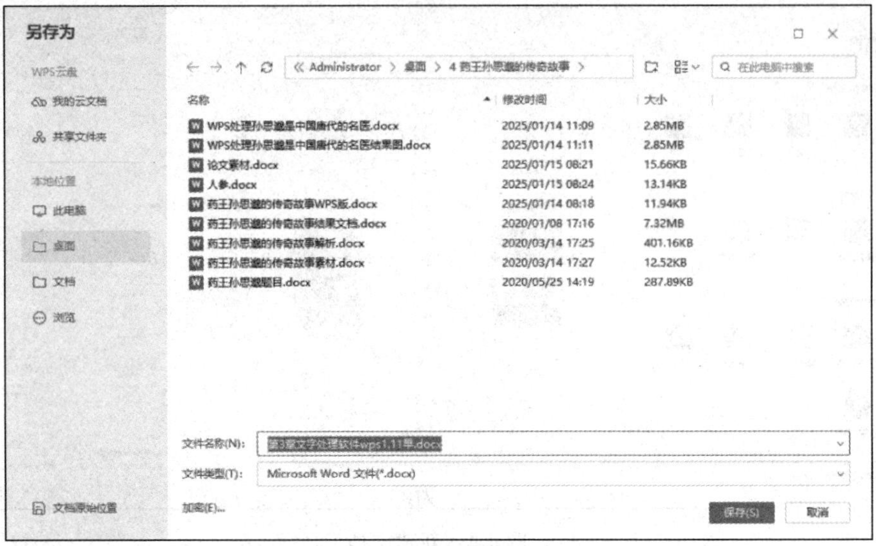

图 4-6 保存文档

4. 关闭文档

（1）选择“文件”→“退出”命令可关闭打开的文档。
（2）单击窗口右上角的“关闭”按钮可关闭打开的文档。
（3）按 Alt+F4 快捷键或者单击文档标签右侧的“关闭”按钮也可关闭当前文档窗口。

4.2 文档编辑

本节主要介绍文本的输入、文本的选中和文本的编辑基本操作。

4.2.1 文本的输入

1. 输入字符

输入文本时，可以通过插入点来确定文本输入的位置。插入点是文档编辑区中一个不断闪烁的竖线，表示文本输入的位置，随着字符的输入，插入点会自动后移。WPS 文字具有自动换行的功能，除非另起一段，否则不用按 Enter 键。当字符输入到一行的末尾时，插入点会自动移到下一行的起始位置。如果文本没有达到行尾就需要另起一行（注意不是另起一段），这时可以按 Shift+Enter 快捷键来实现。

在输入文本时，文档默认处于“插入”状态，输入的字符将出现在插入点的位置。在“改写”状态下，输入的字符将替换原来的字符。改写状态可以通过键盘上的 Insert 键进行“插入/改写”状态的切换，也可以通过右击底部状态栏在弹出的快捷菜单中选择“改写”命令完成切换，如图 4-7 所示。

2. 插入符号

可以在 WPS 文字文档中插入键盘上没有定义的符号。首先，将插入点定位在需要插入符号的位置，然后单击“插入”→“符号”→“符号”下拉按钮，弹出“符号”下拉列表，可以直接选择列表中的符号，也可以选择“其他符号”命令，打开“符号”对话框（图 4-8）选择用户需要的符号。

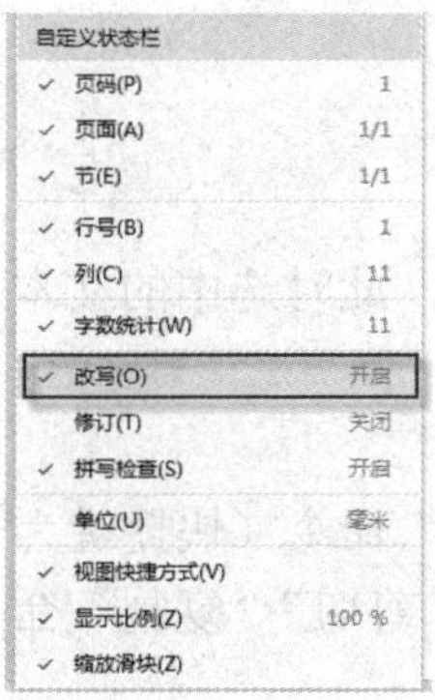

图 4-7 “改写”命令

图 4-8 “符号”对话框

当文本录入错误时，可通过 Delete 键和 Backspace 键修改。将插入点定位到错误的文本处，按 Delete 键删除插入点右边的错误符号，按 Backspace 键删除插入点左边的错误符号。

4.2.2 文本的选中

在进行编辑操作或格式设置之前，应遵循“先选中对象，后选择操作”的原则。选中文本内容后，被选中的部分有明显标记，用户能够方便地对其进行删除、移动、复制、替换等操作。

用鼠标选中文本是最常用的方法。将鼠标指针移到目标文本的首部（或尾部），按住鼠标左键拖动到目标文本的尾部（或首部），释放鼠标，此时选中的部分被标记，表示选中完成。

常用的文本选中操作方法如下。

（1）选中单个字：鼠标指针移到该字前，双击。

（2）选中一句：鼠标指针移到该句子的任何位置，按住 Ctrl 键，单击。

（3）选中一行：鼠标指针移到文本选定区（文本区左侧空白处为文本选定区，此时鼠标箭头指向右上方），并指向目标文本行，单击。

（4）选中多行：鼠标指针移到文本选定区，按住鼠标左键，垂直方向拖曳，选中多行。

（5）选中一段：鼠标指针移到文本选定区，指向目标文本段，双击。

（6）选中整个文档：鼠标指针移到文本选定区，三击鼠标左键；或者按 Ctrl+A 组合键。

键盘也可用于选中文本操作，如插入点定位在要选中文本的开始或结尾处，按下 Shift 键，再同时使用光标键移动光标也可以选中文本。

4.2.3 文本的编辑

1. 移动文本

要将选中的文本移动到另一位置上，具体操作方法如下。

（1）选中欲移动的文本。

（2）单击“开始”→“剪切”按钮（快捷键为 Ctrl+X），此时选中的文本从原位置处删除，并将内容复制到剪贴板中。

（3）将插入点定位到目标位置。

（4）单击“粘贴”按钮，或选择“编辑”菜单的“粘贴”命令（快捷键为 Ctrl+V）。

剪贴板是内存中的一块公共存储区域，专门用来存放“剪切”“复制”命令操作的对象，以备“粘贴”命令使用。

短距离内移动文本也可利用鼠标拖曳特性，先选中要移动的文本，将选中的文本拖曳至新的位置即可。

2. 复制文本

复制文本与移动文本操作类似，只是复制后，原处仍保留选中的文本。复制文本可以使用剪贴板和使用鼠标两种方法实现。

复制文本操作与移动文本操作不同的是，将“剪切”按钮改为“复制”按钮（快捷键为 Ctrl+C）即可。

使用鼠标拖曳复制文本时，正确做法是，先选中要复制的文本，按住 Ctrl 键的同时拖曳选择内容的左上角，鼠标箭头处就会出现一个小虚线框和一个“+”符号，将选中的文本拖曳至目标位置，释放鼠标左键。

3. 删除文本

选中欲删除的文本后，可通过 Delete 键、Backspace 键或单击“剪切”按钮删除选中的文本。当发生误删除时，可单击快速访问工具栏中的“撤销”按钮复原。

4. 查找和替换

WPS 文字提供的查找、替换功能不仅能查找、替换字符串，还能对带格式的文本或特殊字符进行查找和替换。例如，要将文档中所有的“word”替换成“词”，不必一个一个地替换，可以单击“开始”→“替换”按钮，打开“查找和替换”对话框进行操作。在“查找”选项卡的“查找内容”文本框中输入要替换的内容“word”，在“替换”选项卡的“替换为”文本框中输入“词”，单击“查找下一处”按钮，WPS 文字就自动在文档中找到下一处使用“word”的地方，单击“替换”按钮，即可将其替换为“词”。如果单击“全部替换”按钮，则可替换文档或选定区域中的该词。

在“查找和替换”对话框中，单击“高级搜索”按钮，可以展开搜索选项“区分大小写”“全字匹配”“使用通配符”“区分全/半角”等，进行查找的高级设置，如图 4-9 所示。

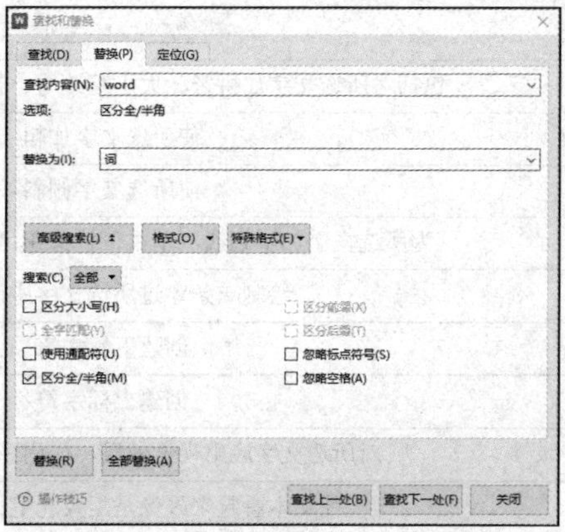

图 4-9 “查找和替换”对话框

5. 撤销和重复键入

在快速访问工具栏中有“撤销”按钮和“恢复”按钮。单击“撤销”按钮可以撤销最后一步的操作；单击“恢复”按钮可以重复执行上一次的操作。

4.3 文档排版

本节将介绍如何对 WPS 文档进行排版，包括对文档中的内容进行字符格式设置、段落格式设置、特殊格式设置的方法。

4.3.1 字符格式设置

字符格式是指字符的外观效果，包括字体、字号、字形、颜色等各种字符表现形式。在对字符进行格式设置之前，首先要选择需要设置格式的文本，然后打开“开始”选项卡，在“字体”组中选择字符格式设置按钮，如图 4-10 所示。

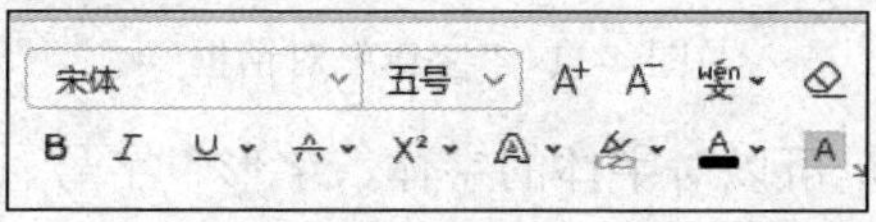

图 4-10 “字体”组

"字体"组中部分按钮的名称和功能如表 4-1 所示。

表 4-1 "字体"组中部分按钮的名称和功能

按钮名称	功能
字体	更改字体
字号	更改文字的大小
增大字体	增大文字大小
缩小字体	缩小文字大小
拼音指南组	包括对所选文字加拼音、大小写改写、带圈字符、字符边框
加粗	使所选文字加粗
倾斜	使所选文字倾斜
下划线	为所选文字加下划线，单击下拉按钮可选择下划线的类型
删除线	绘制一条穿过所选文字中间的线
下标	创建下标字符
上标	创建上标字符
文字效果	对所选文字应用视觉效果，如阴影、发光或映像
文字突出显示	使文本看起来好像是用荧光笔标记过一样
字体颜色	更改文字颜色

除了使用"字体"组中的各按钮，还可以通过单击"开始"→"字体"→对话框启动器按钮，打开"字体"对话框，在"字体"选项卡（图 4-11）中设置字符格式。

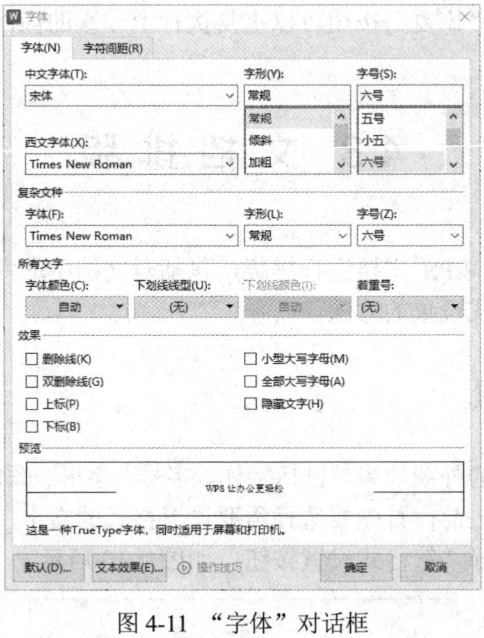

图 4-11 "字体"对话框

在"字体"选项卡中，可以对字体的字体、字形、字号、样式、颜色等进行设置；在"字符间距"选项卡中可对字符的间距、位置等进行高级设置。

4.3.2　段落格式设置

在 WPS 文字中，每按一次 Enter 键就会产生一个新段落，段落标记不仅表示一个段落的结束，同时还包含该段落的格式信息。当开始新的段落时，新段落会保持上一个段落的格式。段落格式主要包括对齐方式、缩进方式、行间距和段间距等。

单击“开始”选项卡，在“段落”组中可以选择大部分段落格式设置工具，如图 4-12 所示。“段落”组中按钮的名称和功能如表 4-2 所示。

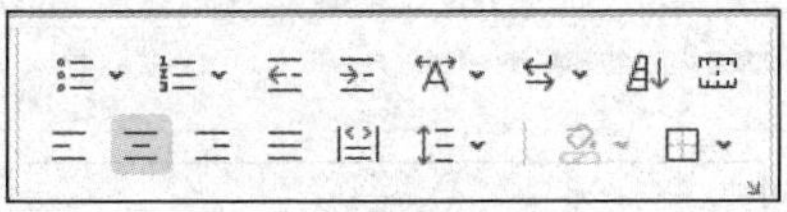

图 4-12 “段落”组

表 4-2 “段落”组中按钮的名称和功能

按钮名称	功能
项目符号	创建项目符号列表，更改项目符号外观
编号	创建编号列表，获得更多编号格式
减少缩进量	靠近边距移动段落
增加缩进量	增加段落的缩进级别
中文版式	自定义中文或混合文字的版式
显示/隐藏编辑标记	显示段落标记或其他隐藏的格式符号
排序	按字母或数字顺序排列当前所选内容
制表位	弹出制表位对话框，设置文本在键入时的位置
左对齐	将内容与左边距对齐
居中对齐	使内容在页面上居中对齐
右对齐	将内容与右边距对齐
两端对齐	在边距之间均匀分布文本
分散对齐	在左右边距之间均匀分布文本
行距	更改所选段落中的文本的行间距
底纹颜色	对所选内容设置底纹颜色
边框	为所选单元格或文字应用边框

单击“段落”组中的对话框启动器按钮，可打开“段落”对话框，如图 4-13 所示。在“段落”对话框中可以完成如下操作。

1）设置对齐方式

WPS 文字提供了 5 种段落对齐方式：左对齐、居中、右对齐、两端对齐和分散对齐。

左对齐：文本以文档的左边界为基准对齐。

居中：文本位于文档左右边界的中间。

右对齐：文本以文档的右边界为基准对齐。

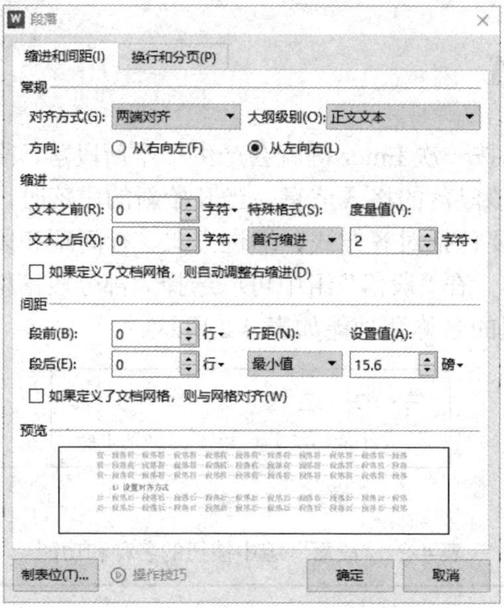

图 4-13 “段落”对话框

两端对齐：段落中的每行文本首尾对齐，最后一行文本左对齐。默认情况下使用这种对齐方式。

分散对齐：不足一行的文本会分开对齐，即增加字符之间的距离来占满一行。

段落对齐方式的设置可以在“段落”对话框中进行，也可以通过“开始”选项卡“段落”组中的按钮进行设置。鼠标指针停留在按钮上，该按钮的功能提示信息会自动在相应位置显示。

2）缩进方式

段落的缩进方式包括 4 种：首行缩进、悬挂缩进、右缩进和左缩进。

首行缩进：段落中的第一行向右缩进一段距离。

悬挂缩进：段落的首行起始位置不变，其余各行均向右缩进一段距离。

右缩进：整个段落向右缩进一段距离。

左缩进：整个段落向左缩进一段距离。

缩进方式设置可通过“段落”对话框中“缩进”选项区域的文本之前、文本之后和特殊格式进行设置，还可以先设置视图工具栏中的标尺项，打开水平标尺（图 4-14）进行设置。

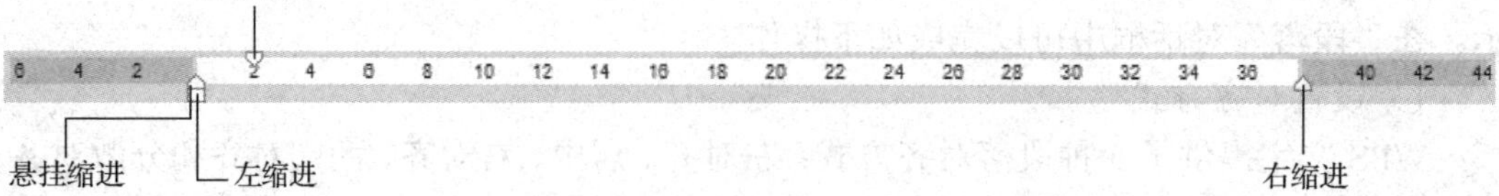

图 4-14 水平标尺

3）段落间距和行距

段落间距是指段落与段落之间的距离，其决定段落上方或下方的距离。行距是指段落中行与行之间的距离，决定段落中各行文字之间的垂直距离。要更改行距或间距，可以选中要更改行或段落间距的段落，单击“开始”→“段落”→“行距”按钮 进行设置，也可在“段落”对话框（图 4-13）中的“间距”选项区域中选择所需的选项进行设置。

4.3.3　特殊格式设置

1. 边框和底纹

文档中的某些段落或文字需要突出强调，这时可以为指定的段落、图形或表格等添加边框和底纹。

（1）选中要添加边框和底纹的文档内容。

（2）单击“开始”→“段落”→“边框”下拉按钮，在弹出的下拉列表中选择“边框和底纹”命令，打开如图 4-15 所示的“边框和底纹”对话框。

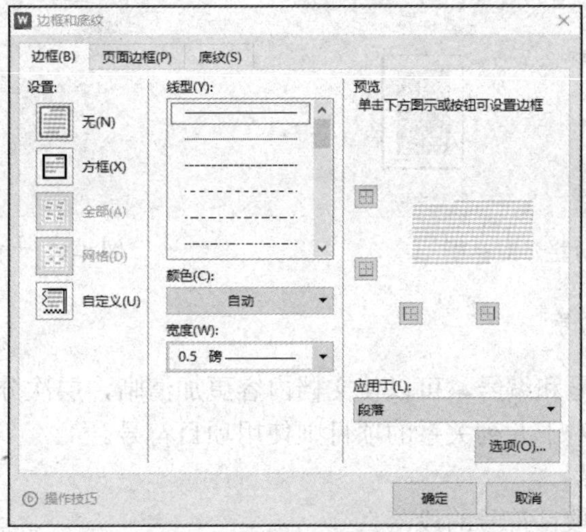

图 4-15　“边框和底纹”对话框

（3）在“边框和底纹”对话框中可以进行如下设置。

① 添加边框：为编辑对象设置边框的形式、线型、颜色、宽度等框线的外观效果。

② 添加页面边框：可以为页面加边框，与添加边框的操作相似。

③ 添加底纹：在“填充”选项区域选择底纹的颜色（背景色），在“样式”列表框选择底纹的样式，在“颜色”下拉列表框选择底纹的颜色（前景色）。

设置完成后，单击“确定”按钮，使设置生效。

2. 分栏

分栏是指将一段或多段文本分成并列的几排，常用于报纸、书籍和杂志的排版中。

（1）选中要分栏的段落。

（2）单击“页面”→“分栏”下拉按钮，在弹出的下拉列表中选择相应的命令可将文本进行分栏。

（3）如果要对文档设置栏数、各栏的宽度、栏与栏之间的间距和分隔线等，可选择“更多分栏”命令，打开“分栏”对话框（图4-16）进行设置。

3. 首字下沉

首字下沉是指将某个段落中的第一个字符设置为下沉或悬挂的效果，使其跨越多行文字显示。

（1）将插入点定位在要设置首字下沉的段落。

（2）单击“插入”→“首字下沉”按钮，打开“首字下沉”对话框（图 4-17），选择“下沉”和“悬挂”等进行相应的操作即可。

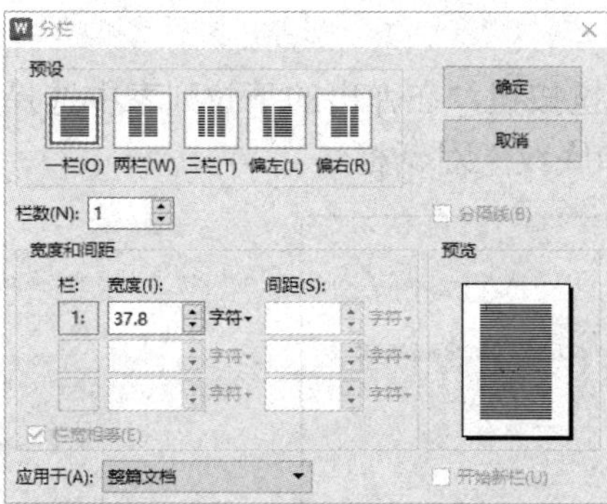

图4-16 “分栏”对话框

图4-17 “首字下沉”对话框

4. 项目符号和编号

适当使用项目符号和编号，可以使文档内容更加清晰，层次分明。对于有顺序的项目可使用项目编号，对于并列关系的项目则使用项目符号。

1）项目符号设置

（1）选中要添加项目符号的段落。

（2）单击“开始”→“段落”→“项目符号”下拉按钮，在“项目符号”下拉列表中选择已有的项目符号。

（3）若对提供的项目符号不满意，可选择“自定义项目符号”命令，在弹出的“项目符号和编号”对话框中选择某一预设的项目符号，单击“自定义”按钮，打开“自定义项目符号列表”对话框（图4-18）进行设置。

（4）设置完成后，单击“确定”按钮使设置生效。

2）编号设置

（1）选中要设置编号的段落。

（2）单击“开始”→“段落”→“编号”下拉按钮，直接在“编号”下拉列表中进行设置。

（3）若对提供的编号格式不满意，可选择“自定义编号”命令，在弹出的“项目符号和编号”对话框中选择某一预设的编号，单击“自定义”按钮，打开“自定义编号列表”对话框（图 4-19）进行设置。

（4）设置完成后，单击“确定”按钮。

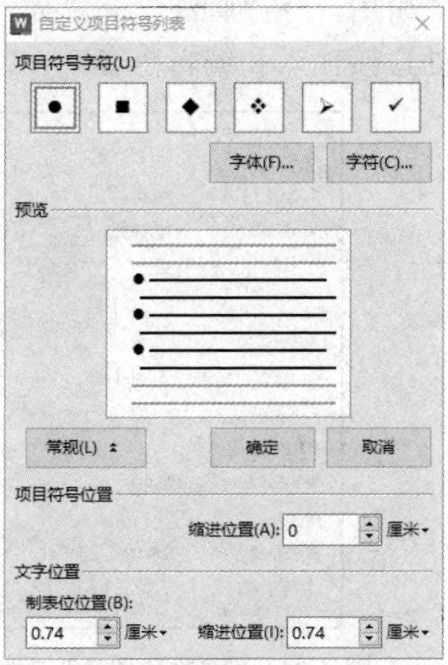

图 4-18 “自定义项目符号列表”对话框

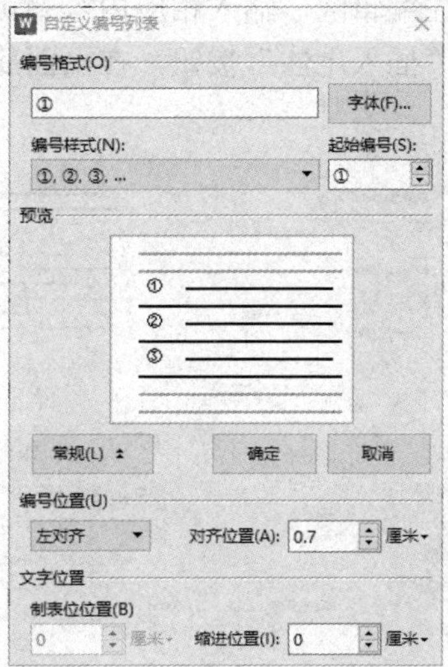

图 4-19 “自定义编号列表”对话框

3）多级编号设置

（1）选中要设置多级编号的段落。

（2）单击“开始”→“段落”→“编号”下拉按钮，直接在“编号”下拉列表中的“多级编号”区域中进行选择。

（3）若对提供的多级编号样式不满意，可选择“自定义编号”命令，在弹出的“项目符号和编号”对话框中切换到“多级编号”选项卡下，选择其中的一个多级编号，单击“自定义”按钮，打开“自定义多级编号列表”对话框进行设置，如图 4-20 所示。同时，还可在“自定义多级编号列表”对话框中定义新样式。

（4）操作完成后，单击“确定”按钮。

5. 批注、脚注和尾注

批注是指用户在审阅文档时添加的批阅性文字，一般添加在正文的右页边距处。脚注和尾注是对文档中的特殊文本进行的解释说明，脚注添加在页面底端，尾注添加在文档结尾处。

1）批注

（1）添加批注。选中要添加批注的文本，单击“审阅”→“插入批注”按钮，显示“批注”文本框，在文本框中添加批注内容。

（2）删除批注。用鼠标指针指向添加了批注的文本或批注内容，单击“审阅”→“删除批注”按钮；或者右击，在弹出的快捷菜单中选择“删除批注”命令，即可将批注删除。

2）脚注和尾注

（1）添加脚注和尾注。将插入点定位在要插入脚注和尾注的位置，单击“引用”→“插入脚注”组中的对话框启动器按钮，打开“脚注和尾注”对话框（图 4-21）。选中“脚注”或“尾注”单选按钮，并设置格式，然后单击“插入”按钮确定。插入点将置于脚注或尾注编辑区，输入相应内容即可。也可以单击“引用”→“脚注”→“插入脚注”按钮或“插入尾注”按钮，在页面底端或文档结尾处直接输入和编辑内容。

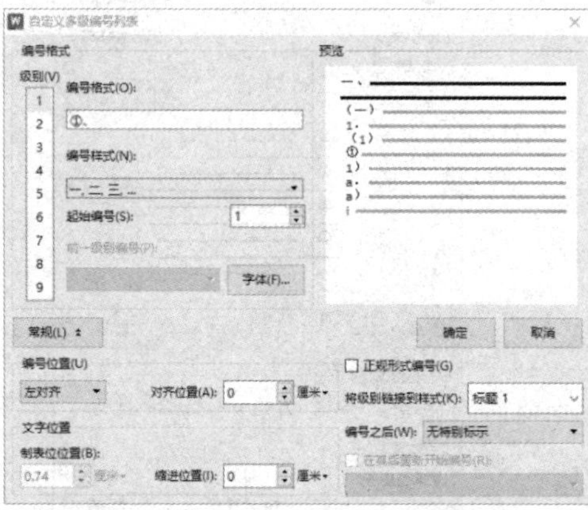

图 4-20 “自定义多级编号列表”对话框

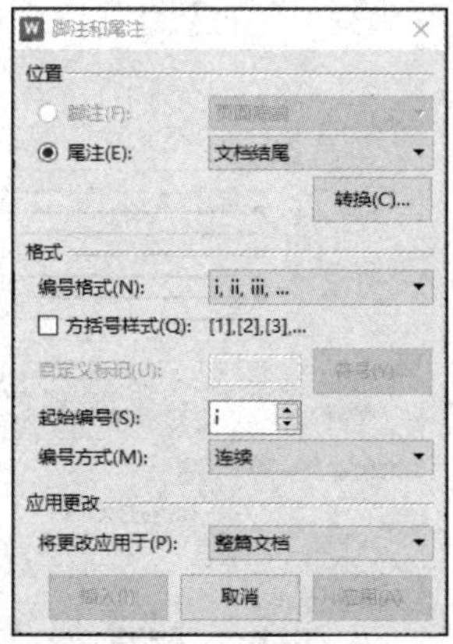

图 4-21 “脚注和尾注”对话框

（2）删除脚注和尾注。选中正文中要删除的脚注或尾注标记，按 Delete 键即可删除。

6. 拼音指南和中文版式

在对文档进行排版时，根据需要可以使用中文版式对字符做特殊效果的设置。拼音指南设置可以通过“开始”→“字体”组中的“拼音指南”按钮进行设置，中文版式设置可以通过“开始”→“段落”→“中文版式”下拉列表中的命令按钮进行设置（图 4-22）。

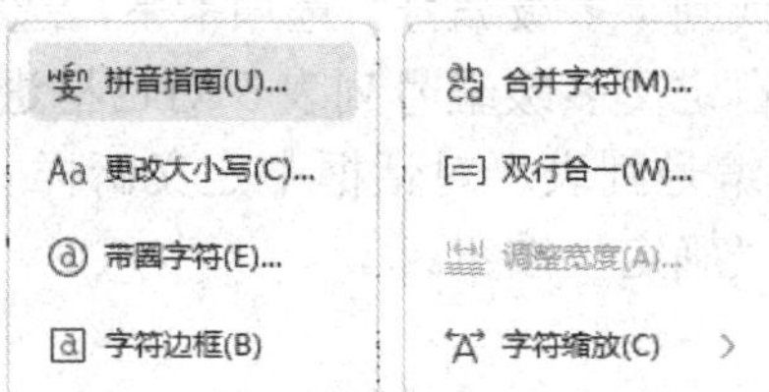

图 4-22 拼音指南和中文版式

（1）拼音指南：单击“开始”→“字体”→“拼音指南”按钮，为选中的汉字添加拼音。

（2）带圈字符：单击“开始”→“字体”→“带圈字符”按钮，为选中的字符添加带圈效果。

（3）中文版式：单击“开始”→“段落”→“中文版式”下拉按钮，在弹出的下拉列表中可以进行“合并字符”“双行合一”等设置。

① 合并字符：将选中的字符合成一个整体，字符被压缩排列成两行。

② 双行合一：将选中的字符压缩成长度相等的上下两行，双行合一后的高度与一

行文字的高度相同。

7. 格式刷的使用

格式刷可以快速复制字符格式，在不连续的相同格式文本中使用这种工具可以简化操作，节省时间。

具体操作如下。

（1）选中已编排好字符格式的源文本或将插入点定位在源文本的任意位置处。

（2）单击“开始”→“剪贴板”→“格式刷”按钮，鼠标指针变成刷子形状。

（3）在目标文本上拖曳鼠标，即可完成格式复制。

（4）若要将选中格式复制到多处文本块上，则需要双击“格式刷”按钮，然后按照步骤（3），完成复制。若取消复制，则单击“格式刷”按钮或按 Esc 键，使指针恢复成“I”字形即可。

4.4 图文混排

全部是文字的文档会使阅读者感到单调，容易产生阅读疲劳。WPS 文字不仅为用户提供了强大的文字处理能力，还为用户提供了强大的图片处理能力。在 WPS 文字中，可以对图形、图片进行编辑修改，使文档图文并茂的同时，更容易阅读。

WPS 文字中的图有自选图形、剪贴画、艺术字、图片文件、智能图形、图表及屏幕截图等。

4.4.1 插入、编辑图片

1. 插入图片

WPS 文档中插入图片的具体操作步骤如下。

（1）将插入点定位在要插入图片的位置。

（2）单击“插入”→“图片”→“本地图片”按钮，打开“插入图片”对话框，如图 4-23 所示。

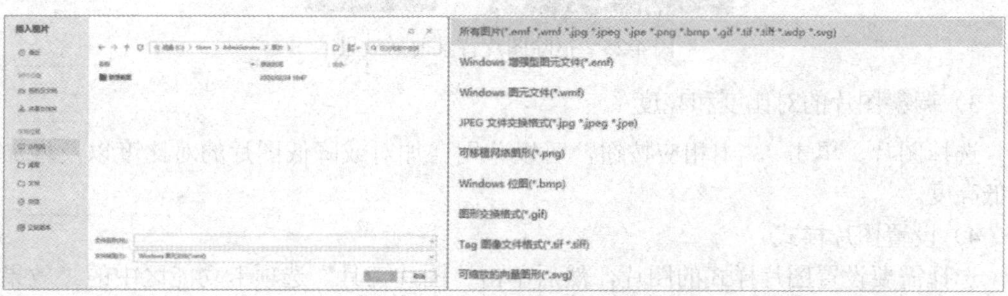

图 4-23 “插入图片”对话框

（3）如果是本地图片，可以选择要插入的图片文件。文本文档中可插入 Windows 位图（*.bmp 文件）、Windows 图元文件（*.wmf 文件）及 jpeg 文件等多种格式的图形文件。

（4）单击“打开”按钮。

图片插入后默认的环绕方式为嵌入型，此时图片作为文档的一部分嵌入文档中，移动图片会影响文档中相关文本的移动。

2. 编辑图片

WPS 文档插入图片后，会自动添加“图片工具”选项卡，可以对图片格式进行编辑，“图片工具”选项卡如图 4-24 所示。

图 4-24 “图片工具”选项卡

1）图片大小调整和旋转

选择插入的图片，拖曳控制点可以修改图片的大小，将插入点移动到“旋转”图标上，按住鼠标左键拖曳，即可旋转图片。在“图片工具”选项卡功能区中单击“大小”组中相应的按钮可以精确修改图片。

2）扣除图片背景

选择插入图片，单击“图片工具”选项卡功能区中的“智能抠图”下拉按钮，在弹出的“智能抠图”对话框中选择设置“透明色”，可以看到自动抠图的前后对比效果，如图 4-25 所示。WPS Office 还提供了“一键抠图形”“一键抠商品”“一键抠人像”“一键抠文档”等 VIP 功能，能够大大提高抠图处理的效率。

图 4-25 抠除图片背景前后效果

3）调整图片的对比度和亮度

选择图片，单击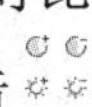中相应按钮，可以分别增加对或降低图片的对比度以及增加或降低亮度。

4）设置图片样式

选择需要设置图片样式的图片，然后单击“图片工具”选项卡功能区中的“效果”下拉按钮，在弹出的下拉列表中，可以设置阴影、倒影、发光、柔化边缘、三维旋转等各种效果。

5）设置图片的环绕方式

设置图片的环绕方式，可以灵活地显示文字和图片的混合排版，制作出图文并茂的效果。单击“图片工具”选项卡功能区中的“环绕”下拉按钮，在弹出的下拉列表中选择“嵌入型”“四周型环绕”“紧密型环绕”“衬于文字下方”“浮于文字上方”“上下型环绕”“穿越型环绕”7 种环绕方式之一。

需要特别注意的是，嵌入型环绕方式是将图片视为文字对象，与 WPS 文档中的文字一样占有位置，可以拖曳移动到文本中的任意位置；其他类型的环绕方式，是将图片视为文字以外的、单独的外部对象，这样就与文本编辑区的文本产生位置上的距离关系，如“四周型环绕”“紧密型环绕”“上下型环绕”“穿越型环绕”；或者产生空间上的上下层叠加关系，如“衬于文字下方”“浮于文字上方”两种类型。

6）裁剪图片

单击选中要裁剪的图片；单击“图片工具”选项卡功能区中的“裁剪”按钮，此时可以按照形状裁剪，也可以按照比例裁剪，还可以拖曳移动图片边框的滑块，调整到合适的图片区域，按键盘上的 Esc 键，或者单击图片以外的区域，即可退出并完成裁剪操作。

4.4.2 绘制、编辑形状

1. 绘制形状

WPS 文字为用户提供了多种图形，包括线条、矩形基本形状、箭头总汇、公式形状、流程图、星与旗帜、标注，利用这些图形可以制作更专业的文档。

单击“插入”→“形状”下拉按钮，可弹出如图 4-26 所示的“形状”下拉列表。选择所需形状，文档编辑区中的鼠标指针形状变成“+”字形，按住鼠标左键并拖动，即可绘制所选形状。正方形和圆形分别是矩形和椭圆的特例，绘制时先选择“矩形”或“椭圆形”，然后按住 Shift 键拖动鼠标即可。

2. 编辑形状

1）选择形状

单击形状，其四周会出现 8 个控点，表示形状已被选中。如果要同时选择多个形状，可按住 Shift 键，再依次单击要选择的形状即可。

2）添加文字

要在形状上添加文字，可选中形状，右击，在弹出的快捷菜单（图 4-27）中选择“编辑文字”命令，即可在形状中添加文字，并对文字进行编辑。

3）编辑形状

选中形状后，WPS 自动添加“绘图工具”选项卡，如图 4-28 所示。通过各个工具组可以对形状进行编辑，操作方法与编辑图片的方法基本相同。

图 4-26 “形状”下拉列表

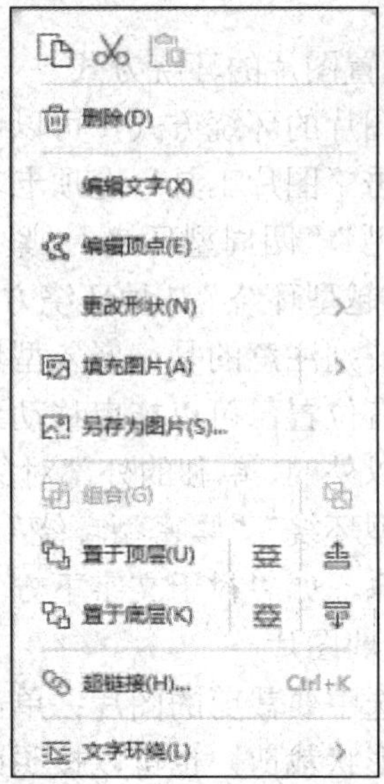

图 4-27 “形状”快捷菜单

图 4-28 “绘图工具”选项卡

“插入形状”组：用来插入或更改当前形状。

“形状样式”组：用来设置形状的外观，如形状填充、形状轮廓、形状效果等。

“排列”和“大小”组：与前面介绍的“图片工具”选项卡中相应组的功能相同。

4.4.3 插入、编辑智能图形

在 WPS 文档中插入智能图形，使用图形化的表示方式来表达文本的内在逻辑关系，使得非专业设计人员也可以轻松地制作出各类图形样式。智能图形包括“列表”“循环”“流程”“时间轴”“组织架构”“关系”“矩阵”“对比”等类别。

1. 插入智能图形

在 WPS 文档中插入智能图形的操作步骤如下。

（1）将插入点定位在需要插入智能图形的位置。

（2）单击“插入”→“智能图形”按钮，打开“智能图形”对话框（图 4-29），选择所需图示类型，然后单击“确定”按钮，即可在文档中插入相应图形。如果插入的是 SmartArt 图形，WPS 将自动添加“SmartArt 工具-设计”选项卡（图 4-30）和“SmartArt 工具-格式”选项卡（图 4-31）。若要输入文本，只需在“单击并添加文字”字样处输入文字即可。

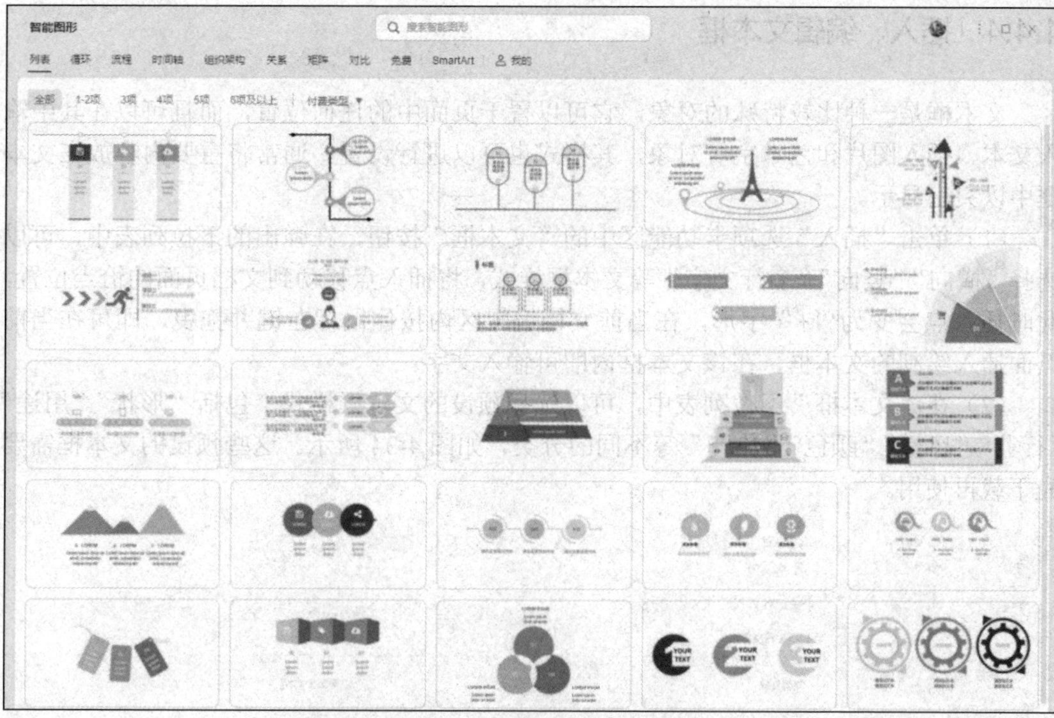

图 4-29 “选择智能图形”对话框

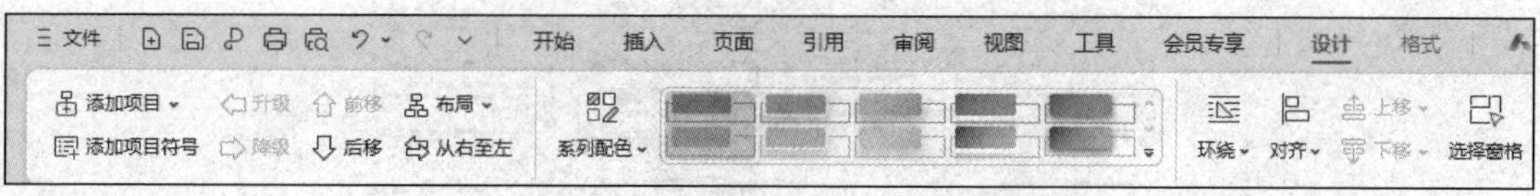

图 4-30 “SmartArt 工具-设计”选项卡

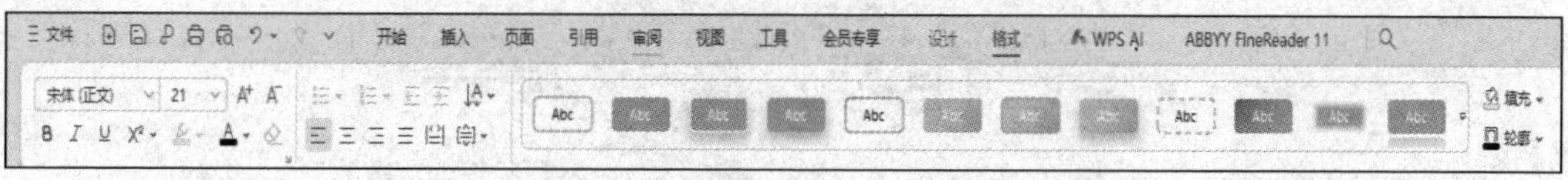

图 4-31 “SmartArt 工具-格式”选项卡

2. 编辑智能图形

编辑智能图形可以利用“绘图工具”选项卡和“文本工具”选项卡的功能按钮，如图 4-32 和图 4-33 所示，对智能图形的布局、颜色、样式等进行编辑修改，以达到用户的要求。

图 4-32 “绘图工具”选项卡

图 4-33 “文本工具”选项卡

4.4.4 插入、编辑文本框

文本框是一种比较特殊的对象，它可以置于页面中的任何位置，而且可以在其中输入文本、插入图片和艺术字等对象，其格式也可以进行设置。通常将重要内容放在文本框中以突出显示。

（1）单击“插入”选项卡功能区中的“文本框”按钮，在弹出的下拉列表中，可以选择“横向”“竖向”“多行文字”等文本框样式，将插入点移动到文档页面的恰当位置，此时插入点会变为“+”字形，在当前文档编辑区内按住鼠标左键并拖曳，即可在当前页面插入绘制的文本框，在该文本框内即可输入文字。

（2）在“文本框”下拉列表中，可以选择预设的文本框样式，包括“形状”“用途”“行业”“风格”“颜色”“免费”等不同的分类，如图 4-34 所示。这些预设的文本框需要先下载再使用。

图 4-34 “文本框”下拉列表

（3）另外，还可以单击“插入”选项卡功能区中的“形状”按钮，在弹出的下拉列表中单击“基本形状”区中的第一个按钮“文本框”，或者单击第二个按钮“垂直文本框”；然后将插入点移动到文档编辑区中，同样会变为“+”字形，拖曳鼠标也可绘制出文本框。

插入文本框之后，可以输入文字，文字的格式设置与文本编辑区的文本格式设置方法一样。可以移动、复制和改变文本框的大小，具体方法如下。

① 移动文本框：把插入点移动到文本框的边框，当插入点变为十字双向箭头时，

按住鼠标左键即可拖曳移动文本框的位置。

② 复制文本框：选中文本框后，按住键盘 Ctrl 键，同时拖曳移动文本框，即可复制文本框。

③ 改变文本框大小：选定文本框，插入点移动到文本框边框的 8 个控制点中的其中一个上，当插入点变成十字双向箭头，按住鼠标左键拖曳，即可改变文本框的大小。

选定文本框后，在“文本工具”选项卡功能区中（图 4-33）单击“填充”按钮，可以设置文本框的填充颜色，或者以“渐变”“图片或纹理”“图案”填充文本框；单击“轮廓”按钮，可以设置文本框的轮廓颜色，在弹出的下拉列表中选择“更多设置”命令，可以在弹出的“属性”窗格中进一步设置轮廓线条的透明度、宽度等属性。

4.4.5 插入、编辑艺术字

艺术字是文档中具有特殊效果的文字，WPS 文档中插入的艺术字是带有阴影、映像、发光、棱台、三维旋转、转换等文本特殊效果的装饰性变形文字，常用于文档中特色鲜明的标志或者标题。插入艺术字的操作步骤如下。

（1）将插入点置于要插入艺术字的位置，或者直接选中要转换成艺术字的文本。

（2）单击“插入”选项卡功能区中的“艺术字”按钮，在弹出的下拉列表中选择某种艺术字预设效果，如图 4-35 所示。进一步设置可以在艺术字“绘图工具-文本工具”选项卡（图 4-36）中进行设置。

图 4-35 “艺术字”下拉列表

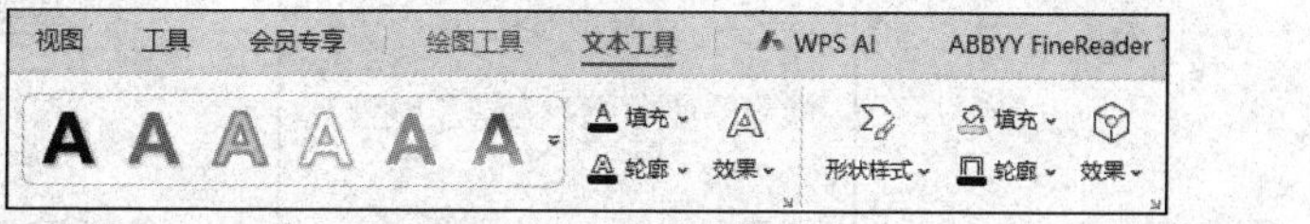

图 4-36 艺术字“绘图工具-文本工具”选项卡

4.5 表 格 制 作

在日常办公中，经常需要用到各种类型的表格，如账目表、工资表、个人履历表等。WPS 文字也提供了表格功能，可以轻松地以行和列的形式组织信息，以严谨的结构、直观的效果，方便用户建立和使用表格。

4.5.1 创建表格

表格由若干行和若干列组成，行、列的交叉区域称为单元格。单元格中可以填写数值、文字和插入图片等。利用功能区中的按钮可以快捷地创建表格。

1. 快速创建表格

（1）将插入点定位在要创建表格的位置。

（2）单击“插入”→“表格”→“表格”下拉按钮，在弹出的下拉列表中显示一个制表示意框，拖曳鼠标向右下方移动，经过的区域呈反向显示，表示选中的行数和列数，如图 4-37 所示。此时，文档处自动显示所选的表格。这种方式创建的表格的行、列数有限制，最多只能创建 8 行 24 列的表格。当表格行、列数较多时，无法用此方法创建，此时，应该使用“插入表格”对话框创建表格。

2. 使用“插入表格”对话框创建表格

使用“插入表格”对话框创建表格时，用户在插入表格前要设置好表格的行数和列数，最多可以创建 600 行 63 列的表格。具体操作步骤如下。

（1）将插入点定位在要创建表格的位置。

（2）单击“插入”→“表格”→“表格”下拉按钮，在弹出的下拉列表中选择“插入表格”命令，打开“插入表格”对话框，如图 4-38 所示。

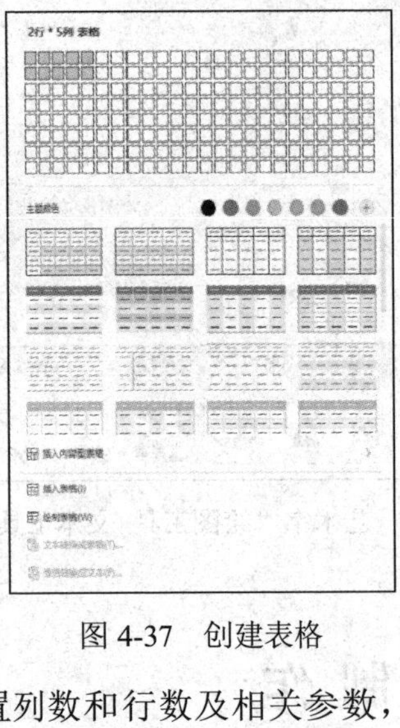

图 4-37 创建表格

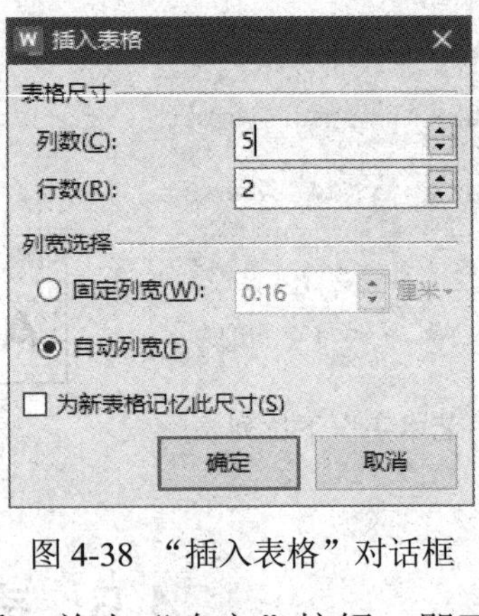

图 4-38 “插入表格”对话框

（3）设置列数和行数及相关参数，完成后，单击“确定”按钮，即可插入相应的表格。

3. 手工绘制表格

（1）将插入点定位在需要插入表格的位置。

（2）单击“插入”→“表格”→“表格”下拉按钮，在弹出的下拉列表中选择“绘制表格”命令，鼠标指针变成笔形后，即可进行表格的绘制。

（3）在表格内绘制单元格的方法和用笔画法相同。如果要在单元格内绘制斜线表头，其绘制方法与绘制直线的方法相同，即按住鼠标左键从表头单元格的左上角拖曳鼠标到右下角。

（4）若要删除一条或多条线，可以单击“表格工具”→“擦除”按钮（图 4-39）。

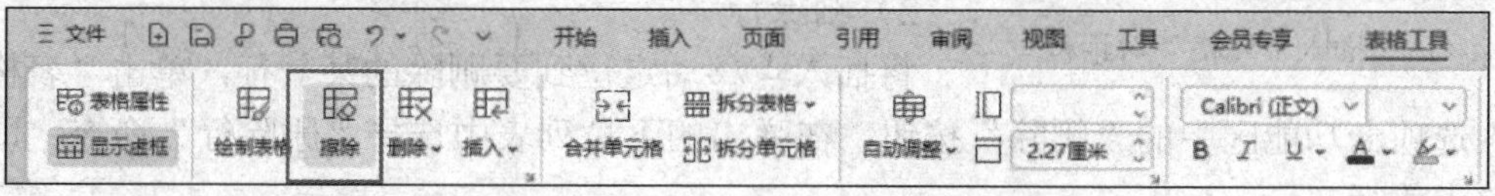

图 4-39 “表格工具”→“擦除”按钮

4.5.2 表格编辑

1. 选中单元格、行、列

（1）选择单元格：将插入点移动到单元格的最左边，当插入点变成指向右上角的黑色小箭头时，单击即可选中该单元格。

（2）选择行：将插入点移动到某一行的最左边，当插入点变成指向右上角的白色箭头时，单击即可选中这一行。

（3）选择列：将插入点移动到某一列的最上边，当插入点变成向下的黑色箭头时，单击即可选中这一列。

（4）选择整个表格：将插入点移动到表格的左上角，当插入点变为十字交叉箭头时，单击即可选中整个表格。

（5）在“表格工具”选项卡功能区中单击“选择”按钮（图 4-40），在弹出的下拉列表中单击相应的命令，也可选择单元格、列、行或者整个表格。

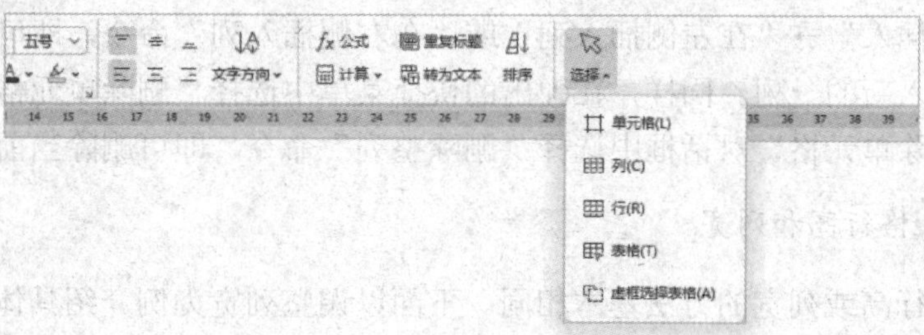

图 4-40 “选择”按钮

2. 插入或删除行

已创建的表格行数不足以容纳现有数据，就需要插入行；表格中有多余的空白行，就需要删除行。每一行就是一条数据记录。

1）插入行

将插入点移动定位在表格的某一行，单击“表格工具”选项卡功能区中的“在上方

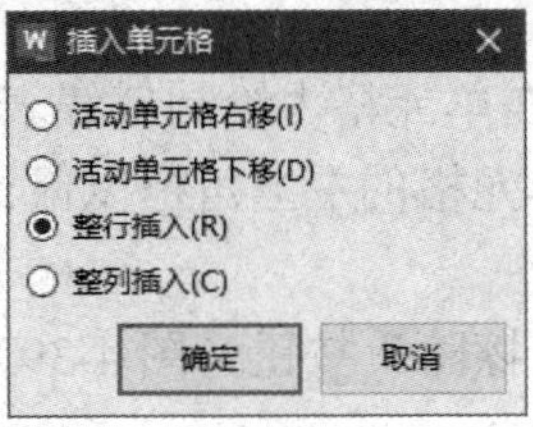

图 4-41 “插入单元格”对话框

插入行”或者“在下方插入行”按钮，即可在当前行的上方或者下方插入新的一行；也可以单击“表格工具”选项卡，选择“插入单元格”对话框中选择“整行插入”（图 4-41）命令，单击“确定”按钮，即可在当前行的上方插入新的一行。

2）删除行

将插入点移动定位到要删除的某一行，单击“表格工具”选项卡功能区中的“删除”按钮，在弹出的下拉列表中选择“删除行”命令，即可删除当前行。

插入行的操作，也可以使用快捷菜单的方式。定位某一行后，右击，在弹出的快捷菜单中选择“插入”→“在上方插入行”，或“在下方插入行”命令，即可在当前行的上方或者下方插入新的一行。同样，在弹出的快捷菜单中选择“删除单元格”命令，在随后弹出的“删除单元格”对话框中选择“删除整行”命令，即可删除当前行。

3. 插入或删除列

1）插入列

将插入点移动定位在表格的某一列，选择“表格工具”选项卡功能区中的“在左侧插入”或者“在右侧插入”命令，即可在当前列的左侧或者右侧插入新的一列；也可以单击“表格工具”选项卡，选择“插入单元格”对话框中选择“整列插入”命令，单击“确定”按钮，即可在当前列的左侧插入新的一列。

2）删除列

将插入点移动定位到要删除的某一列，单击“表格工具”选项卡功能区中的“删除”按钮，在弹出的下拉列表中选择“删除列”命令，即可删除当前列。

插入列的操作，也可以使用快捷菜单的方式。定位某一列后，右击，在弹出的快捷菜单中选择“插入”→“在左侧插入列”或“在右侧插入列”命令，即可在当前列的左侧或者右侧插入新的一列。同样，在弹出的快捷菜单中选择“删除单元格”命令，在随后弹出的“删除单元格”对话框中选择“删除整列”命令，即可删除当前列。

4. 调整表格行高和列宽

调整表格行高或列宽的方法基本相同。下面以调整列宽为例介绍具体的操作方法。

1）使用鼠标拖曳的操作方法

将插入点移动到表格线或者列线，当插入点变成双向箭头时，按住鼠标左键拖曳，即可调整表格的行、列的高度和宽度。

2）使用“表格属性”对话框调整的方法

将插入点定位在表格中，在“表格工具”选项卡功能区中单击“高度”和“宽度”按钮右下方的斜箭头按钮，弹出“表格属性”对话框，在“行”选项卡中可以设置行的高度，如图 4-42 所示；在“列”选项卡中可以设置列的宽度。

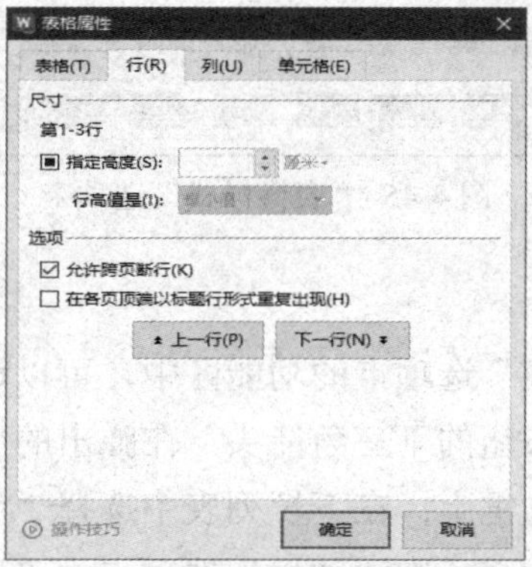

图 4-42 “表格属性”对话框的“行”选项卡

5. 合并和拆分单元格

单元格的合并是指将相邻的多个单元格合并成一个单元格，单元格的拆分与单元格的合并相反，是将一个单元格拆分为多个单元格。

1）合并单元格

选定多个连续的单元格，单击“表格工具”选项卡功能区中的“合并单元格”按钮（图 4-43），即可将多个单元格合并为一个单元格。还可以右击选定的多个单元格，在弹出的快捷菜单中选择“合并单元格”命令，实现合并单元格的目的。

2）拆分单元格

先将插入点定位在某个单元格中，单击“表格工具”选项卡功能区中的“拆分单元格”按钮，在弹出的“拆分单元格”对话框（图 4-44）中，输入“行数”和“列数”的数值分别为“1”“2”，然后单击“确定”按钮，即可拆分为两列的两个单元格。

还可以右击定位的单元格，在弹出的快捷菜单中选择“拆分单元格”命令，同样会弹出“拆分单元格”对话框，设置拆分的行数和列数，完成拆分单元格。

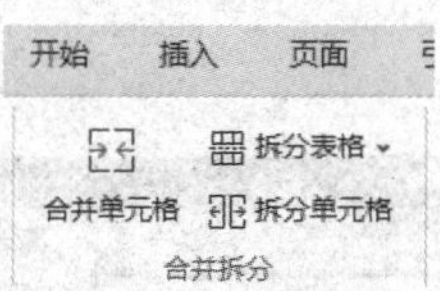

图 4-43 “合并单元格”按钮

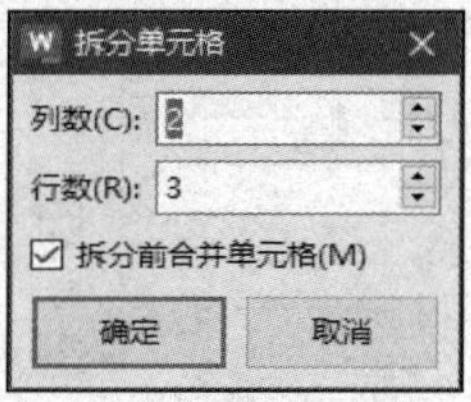

图 4-44 “拆分单元格”对话框

4.5.3 表格的格式化

创建好一个表格之后，可以对表格的外观进行美化，如设置表格的边框样式、文字的方向等，从而增强表格的表现力。表格格式设置主要通过“表格样式”选项卡来实现，如图 4-45 所示。

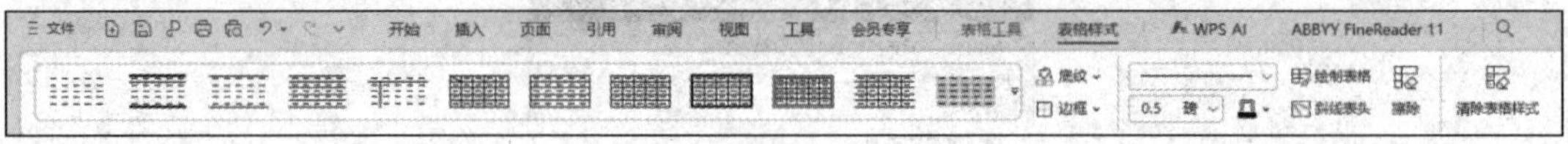

图 4-45 “表格样式”选项卡

1. 表格边框和底纹

选定表格，在“表格样式”选项卡的功能区中，可以设置边框的线型、线型粗细、边框颜色等；单击“边框”按钮的下三角箭头，在弹出的下拉列表中，可以将设置好的边框样式应用到表格的特定边框上；在下拉列表中选择“边框和底纹”命令，即可弹出“边框和底纹”对话框（图 4-46）；在“边框”选项卡中可以设置边框的“线型”“颜色”“宽度”等，在右侧的“预览”区中，可以通过单击选中或者取消左侧的三个按钮和下方的三个按钮，组合设置边框线应用边框样式。按钮为灰色，表示不应用该样式；按钮为浅蓝色，表示应用该样式。单击“边框和底纹”对话框中的“底纹”选项卡，可以设置表格或单元格的底纹。

2. 表格中文字的方向

表格中文本格式化与文档中文本格式化的方法相同，其中，可以设置表格中文字的方向。设置表格中文字方向的操作步骤如下。

（1）选中要设置文字方向的单元格。

（2）单击“表格工具”→“文字方向”按钮，可直接实现文字的横向和竖向的转换；或者将插入点定位于表格中，右击，在弹出的快捷菜单中选择“文字方向”命令，打开“文字方向”对话框（图 4-47）进行设置。

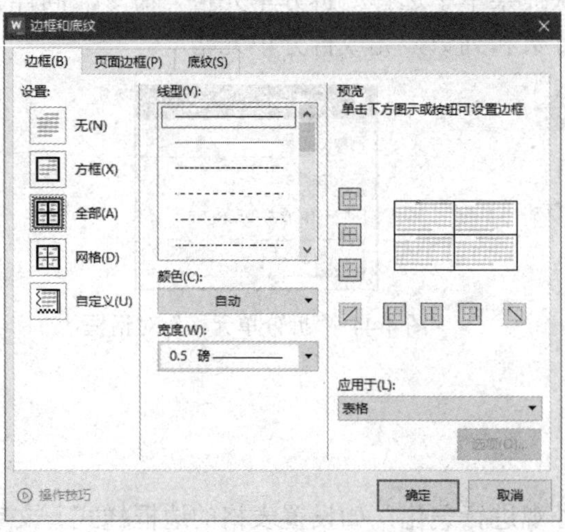

图 4-46 “边框和底纹”对话框

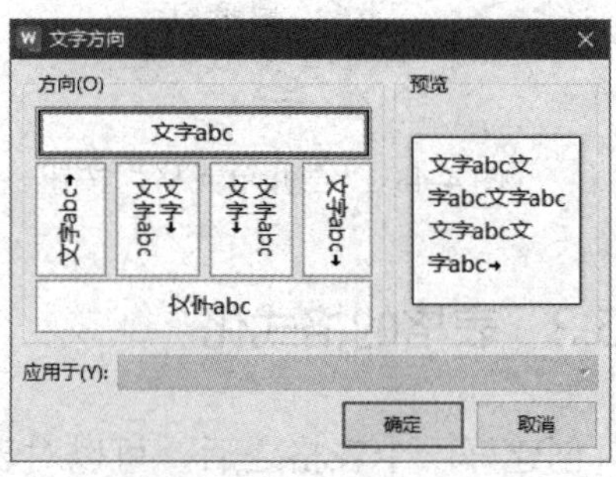

图 4-47 “文字方向”对话框

4.5.4 表格中数据的计算与排序

WPS 提供了在表格中进行计算的函数，但只能进行求和、求平均值等较为简单的操作，要解决较为复杂的数据计算和统计方面的问题，可以使用 WPS Office 软件中的表格处理软件。对表格中的数据进行计算时，需要用到数据所在的单元格地址，该地址用列和行坐标组合表示。其中，单元格列号依次用 A、B、C、D、E 等字母表示，行号依次用 1、2、3、4 等数字表示。WPS 用列号在前、行号在后（如 A1、B2）的形式表示单元格地址。

1. 表格中的数据计算

（1）将插入点定位在要放置计算结果的单元格。

（2）单击“表格工具”→“*fx* 公式”按钮，打开“公式”对话框，如图 4-48 所示。

（3）用户可以在“粘贴函数”下拉列表框中选择所需的函数，或在“公式”文本框中直接输入公式。在“粘贴函数”下拉列表中的常用函数中，SUM 表示求和，ABS 表示求绝对值，AVERAGE 表示求平均值，COUNT 表示求个数，MAX 表示求最大值，MIN 表示求最小值，INT 表示取整数，MOD 表示求余数。

在“表格范围”下拉列表中，可以选择需要计算的单元格范围。其中，LEFT 表示计算当前单元格左侧的数据，RIGHT 表示计算当前单元格右侧的数据，ABOVE 表示计算当前单元格上方的数据，BELOW 表示计算当前单元格下方的数据。

（4）单击“确定”按钮，即可完成对指定单元格的计算。

2. 表格中的数据排序

表格可根据某几列内容进行升序或降序重新排列，具体操作步骤如下。

（1）选中需要排序的列或单元格。

（2）单击“表格工具”→“排序”按钮，打开“排序”对话框，如图 4-49 所示。

（3）设置排序关键字的优先次序、类型、排序方式等。

（4）单击“确定”按钮。

图 4-48 “公式”对话框

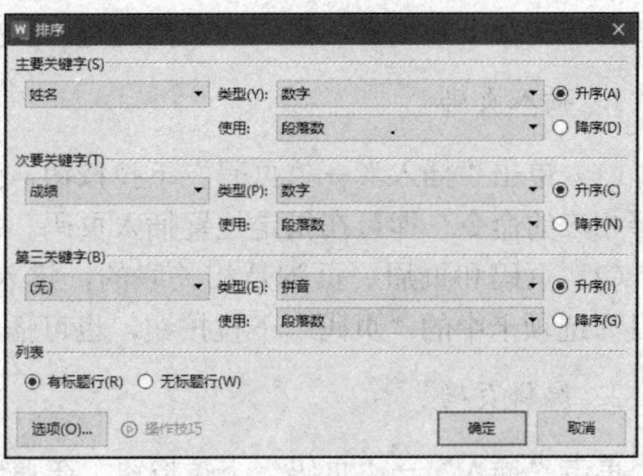

图 4-49 “排序”对话框

4.6 页面设置与打印

4.6.1 设置页眉、页脚

页眉和页脚是显示在文档页面顶端和底部的提示信息，在页眉和页脚中可以插入页码、日期和时间、单位名称、图标和章节名称等内容。

插入页眉和页脚的操作方法如下。

（1）单击“插入”→“页眉和页脚”按钮，此时指针进入页眉的编辑位置，在页眉位置输入文字完成后单击“关闭页眉和页脚”按钮，即可退出页眉、页脚的编辑。

（2）编辑页眉的同时，文本编辑区内的内容将变为灰色显示，表示当前状态为不可编辑状态。单击“页眉页脚切换”按钮，可以实现页眉与页脚之间的来回切换；页脚的编辑处理方式与此相同。

（3）单击“页眉页脚”选项卡（图 4-50）功能区中的“日期和时间”按钮，可以在页眉的位置插入相关内容；单击“前一项”按钮，可以跳转至上一条页眉或者页脚，单击“后一项”按钮，可以跳转至下一条页眉或者页脚；单击关闭“同前节”，可以为不同节的文档页面设置不同的页眉或页脚。

（4）在“页眉页脚”选项卡功能区中的“页眉上边距”输入框，可以设置页眉到页面上边界的距离；在“页脚下边距”输入框，可以设置页脚到页面下边界的距离。

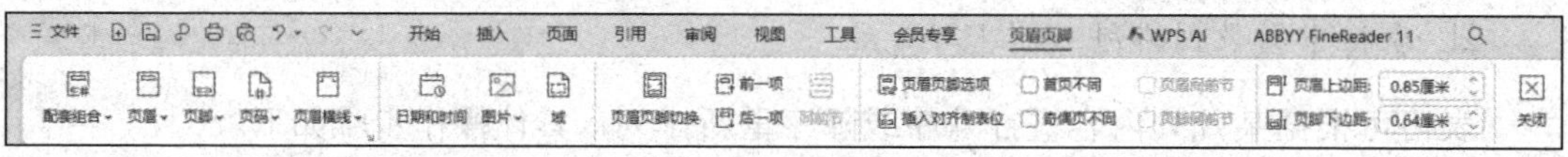

图 4-50 “页眉页脚”选项卡

4.6.2 插入页码

有些文章页数太多，需要为文档的每一页插入页码，以便于用户整理和阅读。

1. 插入页码

（1）单击“插入”→“页码”下拉按钮，弹出如图 4-51 所示的“页码”下拉列表，选择相应的命令，即可在指定位置插入页码。

（2）页码和页眉、页脚是相关联的，进入页眉和页脚编辑区，单击“页眉和页脚工具”选项卡中的“页码”下拉按钮，也可插入页码。

2. 编辑页码

单击“插入”→“页码”下拉按钮，在弹出的下拉列表中选择“页码”命令，在打开的“页码”对话框中（图 4-52），可以设置所要插入页码的格式。

图 4-51 “页码”下拉列表

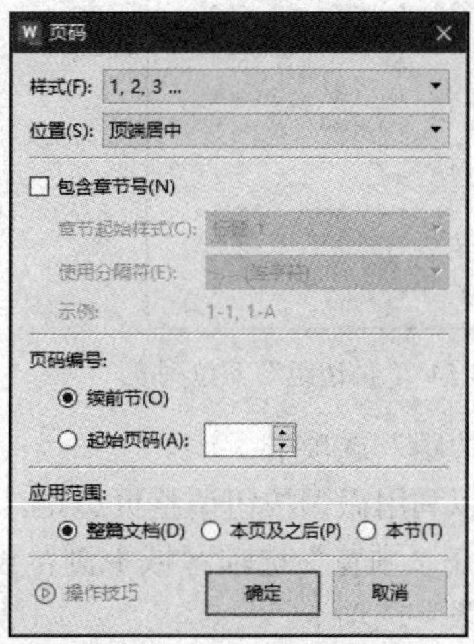

图 4-52 “页码”对话框

4.6.3 页面设置

页面设置是指设置文档的总体版面布局及纸张大小、页边距、页眉和页脚等内容，可以通过“页面”选项卡进行设置（图 4-53）。

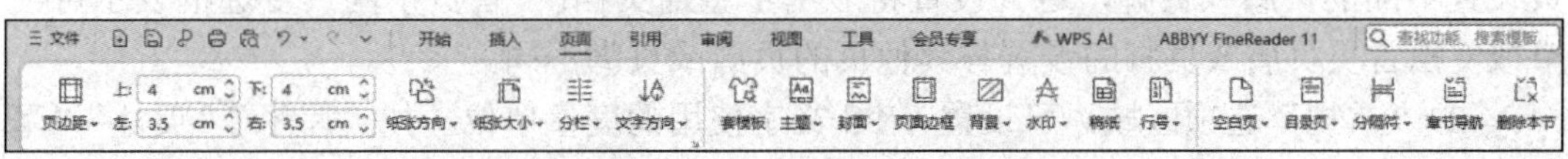

图 4-53 “页面”选项卡

1. 设置页边距

页边距是指文本正文距离纸张的上、下、左、右边界的大小，即上边距、下边距、左边距和右边距。选择预定义的页边距。单击“页面”选项卡功能区中的“页边距”下拉按钮，在弹出的“页边距”下拉列表中选择“普通”“窄”“适中”“宽”其中的某一项，如“普通”选项，如图 4-54 所示。

单击“页面”→“页面设置”→对话框启动器按钮，打开“页面设置”对话框（图 4-55）进行自定义页边距。

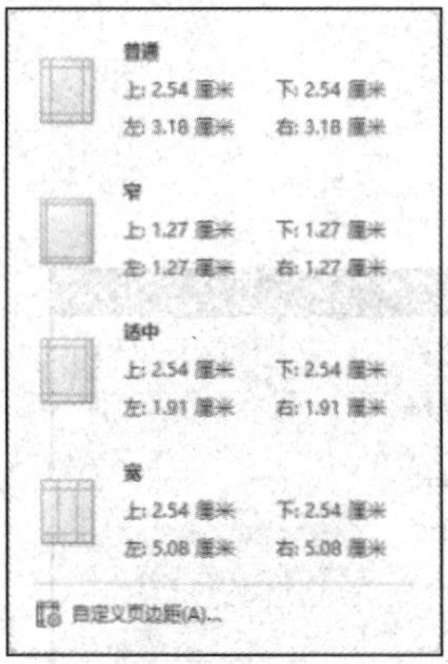

图 4-54 “页边距”下拉列表

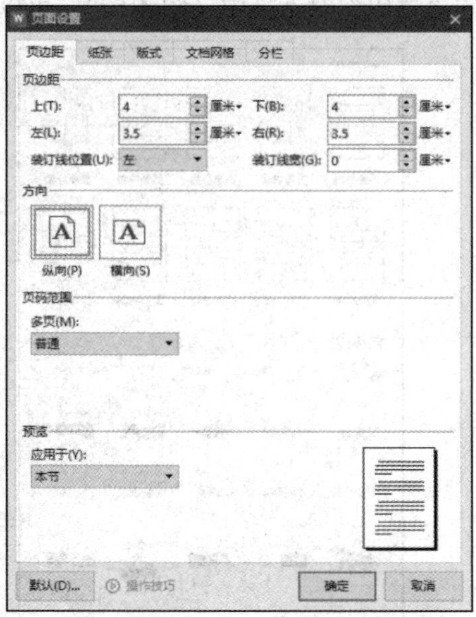

图 4-55 “页面设置”对话框

1）“页边距”选项卡

用户可以利用微调按钮调整页边距，也可以在相应的数值框内输入数值。设置完成后，可以先在“预览”选项区域中浏览设置的效果，满意后再应用到 WPS 文档中。

2）“纸张”选项卡

“纸张”选项卡用于设置打印所使用的纸张大小、页面方向等。在“纸张大小”下拉列表中给出了常用的纸张型号，如 A4、B5 等，此时系统显示纸张的默认宽度或高度；若选择“自定义大小”类型，则可在“宽度”和“高度”数值框中输入纸张的宽度或高度；在“纸张来源”列表框中设置打印机纸张的来源，通常保留系统默认值。

3）“版式”选项卡

（1）“页眉和页脚”选项区域：“奇偶页不同”复选框表示要在文档的奇数页与偶数页设置不同的页眉或页脚，这一设置将应用于整篇文档；“首页不同”复选框表示可使节或文档首页页眉或页脚的设置与其他页的页眉或页脚不同。

（2）“常规”选项区域：可设置 WPS 文字使用的度量单位，如“厘米”“英寸”“毫米”“磅”等。

4）“文档网格”选项卡。

设置纸张大小和页边距后，系统对每行的字符数和每页的行数有一个默认值，此选项卡可用于改变这些默认值。

2. 页面背景设置

页面背景是指设置页面颜色、水印效果及页面边框，通过页面背景的设置可以使文档作为电子邮件或传真时更丰富，更有个性。页面背景的设置可以通过“页面”选项卡中“背景”“水印”等下拉按钮来完成。

1）“水印”下拉按钮

当用户想将文档做成机密等特殊文件时，可以采用水印效果，即在文字后面插入虚影的文字或图片，其下拉列表如图 4-56 所示。若想设计特有的文字水印或图片水印，可以选择“插入水印”命令，打开如图 4-57 所示的“水印”对话框。

图 4-56 “水印”下拉列表

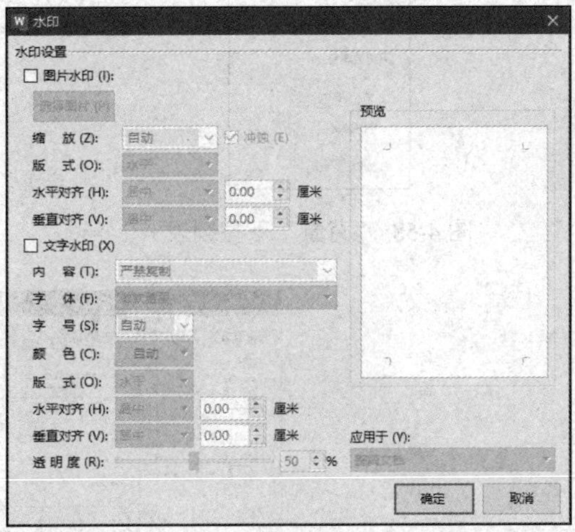

图 4-57 “水印”对话框

2）“背景”下拉按钮

“背景”下拉按钮用以设置页面的背景色，其下拉列表如图 4-58 所示。在“页面”选项卡功能区中单击“背景”下拉按钮，在弹出的下拉列表中可以单击选择主题颜色、标准色、渐变填充等颜色作为页面颜色；如果没有适合的颜色，可以单击“其他填充颜色”命令，在弹出的“颜色”对话框中选定“标准”选项卡里的颜色，或者在“自定义”选项卡里自行设定颜色。还可以使用取色器，在当前工作界面中选取任意一处的颜色作为页面颜色。如果想要给文档添加特殊背景效果，可以在“背景”的下拉列表中单击“其他背景”命令，此时会弹出二级列表，可以从“渐变”“纹理”“图案”中选择其中一个命令，如图 4-59 所示，随后在弹出的“填充效果”对话框的“渐变”选项卡中，通过设置“颜色”“透明度”“底纹样式”等，获得渐变颜色的填充效果；在“纹理”选项卡中，可以选择预设的纹理样式；也可以单击“其他纹理”按钮，在弹出的“选择纹理”对话框中选择纹理图片作为当前文档的背景效果。此外，还可以选择图案或者图片作为文档的背景，从而取得特殊的背景效果。

3）“页面边框”下拉按钮

“页面边框”下拉按钮用以添加或修改页面周围的边框样式，单击此按钮，打开“边框和底纹”对话框，如图 4-60 所示。用户可以选择边框样式和颜色，也可以设置艺术型边框。

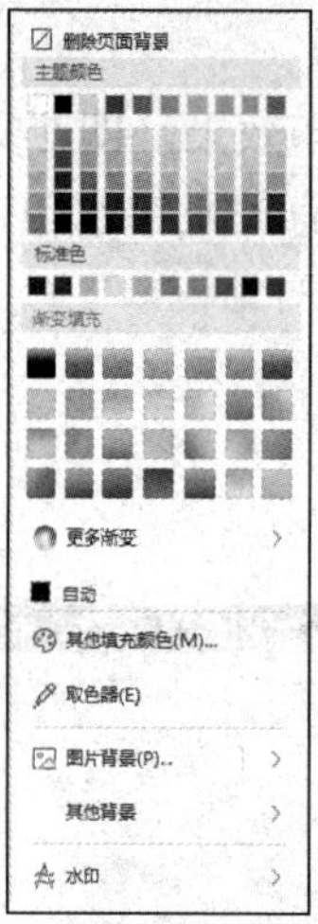

图 4-58 “背景”下拉列表

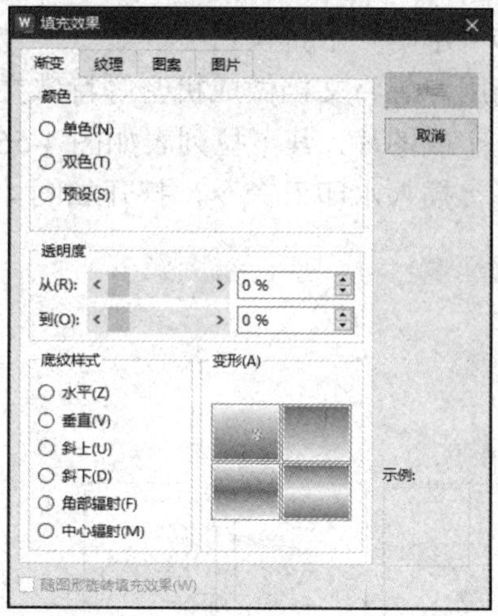

图 4-59 “填充效果”对话框

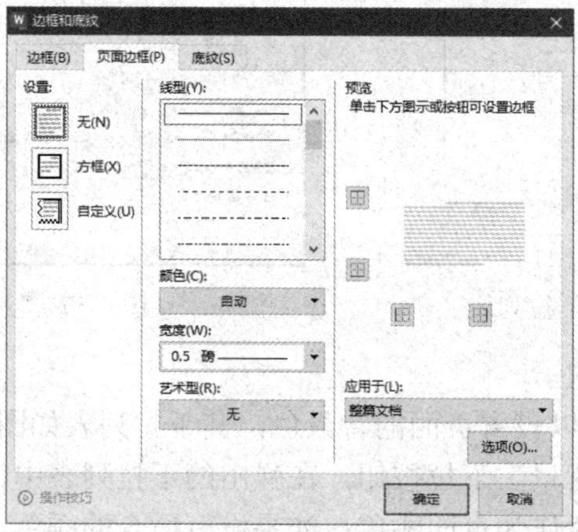

图 4-60 “边框和底纹”对话框

4.6.4 文档打印

1. 打印预览

在打印文档前，应该先预览文档的打印效果，查看是否需要对文档进行编辑和修改，以得到满意的效果，具体操作如下。

选择“文件”→“打印”命令，在页面右侧可以预览打印效果。

2. 打印文档

如果计算机已连接打印机，预览满意后即可打印文档。如果直接使用打印机的默认设置打印当前文档的全部内容，则单击“打印”按钮即可。如果打印文档前需要对打印机和打印方式进行设置，则可在“设置”选项区域中设置打印页面的范围、打印方式、打印方向、页边距等内容。

第 5 章　WPS 表格处理

5.1　WPS 表格概述

WPS 表格是金山 WPS Office 办公软件中的一个重要组件。它除了有丰富的图表功能外，还具有数据计算与分析功能及数据库管理功能，因而应用十分广泛。对于财务学习者而言，由于需要接触大量的财务、金融或者其他方面的数据，并对这些数据进行分析和处理，WPS 表格更是一个方便实用的工具。

5.1.1　WPS 表格的基本功能

WPS 表格界面友好，功能丰富，其主要功能包括表格制作、数据计算、图表制作、数据库管理、分析与决策、数据共享和网络功能。

1）表格制作

在 WPS 表格中，系统为工作表提供了丰富的格式化命令。通过不同命令组合，可以对工作表进行不同的设置，完成如数字显示方式、文字对齐方式、框线图案、背景颜色等操作。

除此之外，用户也可以将需要打印的对象的格式存为模板。利用这个模板，就可以打印出美观的报表，极大节约了格式化的时间，提高工作效率。

2）数据计算

WPS 表格的每张工作表中最多可容纳 1048576 行数据。每个单元格最多可容纳的字符数达 32767 个。因此，WPS 表格的数据存储容量相当大。同时，包含 AI 函数在内，WPS 表格内嵌了十三大类的工作表函数，可以满足用户在文本、统计、工程、数据库等方面的需要。在工作表中创建公式也十分简便，新增的工具可以帮助用户更好地创建并编辑公式、输入函数及创建自定义表单和模板。通过这些函数和公式，用户可以创建并完成各种复杂的运算。

3）图表制作

WPS 表格内嵌了约十大类、上百种子类的图表，用户可以根据自己的需要，利用图表向导，制作出精美的图表。

用户如果对系统自带的图表样式不满意，也可以通过手动方式来设置表格格式。

4）数据库管理

管理数据库可以使用专门的数据库管理软件，如 MySQL、Oracle、SQL Server 和 Access 等。在 WPS 表格也提供了类似的数据库管理功能，保存在工作表内的数据，都是按照相应的行和列来存储的，只要把数据定义为二维表的形式，就可以利用 WPS 表格提供的处理数据库的命令和函数进行数据库管理操作。

5）分析与决策

WPS 表格包括了 505 个函数，除了可以做一些简单的计算外，还可以用来做财务、字符串等操作，以及各种工程上的分析与决策。例如，WPS 表格可以用来进行统计分析、规划求解等。

WPS 表格的方案管理器可用来分析各种方案，如最佳可能状态、最坏可能状态下可能得到的结果等。

通过使用 WPS 表格的数据透视表功能，用户可以对数据进行交叉分析，从而在一堆杂乱无章的数据中找出问题。

6）数据共享和网络功能

利用数据共享功能，可以实现多个用户同时使用同一个工作簿文件，并完成共享工作簿的合并工作。WPS 表格中应用程序与 Web 的集成，使用户可以使用网络文件夹管理网上文档，可以通过创建和运行网络查询从 Internet 或者云上获得数据。

5.1.2 WPS 表格工作窗口简介

1. *启动 WPS 表格*

单击 WPS 应用程序窗口“WPS Office”选项卡中的“新建”按钮，在出现的“新建”界面中单击“表格”按钮，再单击“空白文档”按钮；如图 5-1 所示，即可新建一个 WPS 表格文档。在“新建”选项卡视图下，用户可根据需要新建带有固定主题的表格。

双击已经存在的 WPS 表格文件（扩展名为.et），即可启动 WPS 表格。

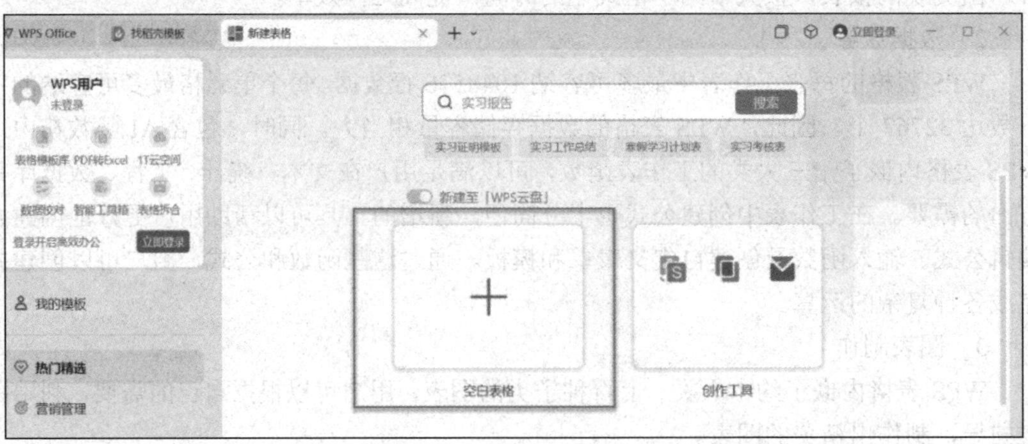

图 5-1 新建 WPS 表格

2. WPS 表格工作窗口的组成

启动 WPS 表格后，打开如图 5-2 所示的工作窗口。它主要包括标题栏、选项卡、功能区、名称框、编辑栏、工作区、状态栏等。

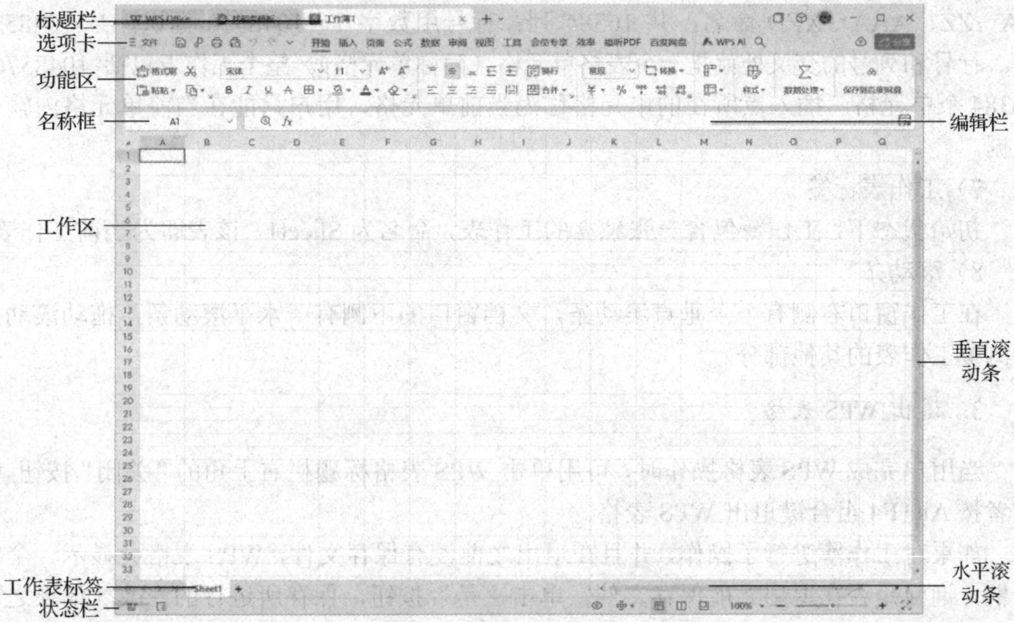

图 5-2 WPS 表格工作窗口

下面介绍 WPS 表格工作窗口的主要组成部分及操作。

1）标题栏

标题栏用于标识应用程序和文档的名称，如“工作簿 1”。此处，工作簿 1 是当前工作簿的名称，如果同时打开另一个新的工作簿，系统会自动将它命名为工作簿 2，以此类推。保存工作簿时，用户可以根据内容给工作簿设置一个更直观的名称。标题栏右侧包括“功能区显示选项”“最小化”“最大化/还原”“关闭”按钮。

2）选项卡

选项卡中列出了各种操作命令。单击每个菜单项可打开一个功能区。

3）功能区

功能区列出以图标表示的常用命令按钮。单击代表相应命令的图标，可完成格式化数字或创建图表等工作。

4）名称框和编辑栏

名称框显示当前单元格或区域的名称。单击名称框旁边的下拉按钮，可弹出一个下拉列表，列出所有已定义的名称。编辑栏中显示的内容与当前单元格的内容相同，可在编辑栏中输入、删除或修改当前单元格的内容。

5）状态栏

WPS 表格工作窗口的最下面一行为状态栏，可以显示当前工作簿的工作状态。

6）工作区

在工作区中，列号和行号分别标在工作区的上方和左侧。列号用英文字母 A～Z、AA～ZZ、AAA～XFD 命名，共 16384 列；行号用数字 1～1048576 标识，共 1048576 行。行号和列号的交叉处就是一个表格单元格（简称单元格）。整个工作表包括 1048576×16384 个单元格。插入点所在的单元格称为当前单元格，用户只能在当前单元格内输入数据。

7）工作表标签

初始状态下，工作簿包含一张独立的工作表，命名为 Sheet1，该表即为当前工作表。

8）滚动条

在工作窗口右侧有一个垂直滚动条，文档窗口的下侧有一水平滚动条，拖动滚动条可浏览工作表的其他部分。

3. 退出 WPS 表格

当用户完成 WPS 表格操作时，可用单击 WPS 表格标题栏右上角的“关闭”按钮 × 或者按 Alt+F4 组合键退出 WPS 表格。

如果对工作簿进行了操作，并且在退出之前没有保存文件，WPS 表格会显示一个提示框，询问是否在退出之前保存文件。单击“是”按钮，保存所进行的修改（如果之前没有给工作簿命名，还会出现“另存为”对话框，让用户给工作簿命名。在“另存为”对话框中输入新名称之后，单击“保存”按钮）；单击“否”按钮，不保存所进行的修改直接退出 WPS 表格。

5.1.3 基本概念

1. 工作簿

WPS 表格的工作簿是由一张或若干表格组成的，每张表格称为一张工作表。表格系统将每个工作簿作为文件保存起来。默认情况下，一个新工作簿由一张工作表组成。

2. 工作表

一张二维表格，又称电子表格，用于组织和分析数据。系统给每张工作表分配一个默认名称，分别是 Sheet1、Sheet2、…，称为工作表标签。标签区域有限，只能显示一部分工作表名称，单击某个工作表标签，它将呈高亮度显示，成为当前工作表。

提示：系统默认打开的工作表数目是一张，也可改变这个数目，选择“文件”→“选项”命令，打开“选项”对话框，在“常规与保存”选项右侧的“设置”选项区域中设置初始工作表的数目及字体、字号、默认视图等，初始工作表数目的范围为 1～255，如图 5-3 所示。

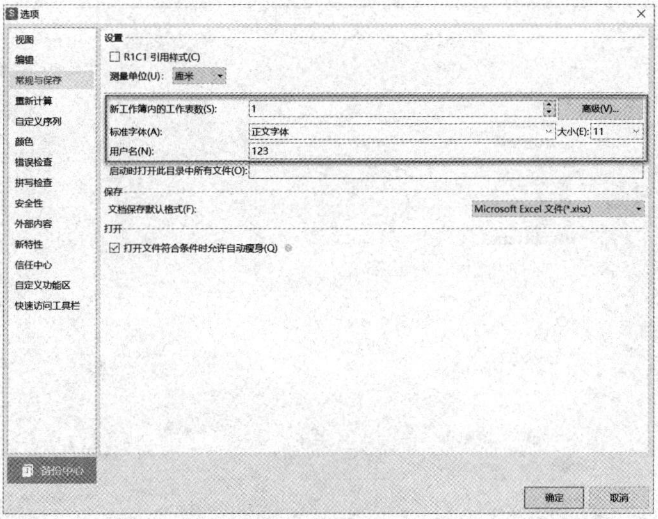

图 5-3 “选项”对话框

3. 单元格

行和列交叉的区域称为单元格。单元格的地址由其所在的列标和行号组成，称为单元格名称，也是其引用地址。单元格是工作簿的最小组成单位。

5.2 WPS 表格的基本操作

5.2.1 工作簿的基本操作

1. 创建工作簿

当 WPS 表格启动时，会自动为用户建立一个名为“工作簿 1”的空工作簿，预置一张工作表，命名为 Sheet1，并将 Sheet1 设置为当前工作表。如果想重新建立，可以选择“文件”→“新建”命令，在级联菜单中选择“新建”，即可创建一个新的工作簿。在标题栏处单击 + ，也可新建工作簿。

2. 打开已有工作簿

选择“文件”→“打开”命令，在打开的页面中选择“浏览”命令，打开“打开”对话框，选择已有工作簿的所在位置，单击“打开”按钮；或选择“最近使用”命令，在显示的近期使用过的表格列表中，选择要打开的工作簿。

3. 保存建立好的工作簿

选择“文件”→“保存”命令，或单击快速访问工具栏中的“保存”按钮，如果是第一次保存，系统将会显示如图 5-4 所示的“另存为”窗口。WPS 工作簿将以文件的形式保存在磁盘中，文件的默认扩展名为.et，默认的保存类型是“WPS 表格文件（*.et）”。

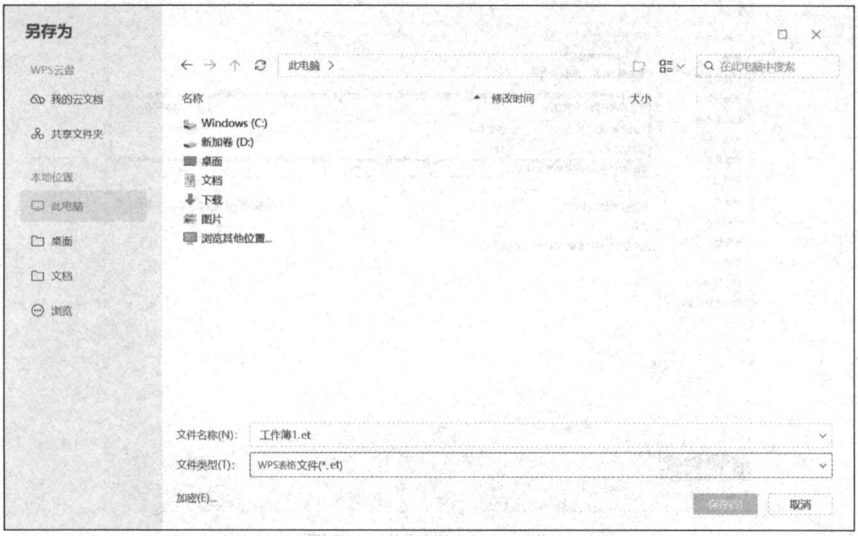

图 5-4 “另存为”窗口

5.2.2 工作表的基本操作

1. 工作表的选中

（1）单张工作表的选中。单击相应的工作表标签即可选择单张工作表。

（2）多张工作表的选中。若要选择多张相邻的工作表，先单击第一个工作表标签，然后按住 Shift 键，再单击最后一个工作表标签；若要选择多张间隔的工作表，先单击第一个工作表标签，然后按住 Ctrl 键，再逐一单击每个要选中的工作表标签。

2. 工作表的添加

（1）在表格全屏窗口情况下，单击“开始”→“工作表”下拉按钮→“插入工作表”按钮，在弹出的“插入工作表”对话框中设置好插入数目和位置后，单击“确定”按钮，即可插入一张工作表。默认插入的工作表在当前工作表之前。

（2）右击工作表标签，在弹出的快捷菜单中选择“插入工作表”命令，打开“插入工作表”对话框，填写插入的工作表数量，单击“确定”按钮即可。

若选中连续多张工作表后再执行插入操作，可同时插入多张工作表。

3. 工作表的重命名

系统默认的工作表名为 Sheet1 等，为方便记忆和管理，用户可以对工作表进行重命名。

（1）右击工作表标签，在弹出的快捷菜单中选择“重命名”命令，输入新名称后按 Enter 键。

（2）双击工作表标签，当前工作表标签呈黑底，输入新名称后按 Enter 键。

（3）选中要重命名的工作表，在表格全屏窗口下单击“开始”→“工作表”下拉按钮→“重命名”命令，可对当前工作表重命名。输入新名称后按 Enter 键，即可完成工作表的重命名。

4. 工作表的移动和复制

1）同一工作簿中工作表的移动和复制

选中要移动或复制的工作表，直接拖动到目标位置实现移动操作；按住 Ctrl 键同时拖动到目标位置实现复制操作，并自动为副本命名。例如，Sheet1 副本的默认名为 Sheet1（2）。

2）不同工作簿中工作表的移动和复制

选中要移动或复制的工作表，右击工作表标签，在弹出的快捷菜单中选择“移动”命令，弹出“移动或复制工作表”对话框，如图 5-5 所示，设置要移动和复制的目标位置。如果选中“建立副本”复选框，则进行复制操作。如果仅要实现创建副本功能，则直接右击工作表标签，在弹出的快捷菜单中选择“创建副本”命令，则直接进行复制操作。

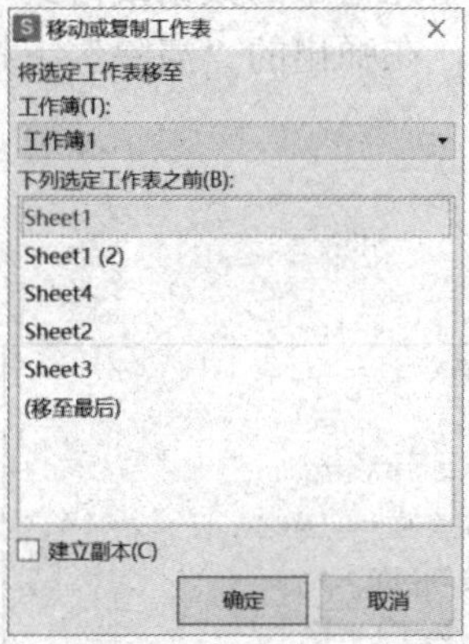

图 5-5 “移动或复制工作表”对话框

3）工作表的删除

选中要删除的工作表（工作表不能处于编辑状态，否则无法删除），单击“开始”→“工作表”下拉按钮→“删除工作表”按钮，或者右击工作表标签，在弹出的快捷菜单中选择“删除”命令。

5.2.3 单元格的基本操作

1. 单元格的选中

要在某个单元格输入内容或编辑，首先必须选中该单元格。单元格的选中方式是单击某个单元格或者在名称框中直接输入其地址。

2. 单元格的插入和删除

1）插入单元格的方法

选中要插入单元格的位置，在表格窗口非全屏情况下，单击“开始”→“单元格”→“行和列”下拉按钮，在弹出的下拉列表中选择“插入单元格”命令，弹出“插入”对话框，如图 5-6 所示。或在表格窗口全屏时，单击“开始”→“行和列”下拉按钮，选择“插入单元格”命令，完成单元格插入操作。

系统提供 4 种插入方式，即活动单元格右移、活动单元格下移、整行、整列。其中，活动单元格右移（或下移）表示在当前单元格的左侧（或上方）插入新单元格，整行（或整列）表示在当前单元格的上方（或左侧）插入新行（或新列）。

2）删除单元格的方法

选中要删除的单元格，单击“开始”→“单元格”→“行和列”下拉按钮，在弹出的下拉列表中选择“删除单元格”命令，弹出“删除”对话框，如图 5-7 所示。选择要删除的方式，单击“确定”按钮。

“删除单元格”下拉列表中的命令会将单元格的内容和格式全部删除，如果希望只更改单元格中的数据或格式，可以右击当前单元格，在弹出的菜单中选择“清除内容”命令，在弹出的“清除”下拉列表中选择要清除的选项，如图 5-8 所示。

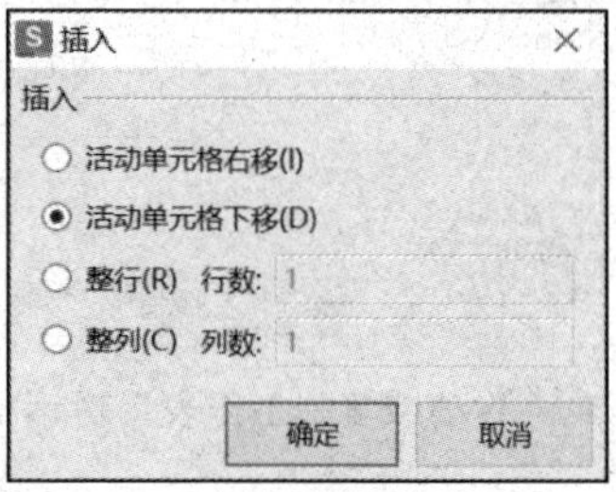

图 5-6 “插入”对话框

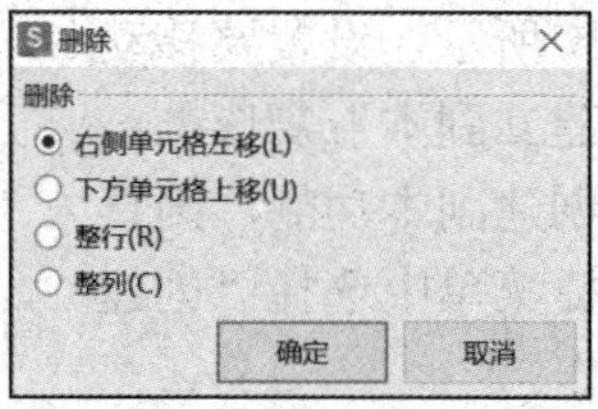

图 5-7 “删除”对话框

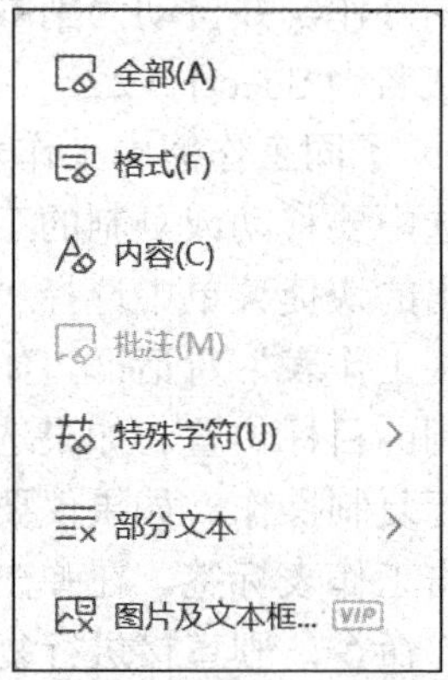

图 5-8 “清除”下拉列表

3. 单元格的移动和复制

1）在同一工作表中移动或复制

选中要移动或复制的单元格，将鼠标指针放到单元格的边缘，当指针变成“+”字形状时，按住左键拖曳鼠标到目标位置即可；若拖曳的同时按住 Ctrl 键，则可以实现复制操作。

2）在不同工作表中移动或复制

选中要移动或复制的单元格或一段单元格区域，按下 Ctrl+C 组合键，切换至目标工作表，按下 Ctrl+V 组合键，则可以实现在不同工作表中单元格的复制操作。

4. 单元格的合并及居中

合并及居中单元格的作用是使多个单元格合并成为一个单元格并使其内容居中显示，先选中要合并的一系列单元格，再通过单击“开始”→“合并”下拉菜单，在级联的“合并后居中”下拉列表实现，如图 5-9 所示。

单元格的合并操作还可以通过“单元格格式”对话框实现，方法为先选中要合并的一系列单元格，单击“开始”→“对齐方式”下拉按钮，或直接单击“开始”→“合并”右下角的灰色斜箭头（对话框启动器按钮），打开“单元格格式”对话框，如图 5-10 所示，在“对齐”选项卡中“水平对齐”下拉列表框中选择“居中”选项，并选中“合并单元格”复选框。

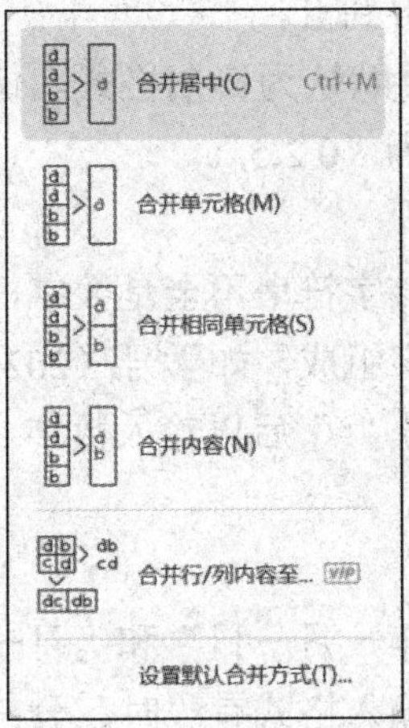

图 5-9 “合并后居中”下拉列表

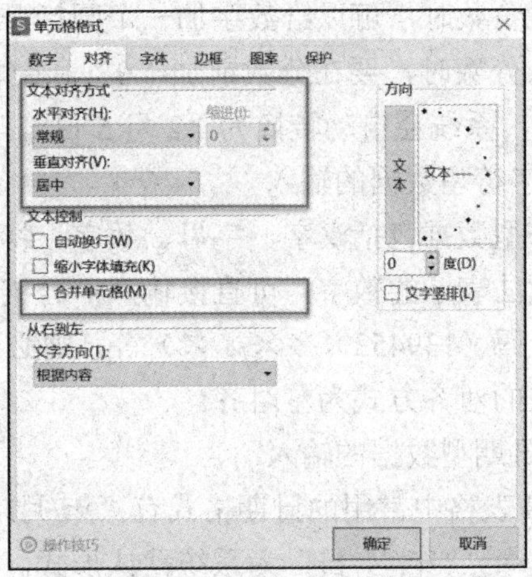

图 5-10 “单元格格式”对话框

5.3 工作表的编辑

单元格是工作表的基本组成元素，工作表的编辑即单元格中数据的输入和修改及单元格的格式设置。

5.3.1 数据的输入和修改

1. 数据的输入

要在某个单元格中输入内容，需先选中这个单元格，此时单元格被激活，名称框中显示该单元格的地址。用户可以在单元格中使用英文或某种中文输入法进行输入，在输入的过程中，状态栏左侧显示为“输入”状态，输入完毕后，按 Enter 键或插入点指向别的单元格，都表示输入完毕。

WPS 表格单元格中数据有类型的区分，因此输入数据时要注意不同数据类型的输入方法，且不同数据类型有不同的对齐方式。不同数据类型之间可以方便灵活地进行转换。

1）数值型数据的输入

数值型数据就是数值常量，即数字，在单元格中直接输入即可。在英文状态下，可以输入任意的正数、负数、百分数和以科学记数法表示的数字。数值型数据默认的对齐方式为右对齐。若输入的数据过长，单元格中将会用一串“#”字符表示，用来提示用户单元格无法显示该数据。此时，可以通过调整列宽使其正常显示，方法是单击“开始”→“行和列”下拉选项（全屏窗口下可直接通过“开始”选项卡选择该选项），选择“列宽”下拉选项，在弹出的“列宽”对话框中输入新的列宽值，或将鼠标指针指向列的分割线处，待指针变成“+”字形状后拖动指针调整列宽。

输入负数时，可以给数字加一个圆括号，如（1），即得到-1。

输入分数时，要在分数前加“0”和空格，否则系统会默认为日期格式。例如，输入“2/5”，系统会自动转换为“2 月 5 日”，正确的输入应为“0 2/5”。

2）字符型数据的输入

字符型数据包括汉字、字母、数字、特殊字符等。若该字符串不全是数字，也不是科学记数法表示的数字，可直接输入；若该字符串全由数字组成，如学号（20250001）和电话号码（139453×××××）等，则必须先输入单引号“'”后再输入数字。字符型数据默认的对齐方式为左对齐。

3）日期型数据的输入

WPS 表格中常用的日期格式有“年/月/日”“月/日”“年－月－日”和“月－日”等形式，其中，“年/月/日”为系统默认形式。时间型数据的输入格式有“时：分：秒”和“时：分”等形式。输入日期型数据时，只输入数字，数字间用日期分隔符分隔即可。例如，输入 2025 年 3 月 10 日，可以只输入“2025-3-10”或“25-3-10”或“2025/3/10”；输入 3 月 10 日，可输入“3/10”或“3-10”。若同时输入日期和时间，则日期和时间之间用一个空格分隔。日期型数据默认的对齐方式为右对齐。

输入系统日期可按 Ctrl+；组合键，输入系统时间可按 Ctrl+Shift+；组合键。

输入数据时的注意事项：①输入方法中的符号，如括号、空格、冒号等都必须在半角、英文状态下输入；②单元格中的数字格式决定 WPS 表格在工作表中显示数字的方式；③当数字长度超出单元格宽度时以科学记数法表示；④输入日期时，如果只输入月和日，WPS 表格就以计算机内部时钟的年份作为默认的年份值；⑤输入时间型数据时，可以只输入时和分，也可以只输入小时数和冒号；⑥工作表中时间或日期的显示方式取决于所在单元格格式的设置。

4）相同数据的输入

要在不同单元格输入相同的数据，可以采用复制的方式，也可以先选中要输入相同内容的单元格，然后在编辑栏中输入数据内容，最后按 Ctrl+Enter 组合键即可。

2. 数据的自动填充

WPS 表格提供了数据自动填充功能，用户可以利用此功能在若干连续单元格中快速填充一组有规律的数据内容，从而增加录入速度，减少工作量。

1）系列数据输入

先在某个单元格或单元格区域输入初始数据，再将鼠标指针指向该单元格右下角的填充柄，此时指针变为实心“+”字形，按住鼠标左键向下或向右拖曳鼠标至填充的最后一个单元格，然后松开左键，就会将选中的单元格内容按照某种规律填充到这些单元中，如果内容没有规律则相当于复制操作，如图 5-11 所示。

填充操作完成后，在填充区域右下角会显示“自动填充选项”下拉按钮，单击后，弹出如图 5-12 所示的下拉列表，用户可以根据实际需要选择某一选项。

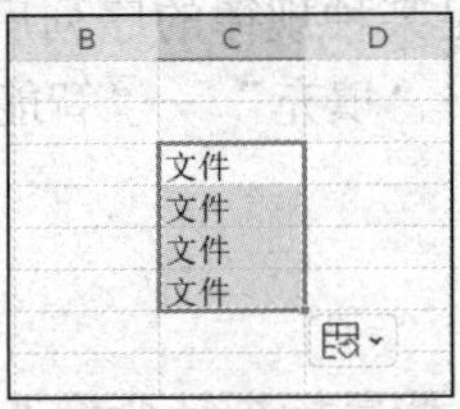

图 5-11　填充柄

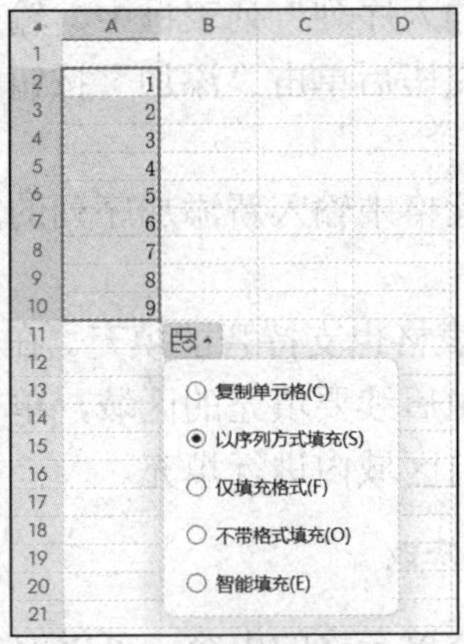

图 5-12　自动填充下拉列表

如果利用填充柄对数据进行有规律地填充，即序列的填充，必须首先选中两个以上有规律的单元格，再进行填充操作。

2）使用“序列”对话框建立序列

（1）选中要填充区域的第一个单元格并输入初始值。

（2）单击“开始”→“填充”下拉按钮，在弹出的“填充”下拉列表中选择“序列”命令，打开“序列”对话框，如图 5-13 所示。

（3）在“序列产生在”选项区域、“类型”选项区域、“步长值”文本框、“终止值”文本框中进行填充方向、数据类型、步长值及终止值等的设置。

（4）设置完成后，单击“确定”按钮，即可完成序列数据的自动填充。

3）自定义序列

系统提供的序列有时不能满足用户的需求，WPS 表格允许用户自定义序列，其操作步骤如下。

（1）选择“文件”→“选项”命令，打开“选项”对话框，选择“自定义序列”选项，如图 5-14 所示，其中显示了系统中已经提供的所有序列。

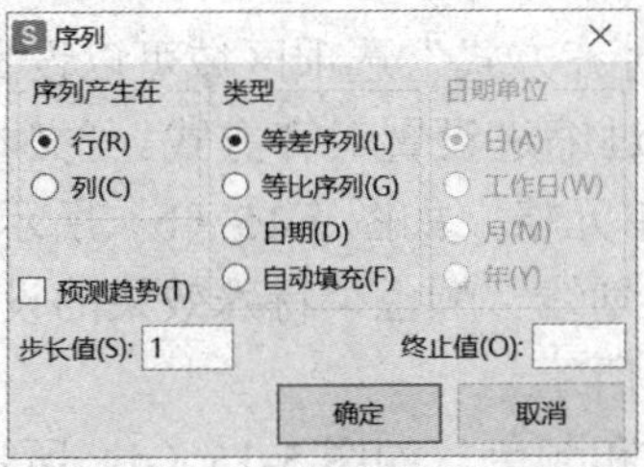

图 5-13 “序列”对话框

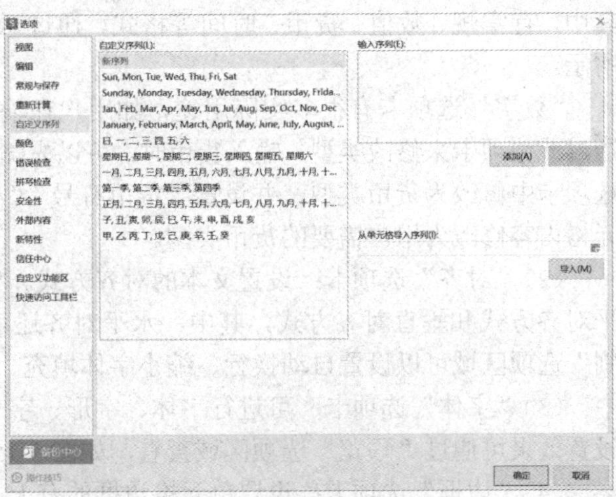

图 5-14 “自定义序列”选项

（2）在“输入序列”列表框中，输入用户要定义的新序列，每项之间按 Enter 键进行分隔，输入完毕后单击“添加”按钮，即把新输入的序列加入左侧的“自定义序列”列表框中。

（3）在单元格中输入新添加序列的第一项，再拖动填充柄，即可实现新序列的填充操作。

（4）WPS 表格也支持智能填充。在输入一些满足某种规律的序列后，包含当前序列的前提下，选中后续要填充的区域，单击“开始”→“填充”→“智能填充”按钮，自动将序列在当前区域内进行填充。

3. 数据的修改

要修改一个单元格的内容，可以双击该单元格，使鼠标指针变为“I”字形，此时系统默认为“插入”状态，用户可以在此状态下进行修改操作；也可以在选中该单元格后，在编辑框内单击，在原有内容中进行修改。

如果选中单元格直接进行修改，则应将原有内容删除，再输入新内容。

5.3.2 单元格的格式设置

设置单元格格式不但可以美化单元格，而且可以突出显示单元格的内容。单元格格式包括输入内容显示格式、边框、底纹和对齐方式等，可以通过“单元格格式”对话框或“开始”选项卡中的功能区域来完成操作。

1. “单元格格式”对话框

选中要设置格式的单元格，单击“开始”→“合并”右下角的灰色斜箭头（对话框启动器按钮），或右击单元格，在弹出的快捷菜单中选择“设置单元格格式”命令，打开“单元格格式”对话框。

（1）“数字”选项卡：将单元格的数值按照指定格式显示，也可以完成数据类型的转换。其中，有常规、数值、货币、时间等格式，通过示例可以看到设置效果，如图 5-15（a）所示。

“数字”选项卡有很多实际用途，如用户在输入“学号”时误输入为数值型，可以通过此选项卡来修改类型；输入货币时，可以先输入数值，然后选中单元格，在“数字”选项卡中修改为货币类型，并设置“货币符号”“小数位数”，系统会自动将所选中的单元格内容修改为用户需要的货币类型。

（2）“对齐”选项卡：设置文本的对齐方式。“文本对齐方式”选项区域可以设置水平对齐方式和垂直对齐方式，其中，水平对齐还可以通过缩进设置对齐方式。“文本控制”选项区域可以设置自动换行、缩小字体填充、合并单元格，如图 5-15（b）所示。

（3）“字体”选项卡：可进行字体、字形、字号、下划线、颜色、特殊效果的设置，设置效果可通过“预览”选项区域查看，如图 5-15（c）所示。

（4）“边框”选项卡：设置单元格边框的有无、样式和颜色，如图 5-15（d）所示。

（5）“图案”选项卡：设置单元格的背景色、图案颜色和图案样式，如图 5-15（e）所示。

（6）“保护”选项卡：有锁定和隐藏两种方式。只有在保护工作表的情况下，锁定或隐藏单元格才能生效，如图 5-15（f）所示。

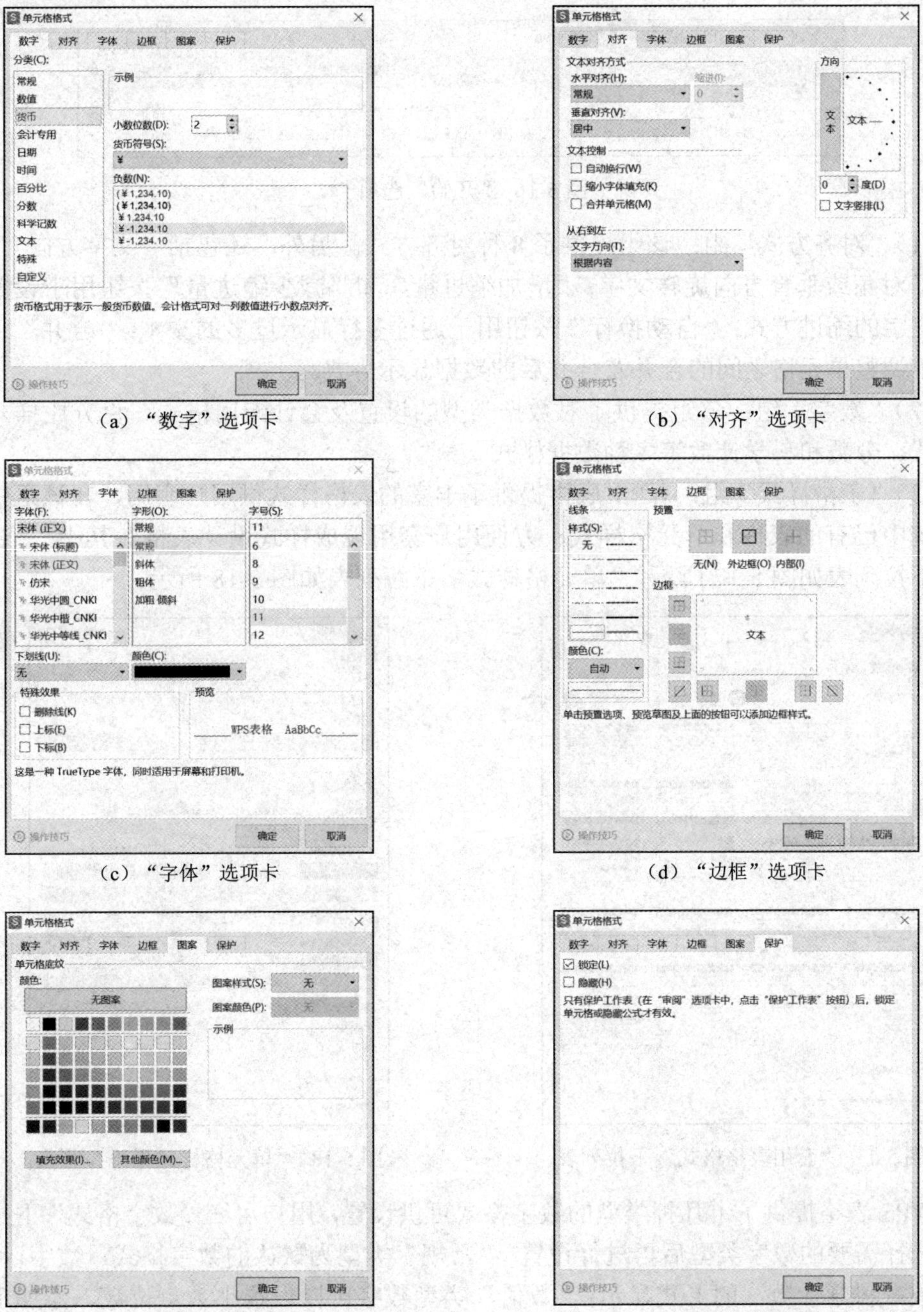

（a）“数字”选项卡　（b）“对齐”选项卡

（c）“字体”选项卡　（d）“边框”选项卡

（e）“图案”选项卡　（f）“保护”选项卡

图 5-15 “单元格格式”对话框

2.“开始”选项卡

单元格格式的设置也可以通过“开始”选项卡中的各功能区中的命令按钮来设置，如图 5-16 所示，除了与 WPS 文字处理软件中相同的字库、字号等设置外，WPS 表格还特有一些设置数据类型和表格样式等功能。

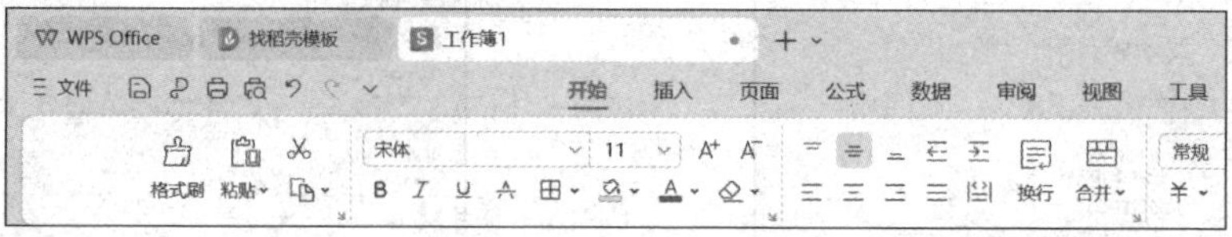

图 5-16 “开始”选项卡

（1）“对齐方式”组：该组提供了 8 种对齐方式。另外，还包括“文字方向”按钮，用于沿对角或垂直方向旋转文字；“增加缩进量”和“减少缩进量”按钮用于设置单元格内文字的缩进方式；“自动换行”按钮用于通过多行显示过多的文本；“合并”下拉按钮用于调整单元格之间的合并及合并后的数据显示方式。

（2）“数字”组：该组提供了对数据类型的设置及会计专用格式、百分比样式、货币样式、分数和科学计数等多种数据格式。

（3）“表格样式”组：WPS 表格提供了丰富的表格样式供用户套用，在该组中提供了系统中已有的表格和单元格样式，方便用户套用现成样式设计表格，其中，“表格样式”下拉列表如图 5-17 所示，“单元格样式”下拉列表如图 5-18 所示。

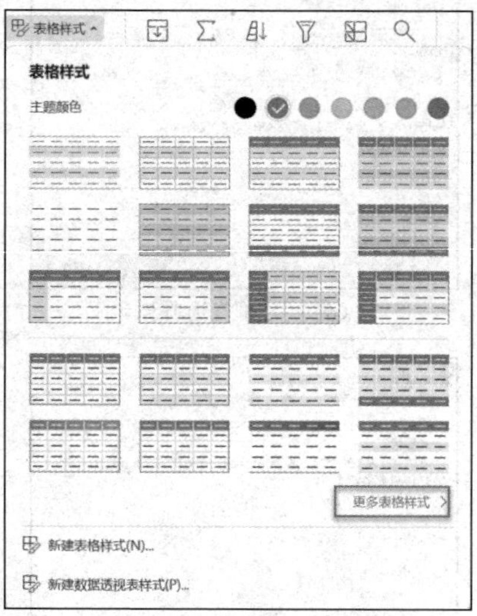

图 5-17 “套用表格格式”下拉列表

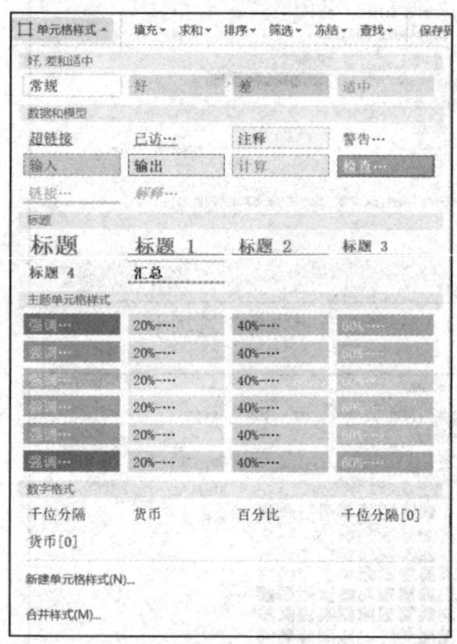

图 5-18 “单元格样式”下拉列表

WPS 表格提供了十几种类型的数字格式可供设置，用户可在“数字格式”下拉列表框中选择需要的数字类型后再进行设置。“常规”类型为默认的数字格式，数字以整数、小数或者科学计数法的形式显示；“数值”类型数字可以设置小数点位数、添加千位分隔符及设置如何显示负数；“货币”类型和“会计专用”类型的数字可以设置小数位、选择货币符号及设置负数的显示形式。

5.4　公式与函数

公式是由运算符和参与计算的运算量组成的表达式，式中可以包含数值、文本、函数及单元格引用，其中，单元格、数据区域既可以是同一工作表、工作簿的，又可以是不同工作表、工作簿的。其中，函数是 WPS 表格预先定义好的一些能完成特殊运算的公式。输入公式时先输入等号（=），然后输入公式的表达式，即公式的格式是“=表达式”。输入公式后，按 Enter 键单元格中显示公式的计算结果，而在编辑栏显示输入的公式，编辑、修改公式的方法和编辑、修改单元格中数据类似。使用公式和函数，不仅可以完成常规的运算，还可以完成复杂的统计及科学计算。

5.4.1　运算符

运算符用于对公式中的元素进行特定类型的运算，包括引用运算符、算术运算符、文本运算符和比较运算符，它们的优先级依次降低。表 5-1 给出了 4 类运算符的说明。

表 5-1　WPS 表格中的运算符

类别	运算符	含义	类别	运算符	含义
引用运算符	:、,	区域、联合	文本运算符	&	连接文本
算术运算符	+、-	加、减	比较运算符	=、<>	等于、不等于
	*、	乘、除		<、>	小于
	%、^	除以 100、乘方		<=、>=	大于

5.4.2　单元格引用

单元格引用用以标识工作表中的一个单元格或单元格区域，在公式中用以指明所使用数据的位置。当单元格引用指明的单元格中的内容发生变化时，使用该引用的公式的结果将随之变化。

（1）单元格引用的方法：在公式中引用单元格或单元格区域的方法如表 5-2 所示。

表 5-2　在公式中引用单元格或单元格区域的方法

引用目标	输入方法	举例
单元格	单元格的列标和行号	B2
单元格区域	该区域左上角单元格引用、冒号和区域右下角单元格引用	B2:D5
不同工作表的单元格区域	单元格引用前加上工作表名及感叹号	Sheet2!A3:B6
不同工作簿中的单元格	工作表前加上工作簿名，并用方括号括起来	[book.xlsx]Sheet2!A3

（2）引用方式：引用方式分为相对引用、绝对引用和混合引用。

① 相对引用：相对引用指向相对于公式所在单元格某一位置处的单元格。表 5-2 中的引用均为相对引用。当该公式被复制时，WPS 表格将根据新的位置自动更新引用的单元格。

② 绝对引用：绝对引用指向工作表中固定位置处的单元格，它的位置与包含公式的单元格的位置无关。在单元格的列标和行号前加上“$”符号即表示绝对引用单元格。

③ 混合引用：混合引用是指在公式中对单元格的引用既包括相对引用，又包括绝对引用。复制这样的公式时，相对引用的部分随公式位置的变化而变化，绝对引用的部分则保持不变。

5.4.3 函数

WPS 表格中的函数是预先定义的、完成一定计算与分析等数据处理任务的特殊公式。以常用的求和函数 SUM 为例，它的语法如下：

```
SUM(number1,number2,)
```

其中，SUM 为函数名称，函数名称后紧跟左括号，接着是用逗号分隔的参数，最后是右括号。函数名称表示函数的功能。在引用函数时，其参数用表达式代替，这个表达式中可以包含常量、单元格引用，也可以包含函数。各函数的参数个数与类型依具体函数而定。

WPS 表格提供了丰富的函数功能，包含数学与三角函数、统计函数、财务函数、时间与日期函数、AI 函数等十三大类数百个函数。

1）函数的输入

对于一些简单的或比较熟悉的函数，可以在单元格中直接输入。例如，要在单元格 A5 中求单元格 A1 到 A4 的数值之和，可以在单元格 A5 中输入“=SUM(A1:A4)”。对于稍复杂一些的公式，则可以利用 WPS 表格提供的插入函数功能输入函数。若要将单元格引用作为参数，还可以用鼠标从工作表中选中单元格或单元格区域。

2）常用函数使用举例

【例 5.1】现有学生成绩表，如图 5-19 所示，要求每名学生 5 门课程的平均分，结果分别存放在 J 列中。

操作步骤如下：选中 J3 单元格，单击“公式”→“插入函数”按钮，打开“插入函数”对话框，选择 AVERAGE 函数，单击“确定”按钮，打开“函数参数”对话框，参照图 5-20 输入函数参数后（有时参数是自动填入的，这是“智能”选择功能；当然可以用鼠标选中要计算对象的单元格区域），在单元格 J3 及编辑栏显示函数的表达式，单击“确定”按钮，在 J3 单元格内产生序号为 1 的学生 5 门课程的平均值。

选中 J3 单元格，拖曳填充柄复制 J3 单元格的内容到 J22，即可以得到 J 列的平均值。这样就计算出了每一行的平均值，正是因为在计算 J3 单元格时（填入函数参数），引用单元格地址使用了相对引用，拖曳过程中计算每一个单元格的数据时，更新了计算对象。如果使用绝对引用或混合引用，J 列的值会出现错误。

序号	班级	学号	姓名	推拿学	中医诊断学	美容中药学	大学英语	中国近现代史纲要	平均分
1	保健养生201201	1202060123	王旭	80	89	65	89	95	84
2	护理201202	1204010234	徐占胜	55	80	70	60	94	73
3	护理201301	1304010116	刘俊宝	92	86	96	72	72	82
4	临床药学201301	1302070101	陈珊珊	54	70	86	81	76	71
5	临床药学201301	1302070102	陈珊珊	78	57	87	72	84	72
6	临床药学201301	1302070103	郑海龙	59	82	70	83	80	73
7	生物制药201301	1302080113	龙云	55	73	95	88	78	76
8	生物制药201301	1302080120	唐莎莎	61	81	70	76	57	68
9	生物制药201301	1302080122	汪艳琪	89	72	84	84	65	78
10	市场营销201301	1305020105	郭楠	91	56	87	74	85	76
11	市场营销201301	1305020115	潘觉禄	91	84	63	95	92	84
12	市场营销201302	1305020125	王亮	96	96	60	71	86	81
13	卫生监督201301	1305070108	郭文超	58	85	72	95	81	76
14	药剂201101	11020400146	谢世东	90	88	91	70	93	85
15	药剂201301	1302040138	张丰源	72	84	81	57	87	75
16	药剂201301	1302040139	张芹阁	83	80	72	82	70	76
17	药事管理201301	1305080120	宋健	89	78	83	79	85	82
18	药事管理201301	1305080133	周褰图	76	57	88	81	70	72
19	药学201001	10020300126	邹伟	84	65	76	72	84	75
20	药学201101	11020300128	王雷	63	96	92	56	87	78

图 5-19　学生成绩表

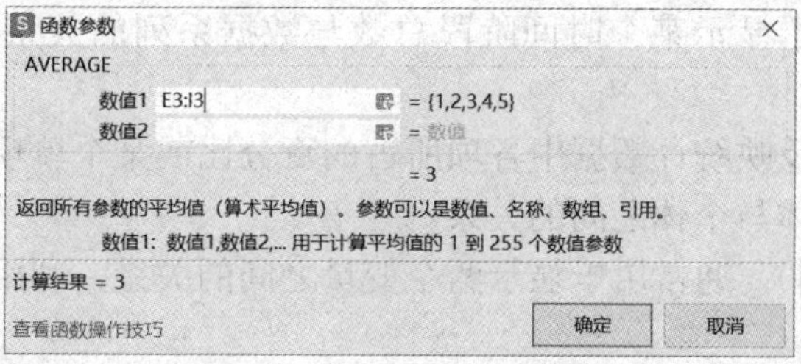

图 5-20 “函数参数”对话框

3）WPS 表格函数功能

图 5-20 下方有函数功能说明栏，可了解当前选中函数的功能，若要查看更具体的实例说明及操作步骤可单击“查看函数操作技巧”链接，在打开的帮助窗口中包括函数功能、语法、说明、示例及具体操作等内容。

4）函数常见的出错信息

当 WPS 表格不能正确计算公式时，将在单元格中显示出错信息，具体含义如表 5-3 所示。

表 5-3　出错信息及原因

错误值	出错原因	错误值	出错原因
#NUM!	公式或函数中使用了无效数字值	#DIV/0!	数字被零（0）除
#N/A	数值对函数或公式不可用	#NAME?	在公式出现无法识别的文本
#VALUE!	参数或操作数类型有错	#REF!	单元格引用无效

5.5 制 作 图 表

WPS 表格能够将电子表格中的数据转换成各种类型的统计图表，更直观地揭示数据之间的关系，反映数据的变化规律和发展趋势，使用户能一目了然地进行数据分析。当工作表中的数据发生变化时，图表会相应改变，不需要重新绘制。

5.5.1 创建图表

WPS 表格提供了多种图表类型，每一类又有若干子类型，并且有很多二维和三维图表的类型可供选择。常用的图表类型有以下几种。

（1）柱形图：用于显示一段时间内数据变化或各项之间的比较情况。柱形图简单易用，是最受欢迎的图表形式。

（2）条形图：可以看作是横放的柱形图，是用来描绘各个项目之间数据差别情况的一种图表，它强调的是在特定的时间点上进行分类和数值的比较。

（3）折线图：将同一数据系列的数据点在图中用直线连接起来，以等间隔显示数据的变化趋势。

（4）面积图：用于显示某个时间阶段总数与数据系列的关系，又称面积形式的折线图。

（5）饼图：能够反映统计数据中各项所占的百分比或某个单项占总体的比例，使用该类图表便于查看整体与个体之间的关系。

（6）XY（散点图）：通常用于显示两个变量之间的关系，利用散点图可以绘制函数曲线。

（7）圆环图：类似于饼图，但在中央空出了一个圆形的空间。圆环图也用来表示各个部分与整体之间的关系，但是可以包含多个数据系列。

（8）组合图：当需要在一个图表中展示多种数据时，组合图可以将不同类型的图表组合在一起。

（9）雷达图：用于显示数据中心点及数据类别之间的变化趋势，可对数值无法表现的倾向分析提供良好的支持。为了能在短时间内把握数据相互间的平衡关系，也可以使用雷达图。

（10）迷你图：是以单元格为绘图区域，绘制出简约的数据小图表。迷你图太小，无法在图中显示数据内容，所以迷你图与表格是不能分离的。迷你图包括折线图、柱形图、盈亏 3 种类型，其中，折线图用于表示数据的变化情况，柱形图用于表示数据间的对比情况，盈亏则可以将业绩的盈亏情况形象地表现出来。

（11）动态图表：是指能够根据数据源的变化自动更新图表内容的图表类型。该图表类型能够更好地呈现数据、方便用户理解数据。

在 WPS 表格中，图表创建快速、简便，只需要选中数据源，单击“插入”→“全部图表”下拉按钮→“全部图表”按钮，在弹出的下拉列表中选择具体的类型即可。

【例 5.2】根据图 5-19 所示的学生成绩表中的姓名、推拿学、中医诊断学、美容中药学 4 列数据产生一个簇状柱形图，如图 5-21 所示。

操作步骤如下。

（1）选中建立图表的数据源，方法为先选中“姓名”列（D2:D22），按住 Ctrl 键，再选中“推拿学”列（E2:E22）、“中医诊断学”列（F2:F22）和“美容中药学”列（G2:G22），如图 5-22 所示。

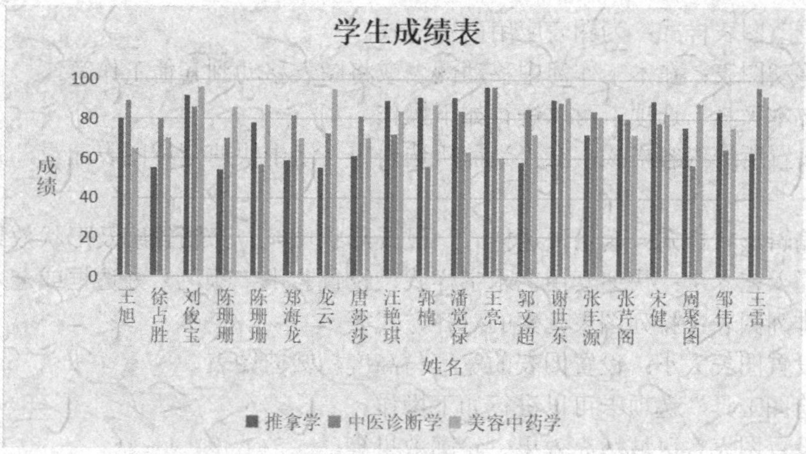

图 5-21　簇状柱形图

学生成绩表

序号	班级	学号	姓名	推拿学	中医诊断学	美容中药学	大学英语	中国近现代史纲要	平均分
1	保健养生201201	1202060123	王旭	80	89	65	89	95	84
2	护理201202	1204010234	徐占胜	55	80	70	60	94	73
3	护理201301	1304010116	刘俊宝	92	86	96	72	72	82
4	临床药学201301	1302070101	陈珊珊	54	70	86	81	76	71
5	临床药学201301	1302070102	陈珊珊	78	57	87	72	84	72
6	临床药学201301	1302070103	郑海龙	59	82	70	83	80	73
7	生物制药201301	1302080113	龙云	55	73	95	88	78	76
8	生物制药201301	1302080120	唐莎莎	61	81	70	76	57	68
9	生物制药201301	1302080122	汪艳琪	89	72	84	84	65	78
10	市场营销201301	1305020105	郭楠	91	56	87	74	85	76
11	市场营销201301	1305020115	潘觉禄	91	84	63	95	92	84
12	市场营销201302	1305020125	王亮	96	96	60	71	86	81
13	卫生监督201301	1305070108	郭文超	58	85	72	95	81	76
14	药剂201101	11020400146	谢世东	90	88	91	70	93	85
15	药剂201301	1302040138	张丰源	72	84	81	57	87	75
16	药剂201301	1302040139	张芹阁	83	80	72	82	70	76
17	药事管理201301	1305080120	宋健	89	78	83	79	85	82
18	药事管理201301	1305080133	周聚图	76	57	88	81	70	72
19	药学201001	10020300126	邹伟	84	65	76	72	84	75
20	药学201101	11020300128	王雷	63	96	92	56	87	78

图 5-22　正确选中建立图表的数据源

（2）单击“插入”→“全部图表”下拉按钮→“全部图表”按钮，在下拉列表中选择“簇状柱形图”预设样式，然后将图表调整至合适位置和大小。

5.5.2　编辑图表

在创建图表之后，还可以对图表进行编辑，包括更改图表类型及选择图表布局和图表样式等，可以通过“图表工具”选项卡中的相应功能来实现。该选项卡在选中图表后便会自动出现，包括三部分，分别是“图表工具”“文本工具”“绘图工具”。

在“图表工具”选项卡中可以进行如下操作。

（1）更改图表类型：重新选择合适的图表。

（2）切换行/列：将图表的 X 轴数据和 Y 轴数据对调。

（3）选择数据：打开“选择数据源”对话框，在其中可以编辑、修改系列和分类轴标签。

（4）设置图表布局：快速套用内置的布局样式。

（5）更改图表样式：为图表应用内置样式。

（6）移动图表：在本工作簿中移动图表或将图表移动到其他工作簿。

在“文本工具”选项卡可以进行如下操作。

（1）设置所选内容格式：在“当前所选内容”组中快速定位图表元素，并设置所选内容格式。

（2）编辑形状样式：套用快速样式，设置形状填充、形状轮廓及形状效果。

（3）插入艺术字：快速套用艺术字样式，设置艺术字颜色、外边框或艺术效果。

（4）排列图表：排列图表元素的对齐方式等。

（5）设置图表大小：设置图表的宽度与高度、裁剪图表。

在“绘图工具”选项卡可以进行如下操作。

（1）设置图表各区域填充效果、轮廓效果等。

（2）添加图表文本框并进行编辑、插入并编辑形状。

（3）对齐图表各对象在该图表中的相对位置。

（4）编辑图表中文字的属性效果。该部分功能与“文本工具”选项卡的主要区别是只需选择图表对象，即可对图表中的所有文字批量修改为同一属性。

（5）选择图表中某个或多个对象进行编辑。

【例 5.3】为例 5.2 中的图表添加图表标题“学生成绩表”，X 轴标题为“姓名”，Y 轴标题为“成绩”，效果如图 5-23 所示。

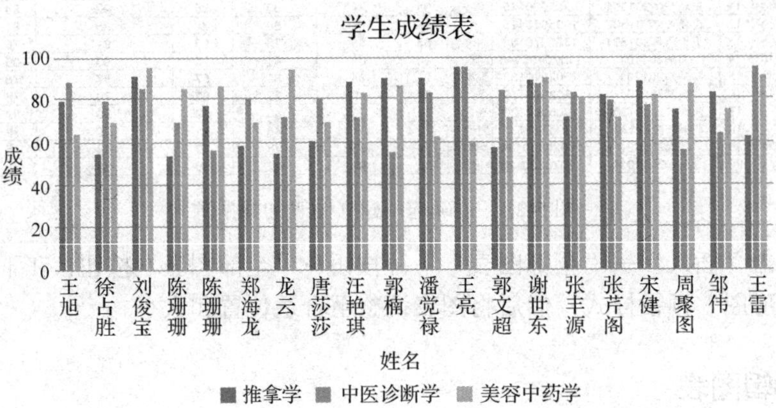

图 5-23 编辑图表

操作步骤如下。

（1）选中图表，单击“图表”→ ，打开“图表元素”下拉列表，在其中选择“图表标题”→“大小与属性”→“垂直对齐方式”→“中部居中”命令。此时，在图表上方的图表标题文本框中输入“学生成绩表”。

（2）选择“坐标轴”→“主要横坐标轴”命令，在出现的坐标轴标题文本框中输入“姓名”。

（3）选择“坐标轴”→“主要纵坐标轴”命令，在出现的坐标轴标题文本框中输入“成绩”。

5.5.3　格式化图表

生成一个图表后，为了获得更理想的显示效果，可以对图表的各个对象进行格式化。这一过程可以通过“图表工具－属性”选项卡中的相应选项来完成，也可以双击要进行格式设置的图表对象，在打开的“设置图表格式”任务窗格中进行设置。

【例 5.4】为例 5.3 中的簇状柱形图的图表标题“学生成绩表”设置填充与线条效果，改变绘图区的背景为纹理填充“纸纹 2”，效果如图 5-24 所示。

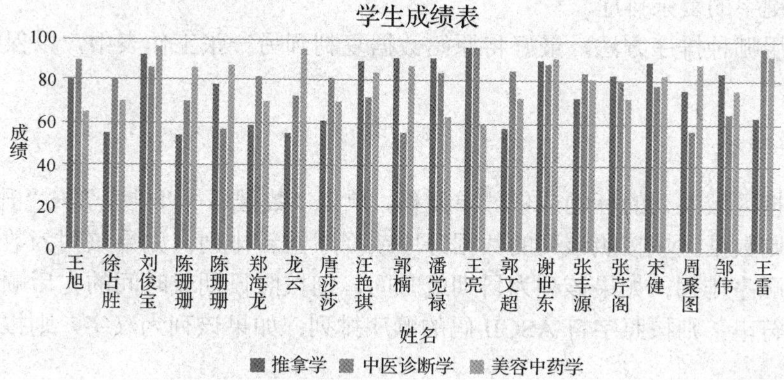

图 5-24　格式化图表效果

操作步骤如下。

（1）选中图表标题，在“图表工具-属性”选项卡“效果”组的颜色中选择一种颜色，这里选择“阴影”→“右下偏移”，“颜色”为“巧克力黄-着色 2”。

（2）将鼠标指针移至绘图区，双击，打开“图表工具”任务窗格，在“填充”下拉列表中选中“纹理填充”单选按钮，在“纹理纹理”右侧列表框中选择“纸纹 2”选项，选中后单击该效果，则默认选中并返回前序页面。

5.6　数据管理和分析

WPS 表格具有数据库管理功能，可以方便地组织、管理和分析大量的数据信息。对于一般的数据表，WPS 表格可以进行排序、筛选、分类和汇总等操作。

WPS 表格的数据管理功能集中在“数据”选项卡，如图 5-25 所示，某些简单的操作也可以通过快捷菜单中的命令实现。通过这些可视化操作，WPS 表格就能完成数据库管理系统中用命令或程序才能实现的操作。

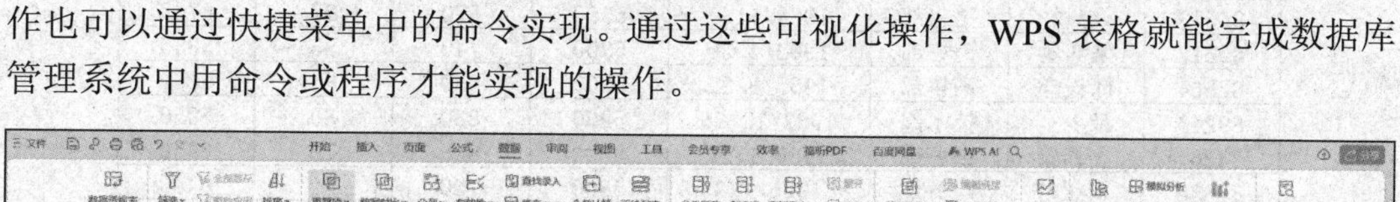

图 5-25　“数据”选项卡

5.6.1 数据排序

数据排序是按照一定的规则对数据进行整理和重新排序，从而为数据的后续工作做好准备。WPS 表格为用户提供了多种数据清单的排序方法，允许用户按一列、多列和行进行排序，也可以按用户自定义的序列进行排序。数据排序有两种方法。

（1）单击“数据”→“排序”→“升序”或“降序”按钮，可以实现简单排序。

（2）单击“数据”→“排序”→“自定义排序”按钮，打开“排序”对话框，可以实现多个关键字的复杂排序。

无论使用哪种排序方法，最好将原始数据复制到另一张工作表中，以保护原来的数据不被破坏。

1. 简单排序

选中数据区域某列的标题或任一单元格，单击“数据”→“排序”→“升序”或“降序”按钮，则数据区域按照该列的数据升序或降序重新排列。如果该列为数值，则按照数值大小的顺序排列；如果该列为日期或时间，则按照日期或时间的先后顺序排列；如果该列为字符串，则按照字符 ASCII 码的顺序排列；如果该列为汉字，则按照拼音的先后顺序排列。

例如，选中“员工工资表”的“实发工资”列，单击“升序”按钮，排序结果如图 5-26 所示。

选中“出生年月”列，单击“升序”按钮，排序结果如图 5-27 所示。

选中“部门”列，单击“升序”按钮，排序结果如图 5-28 所示。

员工工资表							
工号	姓名	部门	出生年月	基本工资	奖金	扣款	实发工资
81630	马啸	技术部	1986/7/1	3700	710	86	4824
89757	李玥瑶	销售部	1989/5/6	3600	690	95	4395
85361	罗春泳	销售部	1981/5/31	3700	760	57	4403
81429	赵雅	销售部	1988/8/4	3900	700	93	4507
86440	韩旭	技术部	1973/9/3	3900	680	78	4602
84643	张薇	财务部	1987/6/8	4100	720	84	4736
96257	郭治辰	财务部	1978/4/16	4100	730	85	4745
82541	胡必坤	技术部	1984/6/30	3900	960	92	4768
84512	刘丽娜	财务部	1980/8/23	4500	600	94	5006
82264	黄琶	技术部	1965/2/29	4600	720	84	5236
81520	王瑞瑞	技术部	1970/1/15	4600	810	76	5334
85492	金宁	技术部	1991/1/21	4900	560	87	5373
87652	张颖峰	技术部	1972/1/26	4700	840	65	5475
81597	何海洋	财务部	1987/6/10	4800	810	70	5540
86573	赵杨	销售部	1984/11/9	5300	570	87	5783
89612	朱奕丞	销售部	1992/4/25	5200	740	85	5855
83564	邱天洋	销售部	1985/8/22	5000	950	81	5869
89243	米少室	技术部	1982/12/20	5200	830	80	5950
84267	衣春荣	销售部	1980/1/29	5600	820	70	6350
87334	刘亚南	财务部	1986/7/9	5800	720	72	6448

图 5-26 按实发工资升序排列

员工工资表							
工号	姓名	部门	出生年月	基本工资	奖金	扣款	实发工资
81520	王瑞瑞	技术部	1970/1/15	4600	810	76	5334
87652	张颖峰	技术部	1972/1/26	4700	840	65	5475
86440	韩旭	技术部	1973/9/3	3900	680	78	4602
96257	郭治辰	财务部	1978/4/16	4100	730	85	4745
84267	衣春荣	销售部	1980/1/29	5600	820	70	6350
84512	刘丽娜	财务部	1980/8/23	4500	600	94	5006
85361	罗春泳	销售部	1981/5/31	3700	760	57	4403
89243	米少室	技术部	1982/12/20	5200	830	80	5950
82541	胡必坤	技术部	1984/6/30	3900	960	92	4768
86573	赵杨	销售部	1984/11/9	5300	570	87	5783
83564	邱天洋	销售部	1985/8/22	5000	950	81	5869
81630	马啸	技术部	1986/7/1	3700	710	86	4824
87334	刘亚南	财务部	1986/7/9	5800	720	72	6448
84643	张薇	财务部	1987/6/8	4100	720	84	4736
81597	何海洋	财务部	1987/6/10	4800	810	70	5540
81429	赵雅	销售部	1988/8/4	3900	700	93	4507
89757	李玥瑶	销售部	1989/5/6	3600	690	95	4395
85492	金宁	技术部	1991/1/21	4900	560	87	5373
89612	朱奕丞	销售部	1992/4/25	5200	740	85	5855
82264	黄琶	技术部	1965/2/29	4600	720	84	5236

图 5-27　按出生年月升序排列

员工工资表							
工号	姓名	部门	出生年月	基本工资	奖金	扣款	实发工资
84643	张薇	财务部	1987/6/8	4100	720	84	4736
96257	郭治辰	财务部	1978/4/16	4100	730	85	4745
84512	刘丽娜	财务部	1980/8/23	4500	600	94	5006
81597	何海洋	财务部	1987/6/10	4800	810	70	5540
87334	刘亚南	财务部	1986/7/9	5800	720	72	6448
81630	马啸	技术部	1986/7/1	3700	710	86	4824
86440	韩旭	技术部	1973/9/3	3900	680	78	4602
82541	胡必坤	技术部	1984/6/30	3900	960	92	4768
82264	黄琶	技术部	1965/2/29	4600	720	84	5236
81520	王瑞瑞	技术部	1970/1/15	4600	810	76	5334
85492	金宁	技术部	1991/1/21	4900	560	87	5373
87652	张颖峰	技术部	1972/1/26	4700	840	65	5475
89243	米少室	技术部	1982/12/20	5200	830	80	5950
89757	李玥瑶	销售部	1989/5/6	3600	690	95	4395
85361	罗春泳	销售部	1981/5/31	3700	760	57	4403
81429	赵雅	销售部	1988/8/4	3900	700	93	4507
86573	赵杨	销售部	1984/11/9	5300	570	87	5783
89612	朱奕丞	销售部	1992/4/25	5200	740	85	5855
83564	邱天洋	销售部	1985/8/22	5000	950	81	5869
84267	衣春荣	销售部	1980/1/29	5600	820	70	6350

图 5-28　按部门升序排列

2. 复杂排序

当参与排序的字段出现相同值时，可使用次要关键字进行多级复杂排序，单击“数据”→“排序”→“自定义排序”按钮，打开如图 5-29 所示的“排序”对话框。

这种排序可以设置多个关键字，每个关键字都可以选择升序或降序。要设置多个排序关键字，则单击“添加条件”按钮，即添加一个次要关键字，在“次要关键字”下拉列表框中选择关键字字段，在“排序依据”下拉列表框中选择排序依据，WPS 表格允许用户按照数值、单元格颜色、字体颜色和单元格图标排序。如果单击“选项”按钮，则打开如图 5-30 所示的“排序选项”对话框。其中，“方向”表示用户也可以通过“数据”→“排序”命令来改变排序的方向（按行）；或设置对汉字按笔画排序，拼音排序等。

若在“排序”对话框中只选择一个关键字，则复杂排序和简单排序的结果相同。

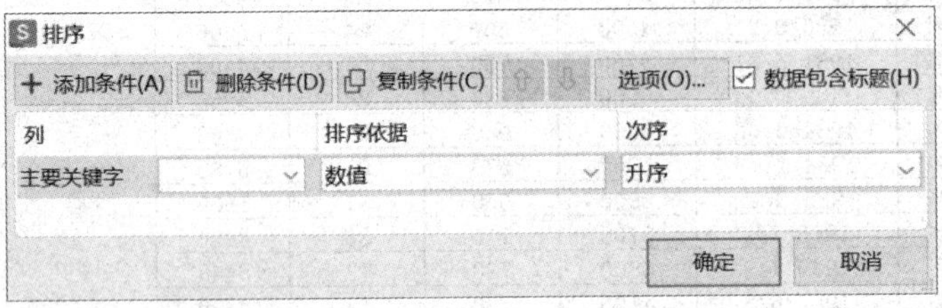

图 5-29 “排序”对话框

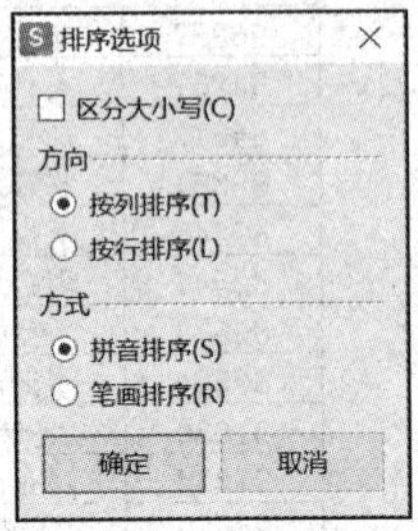

图 5-30 “排序选项”对话框

5.6.2 数据筛选

筛选是根据给定的条件，从数据清单中找出并显示满足条件的记录，并隐藏不满足条件的记录。其中，隐藏的记录并没有被删除，若取消筛选条件，则这些数据就会全部显示出来。WPS 表格提供了 3 个筛选命令，即筛选、高级筛选、快捷筛选。筛选针对简单条件的筛选，高级筛选针对复杂条件的筛选，快捷筛选属于 VIP 功能，实现效果与筛选类似，不再赘述。

与排序相似，在筛选操作之前，也应将数据复制一份，以免破坏原始数据表。

1. 筛选

选中数据清单中的任意一个单元格，单击“数据”→“筛选”按钮，在数据清单中的每一列标题右侧显示一个下拉按钮，称为“筛选”下拉按钮。单击该下拉按钮，弹出下拉列表式的筛选器，数据列不同，选项也不同，如图 5-31 所示。

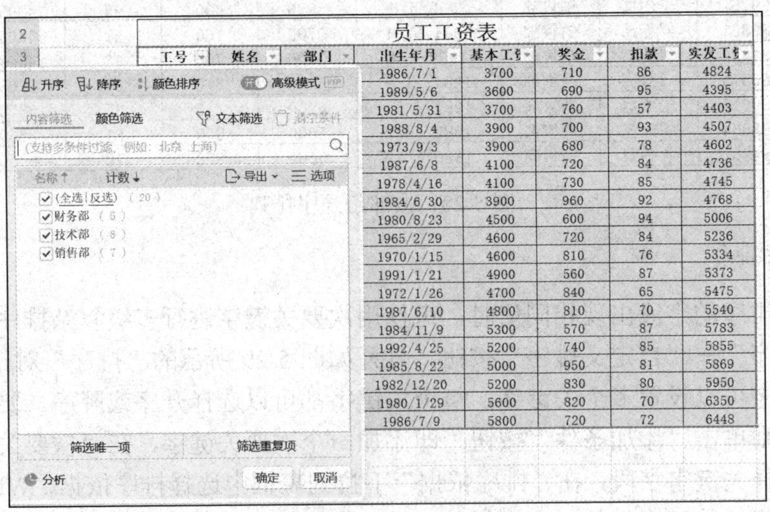

图 5-31 自动筛选

这时若要筛选该列中等于某个值的记录，就可以直接选中该值。例如，要筛选基本工资等于“5800”的记录，选中“5800”复选框即可，则数据区中只显示符合条件的一条记录，其他记录被隐藏；若要再次显示所有数据，则选中“基本工资”下拉列表中的“全选”复选框，单击“确定”按钮即可。若要进行数据筛选，可以选择“数字筛选”命令，在其级联菜单中设置数字筛选的条件。

若从“数字筛选”级联菜单中选择“自定义筛选”命令，则打开“自定义自动筛选方式”对话框，如图 5-32 所示，要求用户输入筛选条件表达式。左侧的下拉列表框中包括“大于或等于”“不等于”等多种条件关系，右侧的下拉列表框为该标题列中的可选值，也可以输入一个确定值。用户可以选择两个条件，它们之间的关系是“与”或“或”。

2. 高级筛选

筛选的特点是在原有的数据区域进行筛选，筛选结果显示在原来的区域，不能明显地看到筛选条件。若需要区分筛选出来的数据和原来的数据，并且能看到条件的表达，就要使用高级筛选功能。在使用高级筛选功能前，需在空白区域写出条件表达式。单击“开始”→“筛选”→“高级筛选”按钮，打开“高级筛选”对话框，如图 5-33 所示，选择数据区域和条件区域，以及选择筛选条件后，单击“确定”按钮即可。

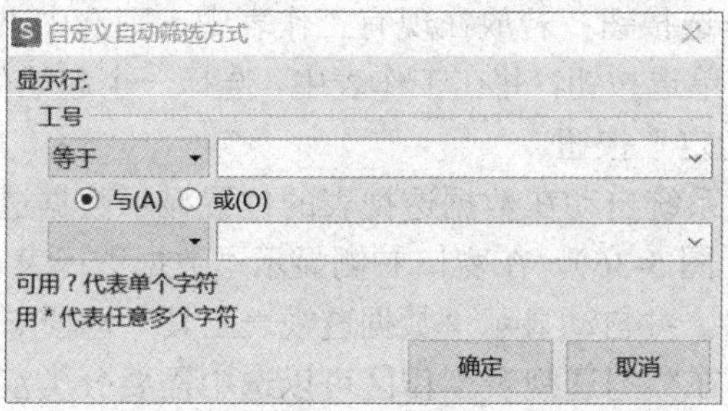

图 5-32 “自定义自动筛选方式”对话框

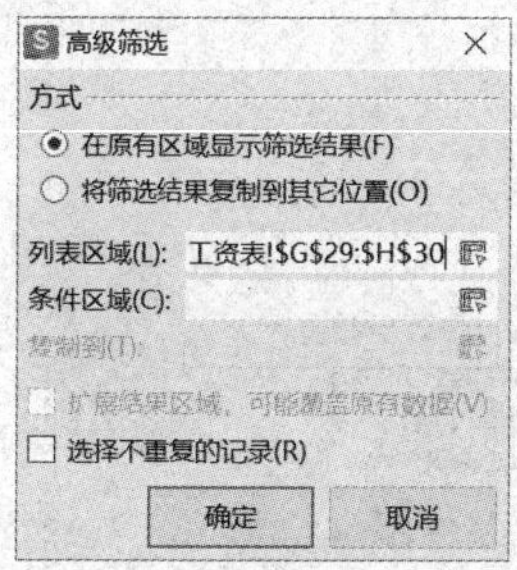

图 5-33 “高级筛选”对话框

5.6.3 数据分类汇总

分类汇总是把数据清单中的数据分门别类地统计处理，进行分类显示。汇总时，用户不需要自己建立公式，WPS 表格会自动对各类别的数据进行求和、求平均值等多种计算，并且显示汇总结果。单击“数据”→“分类汇总”按钮，打开如图 5-34 所示的“分类汇总”对话框。可以实现对数据表进行数值列的汇总计算，在“分类字段”下拉列表框中选择分类字段，在“汇总方式”下拉列表框中选择汇总方式，在“选定汇总项”下拉列表框中选择汇总的字段。

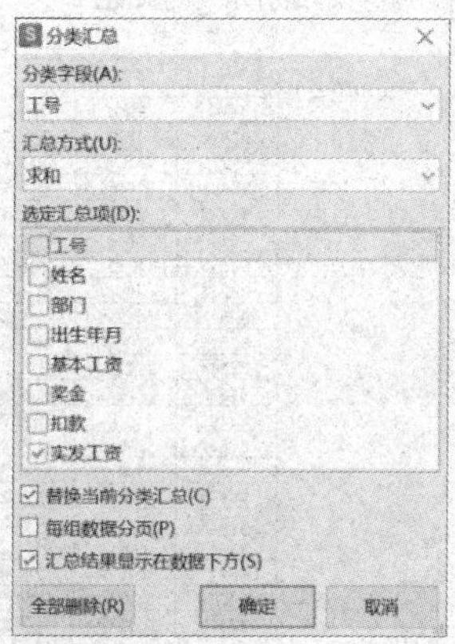

图 5-34 “分类汇总”对话框

分类汇总操作时数据清单中一定包含标识行，并且必须先对要分类汇总的字段进行排序，以保证分类汇总的正确性。

如果要清除分类汇总返回数据清单的初始状态，则在“分类汇总”对话框中单击“全部删除”按钮。如果分类汇总后没有其他操作，也可以通过单击“取消”按钮来恢复。

5.6.4 数据透视表

数据透视表是用于快速汇总大量数据的交互式表格，与分类汇总操作的区别是可以进行多个字段分类汇总。用户可以选择其行或列以查看源数据的不同汇总方式。数据透视表的使用是比较复杂的操作，但通过 WPS 表格中的“创建数据透视表”对话框，用户可以方便快捷地创建数据透视表，其操作步骤如下。

图 5-35 “创建数据透视表”对话框

（1）选中数据清单中的任意一个单元格。

（2）单击“插入”→“数据透视表”按钮，打开“创建数据透视表”对话框，如图 5-35 所示。返回工作表窗口，选择要创建数据透视表的数据区，则“表/区域”文本框中的数据区变为所选数据区的范围；在“请选择放置数据透视表的位置”选项区域中，选择数据透视表放置的位置，如要放在新工作表中，则选中“新工作表”单选按钮；若放在现有工作表中，则选中“现有工作表”单选按钮，并在工作表中，选择一个起始位置，单击“确定”按钮。

（3）系统自动在数据透视表的位置显示数据透视表工作区（图 5-36），在窗口右侧显示“数据透视表字段”任务窗格，并自动显示“数据透视表工具”选项卡。

（4）在数据透视表工作区可以选中需要分类汇总的字段到数据透视表的行或列，也可以利用“数据透视表”选项卡进行各种有关数据透视表的操作。

如果要删除数据透视表，则选中数据透视表，单击“数据透视表-分析”→“清除”按钮，在弹出的“清除”下拉列表中选择“全部清除”命令或直接单击“数据透视表-分析”→“删除”按钮。

员工工资表

工号	姓名	部门	出生年月	基本工资	奖金	扣款	实发工资
81630	马啸	技术部	1986/7/1	3700	710	86	4824
89757	李玥瑶	销售部	1989/5/6	3600	690	95	4395
85361	罗春泳	销售部	1981/5/31	3700	760	57	4403
81429	赵雅	销售部	1988/8/4	3900	700	93	4507
86440	韩旭	技术部	1973/9/3	3900	680	78	4602
84643	张薇	财务部	1987/6/8	4100	720	84	4736
96257	郭治辰	财务部	1978/4/16	4100	730	85	4745
82541	胡必坤	技术部	1984/6/30	3900	960	92	4768
84512	刘丽娜	财务部	1980/8/23	4500	600	94	5006
82264	黄璐	技术部	1965/2/29	4600	720	84	5236
81520	王瑞瑞	技术部	1970/1/15	4600	810	76	5334
85492	金宁	技术部	1991/1/21	4900	560	87	5373
87652	张颖峰	技术部	1972/1/26	4700	840	65	5475
81597	何海洋	财务部	1987/6/10	4800	810	70	5540
86573	赵杨	销售部	1984/11/9	5300	570	87	5783
89612	朱奕丞	销售部	1992/4/25	5200	740	85	5855
83564	邱天洋	销售部	1985/8/22	5000	950	81	5869
89243	米少室	技术部	1982/12/20	5200	830	80	5950
84267	衣春荣	销售部	1980/1/29	5600	820	70	6350
87334	刘亚南	财务部	1986/7/9	5800	720	72	6448

图 5-36 “数据透视表”工作区

第 6 章　WPS 演示文稿制作

本章主要介绍 WPS Office 办公软件中的演示文稿制作。用户可以在投影仪或者计算机上进行演示，也可以将演示文稿打印出来，以便应用到更广泛的领域中。WPS 演示文稿制作功能界面友好、简单易学。无论是初学者还是老用户，通过 WPS Office 提供的智能向导及丰富的模板，都能很容易地制作具有专业水平的演示文稿。

6.1　WPS 演示文稿概述

6.1.1　WPS 演示文稿的基本功能

WPS 演示是一款功能强大的演示文稿制作工具。无论是演示方案、介绍一种新产品，还是做报告或作为教学课件，只要事先使用 WPS 演示做一个演示文稿，就会使阐述过程简单明了，轻松翔实，实现更有效的沟通。通过 WPS 演示可以制作出图文并茂、色彩丰富、生动形象并且具有极强表现力和感染力的宣传文稿、演讲文稿、幻灯片等，主要用于演讲、报告和教学等场合。WPS 演示兼容微软 PowerPoint 格式，支持跨平台使用，为用户提供了全新的多媒体体验。切换效果和动画运行起来较为平滑和丰富，并且在功能区中有独立的选项卡。

6.1.2　WPS 演示文稿的创建与退出

1. 创建演示文稿

单击窗口左上角的 WPS Office，单击“新建”按钮，选择“演示”图标，如图 6-1 所示，在弹出的窗口中选择“空白演示文稿”命令。

2. 退出演示文稿

当编辑好演示文稿以后，需要保存退出。可以选择“文件”→“退出”命令，也可以直接单击 WPS 演示窗口标题栏右上角的“关闭”按钮，还可以使用 Alt+F4 组合键退出 WPS 演示。

图 6-1　创建演示文稿

6.1.3　窗口的组成

WPS 演示窗口主要用于编辑幻灯片的总体结构，既可以编辑单张幻灯片，又可以编辑大纲。WPS 演示的窗口进行了功能区域的划分，如图 6-2 所示。下面对各功能区域做简要介绍。

图 6-2　WPS 演示窗口

1．标题栏

标题栏位于窗口的顶部，它显示的是应用软件名称和当前的演示文稿名称。如果没有保存演示文稿，标题栏显示的是通用的默认名（演示文稿 1）。标题栏右侧包括“功能区显示选项”“最小化”“还原/最大化”“关闭”按钮。

2．选项卡和功能区

制作幻灯片时需要用到的命令均位于功能区的各个选项卡中。功能区主要包括“开始”选项卡、“插入”选项卡、“设计”选项卡、“切换”选项卡、“动画”选项卡、“放映”选项卡、“审阅”选项卡、“视图”选项卡、“工具”选项卡。

（1）“开始”选项卡：使用“开始”选项卡可插入新幻灯片及设置文本等。

（2）“插入”选项卡：使用“插入”选项卡可将表格、图片、图表、页眉/页脚、艺术字、音频、视频等插入演示文稿中。

（3）“设计”选项卡：使用“设计”选项卡可自定义演示文稿的主题、颜色字体、页面设置。

（4）“切换”选项卡：使用“切换”选项卡可对当前幻灯片设置切换效果。

（5）“动画”选项卡：使用“动画”选项卡可对幻灯片上的对象应用、更改或删除动画效果。

（6）“放映”选项卡：使用“放映”选项卡可开始幻灯片放映、自定义幻灯片放映等。

（7）“审阅”选项卡：使用“审阅”选项卡可检查拼写、设置批注等。

（8）“视图”选项卡：使用“视图”选项卡可以设置、查看幻灯片母版，切换演示文稿视图，打开或关闭标尺、网格线和参考线等。

（9）“工具”选项卡：使用“工具”选项卡可以运行宏、选择 COM 加载项、WPS 加载项及实现图片的批量导出、压缩、改尺寸和加水印等批量处理操作。

3. 编辑区

编辑区用来显示正在编辑的演示文稿。

（1）幻灯片窗格：可以直接对幻灯片进行编辑。

（2）占位符：一种带有虚线或阴影线边缘的框线，可以在其中输入文本或插入其他元素。

（3）“幻灯片”选项卡：显示幻灯片窗格中的每个缩略图。

（4）备注窗格：可以输入幻灯片的备注，播放演示文稿时查看。

4. 状态栏

状态栏位于窗口的左下角，用来显示正在编辑的演示文稿的相关信息。如果在“幻灯片浏览”视图中，则显示视图模板的名称；如果在普通视图中，则显示当前幻灯片的编号，并显示整个演示文稿中幻灯片的数量。

5. 视图按钮

通过视图按钮可以根据要求更改演示文稿的显示模式。

（1）“普通视图”按钮：切换到普通视图，可以同时显示幻灯片、大纲和备注。

（2）“幻灯片浏览”按钮：切换到“幻灯片浏览”视图，显示演示文稿中所有幻灯片的缩略图、完整的文本和图片。

（3）“阅读视图”按钮：非全屏模式下放映幻灯片。

（4）“幻灯片放映”按钮：运行幻灯片放映。

6.2　WPS 演示文稿基本操作

6.2.1　新建演示文稿

WPS 演示提供了多种创建演示文稿的方法，可以新建空白演示文稿，再添加文本、表格、图表等其他对象；也可以使用设计模板或根据现有内容新建演示文稿，在创建的时候就可以为演示文稿确定主题等。无论选择哪一种方式，在演示文稿创建之后，都可以任意进行编辑修改。

1. 新建空白演示文稿

在创建演示文稿的基础上，如果想要另外创建一个新的空白演示文稿，则选择“文件”→“新建”命令，进入如图 6-3 所示的“新建”界面。新建演示文稿默认为“空白演示文稿”，单击“+”图标，即可新建一个空白的演示文稿。

图 6-3 “新建”界面

2. 使用模板创建演示文稿

使用 WPS 演示创建演示文稿时，通过主题模板功能能够快速地美化和统一每张幻灯片的风格，对于新手来说这是一个快捷的方法。WPS 演示提供了许多主题模板供用户选择，使用主题模板创建演示文稿的结构方案，包括色彩、背景对象、文本格式和幻灯片版式等，这样在输入演示文稿内容时就能看到其设计方案。使用主题模板设计幻灯片时，首先选择“文件”→“新建”命令，然后在右侧“新建”界面中选择本机上的模板、从默认模板新建或从稻壳模板新建，如图 6-4 所示。选中某一主题后，就可以建立新的演示文稿并应用该主题设计幻灯片。

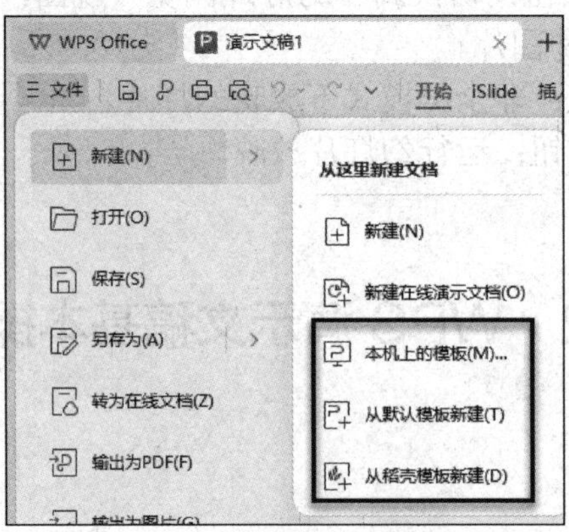

图 6-4 选择主题模板

6.2.2　插入和删除幻灯片

用户在新建了一个演示文稿后，就可以在“幻灯片浏览”视图中查看幻灯片的布局，检查前后幻灯片是否符合逻辑，根据需要可进行调整和编辑。

1．选择幻灯片

在普通视图下的幻灯片窗格中，显示了幻灯片的缩略图列表。此时，单击某一张幻灯片的缩略图，即可选择该幻灯片。例如，在幻灯片缩略图列表中单击选中了第 5 张幻灯片，被选中的幻灯片的边框呈高亮显示，如图 6-5 所示。

图 6-5　选择幻灯片

（1）如果想要选择一组连续的幻灯片，可以先单击第 1 张幻灯片的缩略图，然后按住 Shift 键再单击最后一张幻灯片的缩略图，即可将一组连续的幻灯片全部选中。也可以使用快捷键 Ctrl+A 选择全部幻灯片。

（2）如果要选择多张不连续的幻灯片，可按住 Ctrl 键，分别单击需要选择的目标幻灯片缩略图。

2．插入幻灯片

在幻灯片缩略图列表中选择要插入新幻灯片位置之前的幻灯片。例如，要在第 1 张和第 2 张幻灯片之间插入新幻灯片，则先选中第 1 张幻灯片。如果想要按照用户的要求插入幻灯片，则需要展开“新建幻灯片”下拉列表，如图 6-6 所示。“从版式新建”列表中给出了各种内置幻灯片版式，单击某种版式，就会应用该版式建立一张新的幻灯片。版式指的是幻灯片内容在幻灯片中的排列方式，是 WPS 演示中的一种常规排版格式，包含要在幻灯片上显示的全部内容的格式设置、位置和占位符。

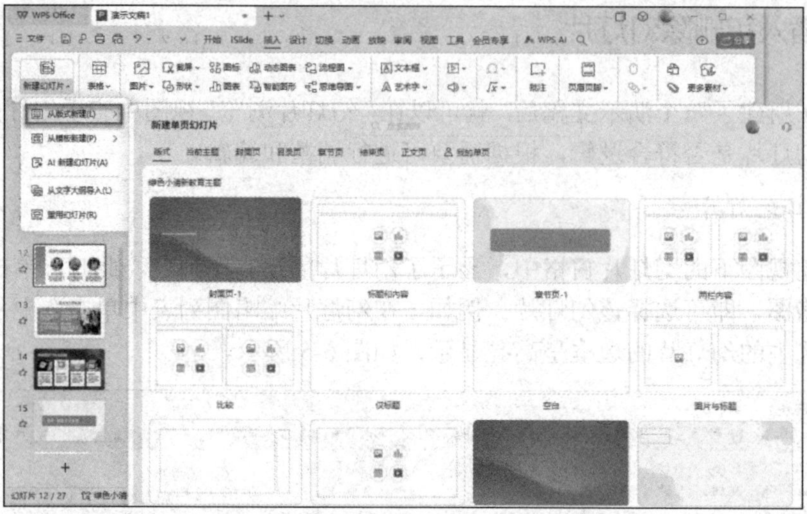

图 6-6 “新建幻灯片”下拉列表

占位符是一种带有虚线或阴影线边缘的框。在占位符内可以放置标题及文本，还可以放置表格、图表、形状、影片、声音、图片及剪贴画等对象。通过幻灯片版式的应用，可以对上述对象实现更加合理、简洁的布局。

“新建幻灯片”列表中两个命令的功能如下。

（1）从文字大纲导入：选择该命令，就会打开如图 6-7 所示的“插入大纲”对话框。如果选择了指定类型的某个文件，就会依据该文件的内容生成若干张幻灯片。

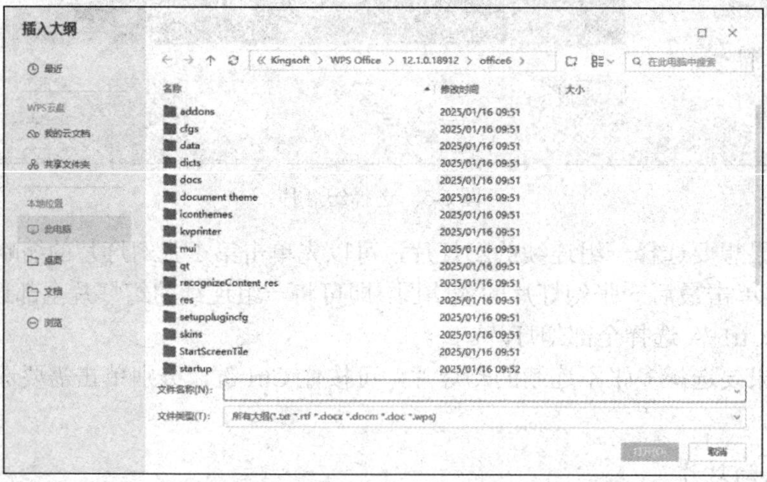

图 6-7 “从文字导入大纲”对话框

（2）重用幻灯片：选择该命令，就会打开“重用幻灯片”任务窗格，如图 6-8 所示，浏览并打开指定的演示文稿文件。在“重用幻灯片”任务窗格的幻灯片列表中单击某张幻灯片，就会把此张幻灯片插入当前编辑的演示文稿中。如果想要插入列表中的所有幻灯片，则需在幻灯片列表处右击，在弹出的快捷菜单中选择“插入所有幻灯片”命令，完成操作，如图 6-9 所示。

3. 删除幻灯片

在幻灯片缩略图列表中右击某一张幻灯片的缩略图，如图 6-10 所示，在弹出的快捷菜单中选择“删除幻灯片”命令即可。

如果要删除多张幻灯片，则利用 Ctrl 或 Shift 键选择多张后执行上述删除操作。

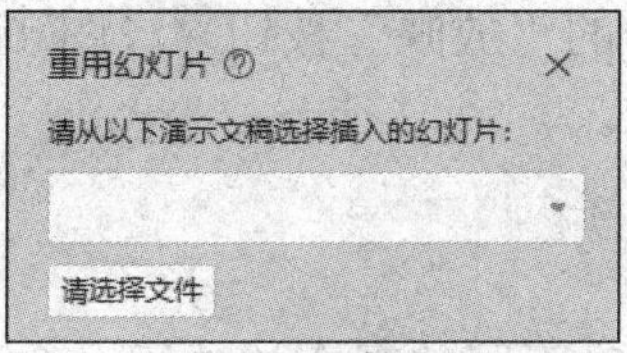

图 6-8 “重用幻灯片”任务窗格

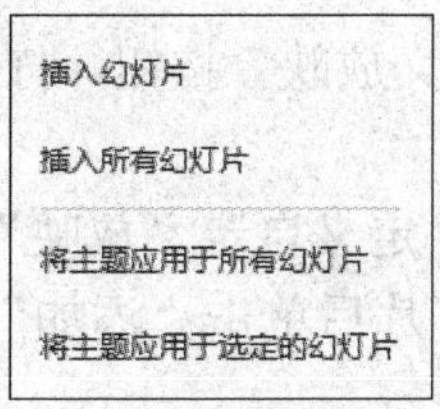

图 6-9 选择“插入所有幻灯片”命令

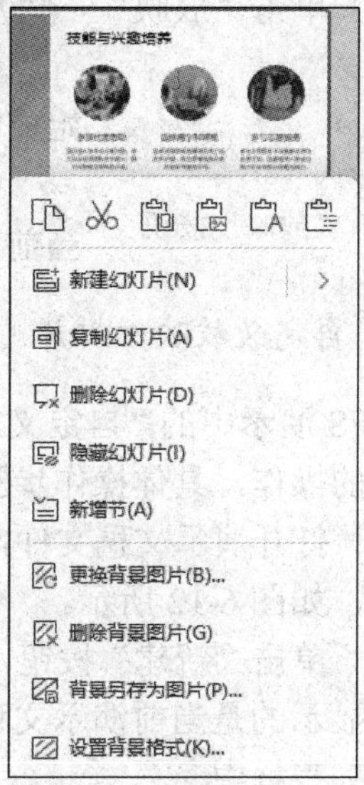

图 6-10 某幻灯片缩略图

6.2.3 复制和移动幻灯片

1. 复制幻灯片

如果想要将幻灯片复制到任意位置，需要在幻灯片浏览视图中使用“开始”选项卡中的“复制”按钮与“粘贴”按钮，具体操作步骤如下。

（1）选择要复制的幻灯片。

（2）单击“开始”→“复制”按钮。

（3）将插入点置于目标位置，然后单击“粘贴”按钮。

上述操作，可结合右键快捷菜单中的“复制”和“粘贴”命令完成。

2. 移动幻灯片

首先选择要移动的幻灯片，单击“开始”→“剪切”按钮，或右击，在弹出的快捷菜单中选择“剪切”命令。然后，在幻灯片的目标位置处单击，单击“开始”→“粘贴”按钮，或右击，在弹出的快捷菜单中选择“粘贴”命令。如果需要移动多张幻灯片，则重复执行上述操作。

如果需要同时移动、复制或删除多张幻灯片，那么在幻灯片浏览视图中进行操作最为方便。选择幻灯片后，直接按住鼠标左键不放，拖动到相应位置后释放鼠标，即完成幻灯片的移动操作；如果在选择幻灯片后直接按 Delete 键，即可删除幻灯片。

6.2.4 放映幻灯片

1. 幻灯片放映方法

（1）单击“放映”→“从头开始”按钮，或直接按 F5 键，即可从头放映幻灯片。

（2）单击“放映”→“当页开始”按钮，即可从当前位置开始放映幻灯片。

图 6-11 “放映”按钮

（3）单击窗口右下角的“放映”按钮（图 6-11），也可从当前位置开始放映幻灯片。

2. 自定义放映幻灯片

WPS 演示中的“自定义放映”功能可以实现对不同的观众放映同一个演示文稿中不同内容的操作，具体操作步骤如下。

（1）打开演示文稿文件，单击“放映”→“自定义放映”按钮，打开“自定义放映”对话框，如图 6-12 所示。

（2）单击“新建”按钮，打开如图 6-13 所示的“定义自定义放映”对话框。左侧列表框中显示的是当前演示文稿中的幻灯片，选择幻灯片后单击“添加”按钮，将其添加到右侧列表框中。

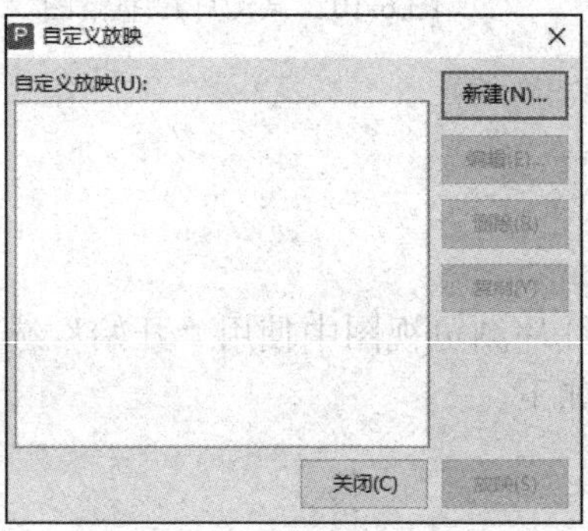

图 6-12 “自定义放映”对话框

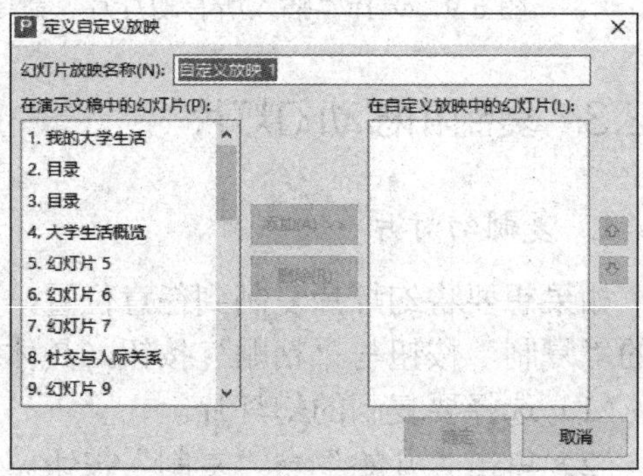

图 6-13 “定义自定义放映”对话框

（3）“定义自定义放映”对话框右侧列表框中的幻灯片构成了自定义放映的幻灯片序列，可通过单击其右侧的或按钮调整幻灯片放映顺序。将幻灯片放映名称由默认的“自定义放映 1”改成需要的名称后，单击“确定”按钮，返回“自定义放映”对话框。

（4）在“自定义放映”对话框中选择之前定义的放映名称后单击“放映”按钮，如图 6-14 所示，即可实现自定义放映。

3. 设置幻灯片放映方式

单击“放映”→“放映设置”→“设置幻灯片放映”按钮，打开如图 6-15 所示的“设置放映方式”对话框。

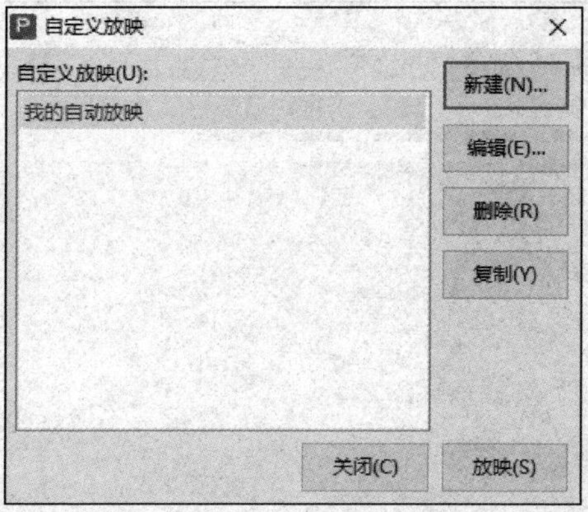

图 6-14　单击“放映”按钮

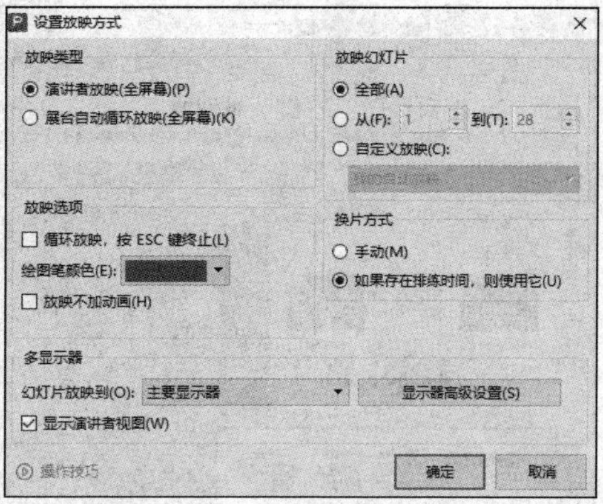

图 6-15　“设置放映方式”对话框

在其中可以选择放映类型、放映选项、换片方式、选择全部或部分幻灯片放映。其中，放映类型有两种。

（1）演讲者放映（全屏幕）：可全屏显示演示文稿中的每张幻灯片，用户具有完全的控制权，可以手动换片。

（2）展台自动循环放映（全屏幕）：此种放映方式下，WPS 演示会自动选中“循环放映，按 ESC 键终止”复选框，且无法更改。

6.3　幻灯片的视图

视图是指在 WPS 演示窗口中查看幻灯片的方式。同时，在视图中可方便地进行幻灯片的移动、复制和删除，以及文本的移动、复制和删除。为了便于用户以不同的方式观看自己设计的幻灯片，WPS 演示提供了多种视图模式，可以帮助用户创建演示文稿，包括普通视图、幻灯片浏览视图、备注页视图、阅读视图和母版视图，每种视图各有所长，不同的视图方式适用于不同的场合。下面介绍各视图模式的主要功能。

1. 普通视图

打开 WPS 演示窗口时，默认的视图就是普通视图，同时在窗口左侧显示幻灯片缩略图列表。普通视图是主要的编辑视图，用于设计演示文稿，如图 6-16 所示。

2. 幻灯片浏览视图

单击“视图”→“幻灯片浏览”按钮，切换到幻灯片浏览视图，如图 6-17 所示。幻灯片浏览视图是以缩略图形式显示幻灯片的视图。结束创建或编辑演示文稿后，幻灯片浏览视图则显示整个演示文稿的所有缩略图，使重新排列、添加或删除幻灯片及预览切换都更加便捷。

图 6-16　普通视图

图 6-17　幻灯片浏览视图

3. 备注页视图

备注文本可以在普通视图中为幻灯片添加，也可以在备注页视图中添加，二者的区别在于：在普通视图的备注窗格中只能添加文本内容，而在备注页视图中还可以插入图片。具体操作如下：单击“视图”→“备注页”按钮，即切换到备注页视图，备注页上半部分显示幻灯片，下半部分显示备注的内容，如图 6-18 所示。

图 6-18　备注页视图

4. *阅读视图*

单击“视图”→“阅读视图”按钮，切换到阅读视图。在阅读视图下，演示文稿中幻灯片的内容以全屏的方式显示，就像对演示文稿在进行真正的幻灯片放映，用户所看到的演示文稿就是在实际放映时看到的效果。

5. *母版视图*

母版视图包括幻灯片母版、讲义母版和备注母版。它们是存储有关显示文稿信息的主要幻灯片，其中包括背景、颜色、字体、效果、占位符大小和位置等。使用母版视图的一个主要优点：在幻灯片母版、备注母版或讲义母版上都可以对与演示文稿关联的每个幻灯片、备注页或讲义的样式进行全局更改。

6.4　幻灯片对象的插入

在幻灯片中可以插入图片、艺术字、表格、图表等，以丰富演示文稿的视觉效果。

6.4.1　插入图片

插入图片的方法如下：单击“插入”→“图片”→“本地图片”按钮，打开“插入图片”对话框，如图 6-19 和图 6-20 所示，找到需要插入的图片，选中后单击“插入”按钮即可将所选图片插入幻灯片。

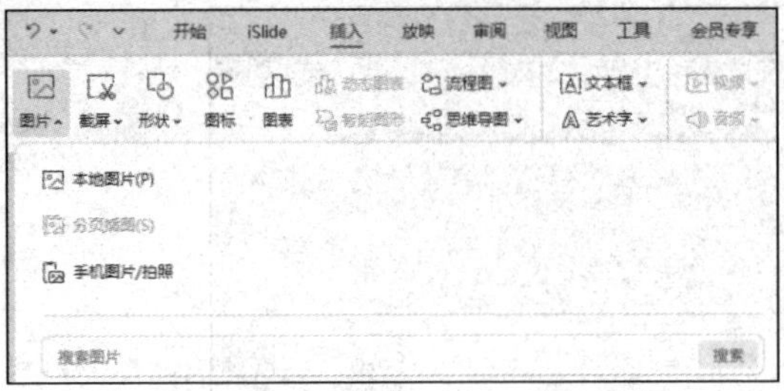

图 6-19 单击“插入”→“图片”→“本地图片”按钮

图 6-20 “插入图片”对话框

6.4.2 插入艺术字

艺术字经常被使用在幻灯片的标题中，具体操作方法如下。

选中标题文字，单击“插入”→“艺术字”按钮，在下拉列表中选择艺术字样式。选中艺术字，自动打开“文本工具－格式”选项卡，可以根据需要设置艺术字样式、文本填充、文本轮廓、文本效果等。

6.4.3 插入表格

在幻灯片中插入表格可以更清楚地呈现数据内容，插入表格的具体操作方法如下。

（1）单击“插入”→“表格”按钮，在下拉列表中选择行数与列数即可插入一个表格。

（2）单击“插入”→“表格”按钮，在下拉列表中选择“插入表格”命令，打开“插入表格”对话框，如图 6-21 所示，输入行数与列数后单击“确定”按钮即可插入表格，然后输入相应内容。

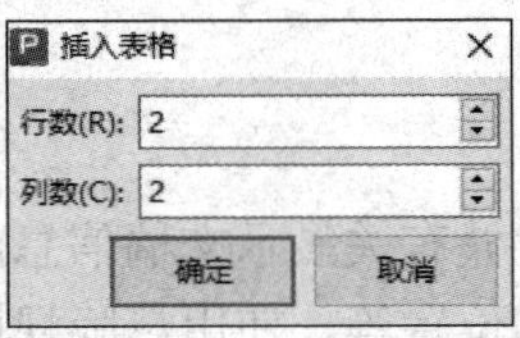

图 6-21 “插入表格”对话框

6.4.4 图表的插入与编辑

在演示文稿中需要呈现数据的变化及规律时，可以使用图表。下面介绍在幻灯片中插入图表的 3 种方式。

1. 创建图表幻灯片

创建图表幻灯片的具体操作步骤如下。

（1）新建一个幻灯片并应用插入图表的版式，如图 6-22 所示。

（2）单击内容占位符上的“插入图表”按钮，打开“图表”窗口，如图 6-23 所示，选择一种图表样式，插入图表后在缩略图栏中自动出现添加的图表样式。

（3）若要替换示例表数据，则直接在表格中输入所需的信息即可。

（4）若要对图表进行设置，双击图表占位符可以在窗口右侧打开图表编辑工具栏。

图 6-22 新建幻灯片并应用插入图表的版式

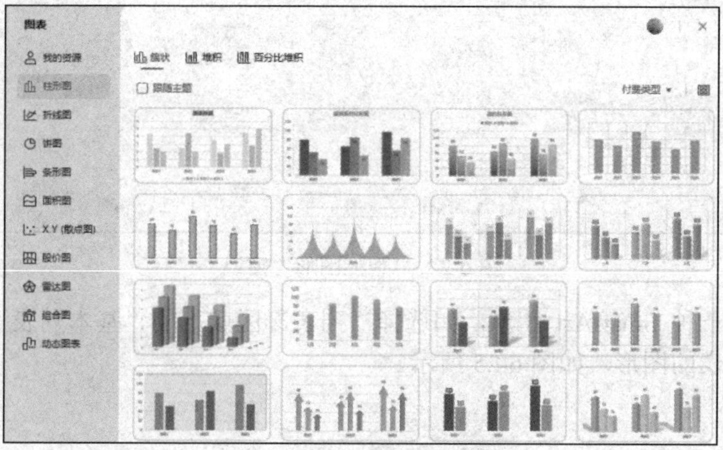

图 6-23 “图表”窗口

2. 向已有幻灯片添加图表

向已有幻灯片添加图表的操作步骤如下。

（1）在幻灯片窗格中打开要插入图表的幻灯片。

（2）单击“插入”→“图表”按钮，即可启动图表程序，打开“图表”窗口，插入图表。图表插入后，可以根据需要进行移动和调整。

3. 使用来自表格的图表

用户可以将现有的表格图表直接导入 WPS 演示，其方法非常简单，直接将图表从表格窗口复制到 WPS 演示文稿的幻灯片中即可。

6.4.5 插入图标

在 WPS 演示中可以为演示文稿插入智能图形，使交流信息的方式变得更加直观。智能图形有并列、总分、循环、流程、金字塔、图片、纯文本及 SmartArt 等多种类型。

插入 SmartArt 图形的方法如下。

（1）单击“插入”→“智能图形”按钮，打开“智能图形”窗口，选择 SmartArt 选项卡，如图 6-24 所示。

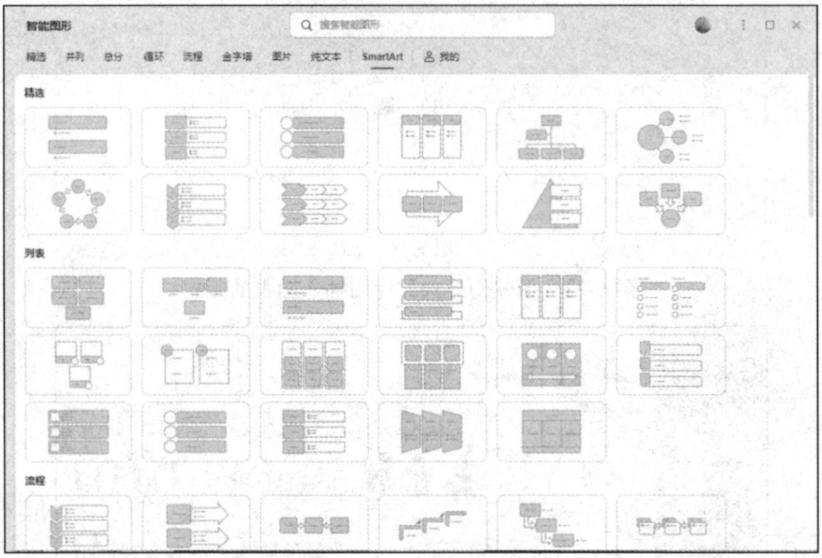

图 6-24 “智能图形”窗口

（2）选择一种 SmartArt 图形，如选择“列表”区域下的“基本列表”，幻灯片中即插入了基本列表的图形，如图 6-25 所示。

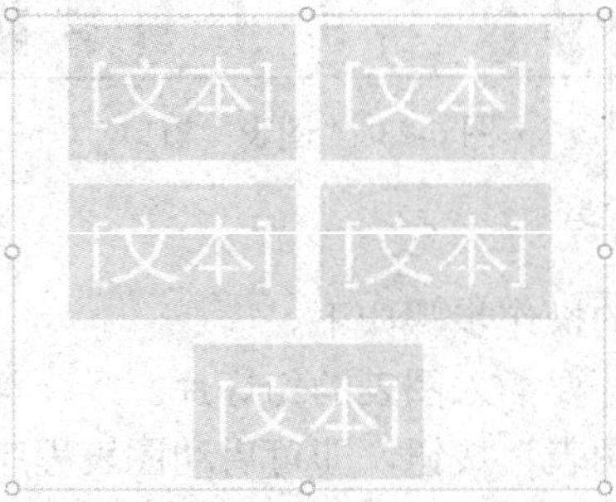

图 6-25 插入基本列表

（3）在“文本”中输入相应的文字，可以在标题栏中新增加的“设计”选项卡和“格式”选项卡中对图形及文字进行修饰和设计。

6.5 制作交互式幻灯片

WPS 演示默认按照幻灯片的先后次序进行放映，通过对幻灯片中的元素进行动作设置（超级链接），可以改变线性放映方式，从而提高幻灯片的交互性。

6.5.1　添加动作按钮

WPS 演示内置了一组预定义的动作按钮，可以将动作按钮添加到幻灯片中，从而在放映过程中激活另一个程序或链接至某个对象，控制幻灯片放映的顺序和效果。向幻灯片中添加动作按钮的方法如下。

（1）选择将要添加动作按钮的幻灯片，单击“插入”→“形状”按钮，在下拉列表的“动作按钮”选项区域中选择一个动作按钮。

（2）此时鼠标指针呈“+”字形状，按住鼠标并在窗口中拖曳至合适大小，画出所选动作按钮，释放鼠标后“动作设置”对话框将自动弹出。

（3）在“操作设置”对话框中，如图 6-26 所示，选择“鼠标单击”→“超链接到”→“幻灯片”命令，打开“超链接到幻灯片”对话框，在列表框中选择要链接到的幻灯片，如图 6-27 所示，单击“确定”按钮返回“动作设置”对话框，还可以设置“播放声音”等。

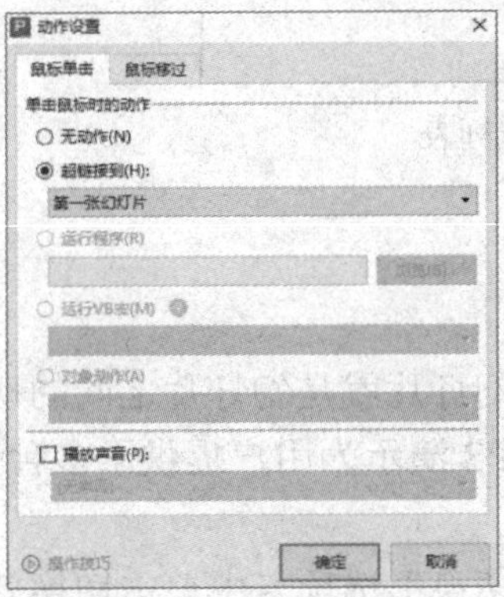

图 6-26　“动作设置”对话框

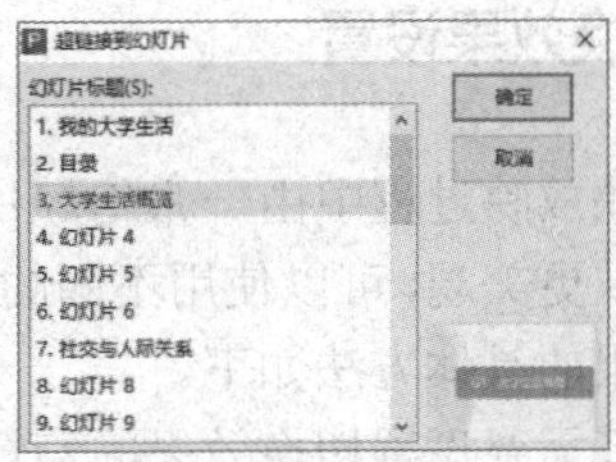

图 6-27　“超链接到幻灯片”对话框

（4）设置完毕后单击“确定”按钮返回幻灯片，在动作按钮中输入代表其功能的文字。按钮是以图形的形式插入的，因此可以把它当作图形来处理，可以调整大小、形状和颜色等。

6.5.2　对象动画效果设置

用户可以为幻灯片中的文本、声音、图像和其他对象设置动画效果，这样可以突出演示文稿的内容重点，控制信息的显示流程，并丰富演示文稿的效果。为幻灯片中的对象添加动画效果的具体操作步骤如下。

（1）在普通视图中，显示包含要设置动画效果的文本或对象的幻灯片。

（2）选择要设置动画的对象。在“动画”选项卡的“动画”组中选择一种动画效果，如图 6-28 所示。还可以单击下拉按钮▾，弹出下拉列表，用户可以自行定义文本和对象播放的动画效果，如图 6-29 所示。

图 6-28 “动画”组

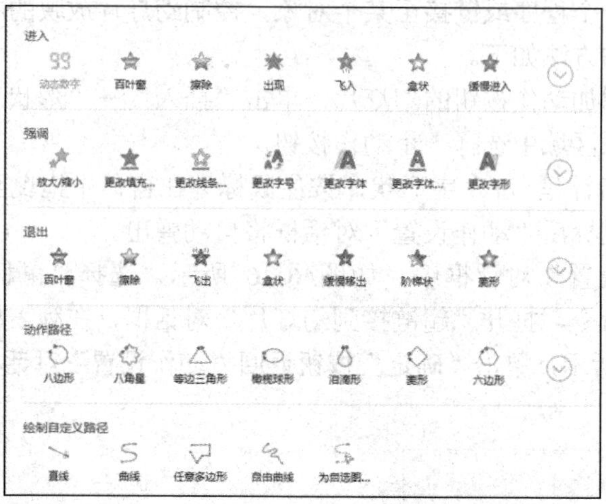

图 6-29 动画效果下拉列表

6.5.3 切换效果设置

演示文稿放映过程中由一张幻灯片进入另一张幻灯片就是幻灯片之间的切换，为了使幻灯片放映更美观，可以使用不同的切换效果。WPS 演示为用户提供了多种切换效果，设置切换效果的具体方法如下。

（1）选择需要设置切换效果的幻灯片后，在“切换”选项卡中单击切换效果列表右侧的“其他”按钮，如图 6-30 所示。

图 6-30 单击“其他”按钮

（2）打开如图 6-31 所示的下拉列表，选择合适的切换效果。

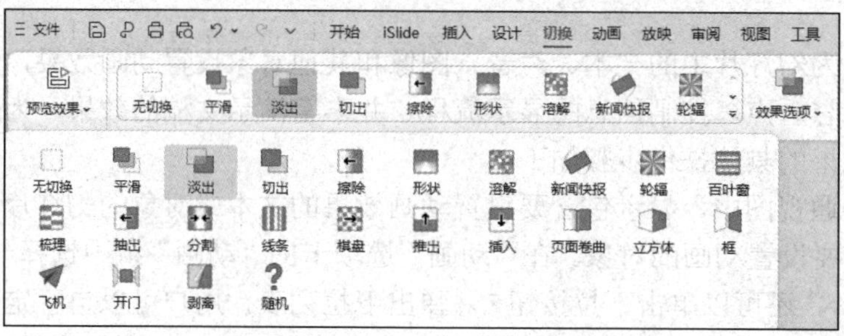

图 6-31 切换效果下拉列表

（3）设置好切换效果以后，在幻灯片窗格中有不同的显示。如果想让所有的幻灯片都采用这个效果，单击“切换”→“应用到全部”按钮即可。

（4）如果想让不同的幻灯片的切换效果不一样，选择需要设置切换效果的幻灯片，重复步骤（1）和步骤（2）的操作，也就是单独设置每张幻灯片的切换效果。

6.5.4　创建超链接

在 WPS 演示中可以设置超链接，将一个幻灯片链接到另一个幻灯片，还可以为幻灯片中的对象内容设置网页、文件等内容的链接。在放映幻灯片时，将鼠标指针指向超链接，指针将变成手的形状，单击则可以跳转到指定对象。在演示文稿中，可以给任何文本或图形对象设置超链接。选中要创建超链接的文本或图形，单击“插入”→“超链接”按钮或右击，在弹出的快捷菜单中选择“超链接”命令，打开“插入超链接”对话框，选择想要链接的文件、图片、视频、幻灯片或网址等，如图 6-32 所示。创建超链接后，所看到的初期效果是文本改变了颜色，并且多了一条下划线，这是网页的风格。在实际放映时，放映到这张幻灯片，在对象上单击就可打开目标内容。

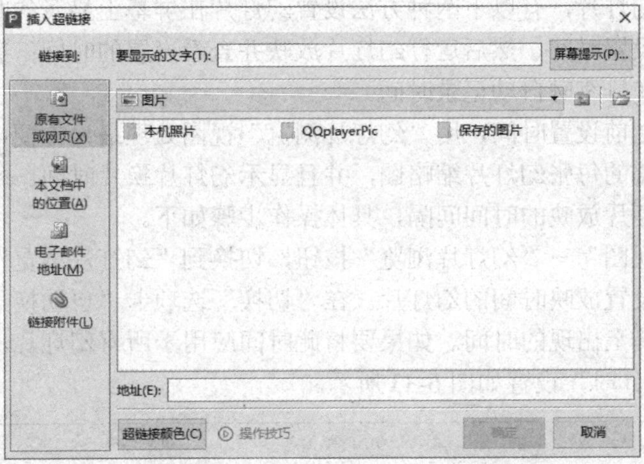

图 6-32　“插入超链接”对话框

若要取消已建立的超链接，可将对象选中后右击，在弹出的快捷菜单中选择“取消超链接”命令即可。选择“编辑超链接”命令可修改已建立的超链接。

6.6　幻灯片的放映和输出

幻灯片制作完成后，会进行放映和输出，以实现其用途。本节将介绍幻灯片的放映和输出具体操作方法。

6.6.1 启动方法

幻灯片放映一般是指全屏幕放映幻灯片。启动放映幻灯片可以有多种方法，具体如下。

（1）单击“视图”→“阅读视图”按钮或单击窗口右下角的“幻灯片放映”按钮。

（2）单击“放映”→“从头开始”按钮或“当页开始”按钮。

（3）按 F5 键。

其中，第一种和第三种放映方法均是从第 1 张幻灯片开始放映，只有第二种放映方法可以选择从当前幻灯片开始放映。

6.6.2 幻灯片放映操作

在 WPS 演示中，幻灯片可以由演讲者控制放映，也可以根据需要自行放映。因此在放映之前，需要进行相应的设置，从而满足不同场合的需求。如果在幻灯片放映时不想手动播放每张幻灯片，有以下两种方法设置幻灯片在屏幕上显示的时间：第一种方法是为每张幻灯片设置时间，然后运行幻灯片放映并查看设置的时间；第二种方法是使用排练计时功能，在排练时自动记录时间。

如果在排练之前设置时间，用“幻灯片浏览”视图处理最为方便，因为在该视图中可以看到演示文稿的每张幻灯片缩略图，并且显示幻灯片换片时间。

手动设置幻灯片放映的时间间隔，具体操作步骤如下。

（1）单击“视图”→“幻灯片浏览”按钮，切换到“幻灯片浏览”视图。

（2）选择要设置放映时间的幻灯片。在“切换”选项卡“自动换片”复选框，输入目标幻灯片在屏幕上出现的时间。如果要将此时间应用于所有幻灯片，单击“应用到全部”按钮即可。“计时”设置如图 6-33 所示。

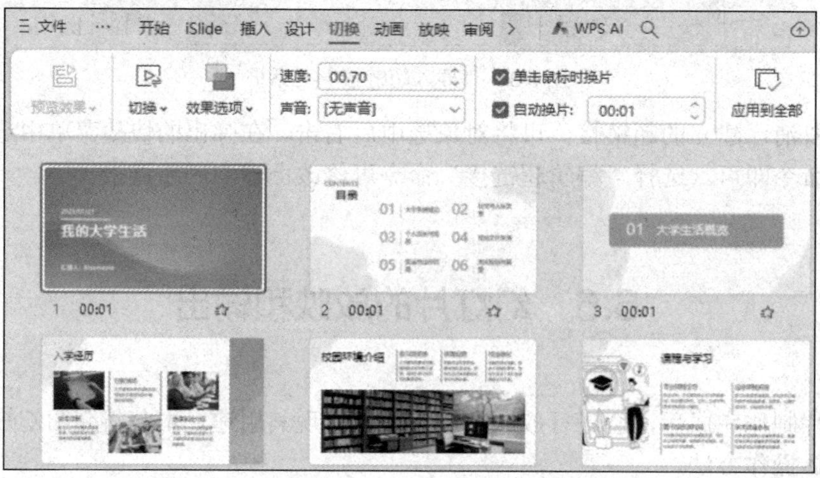

图 6-33 “计时”设置

6.6.3 使用排练计时

用户可以在排练幻灯片放映的过程中设置放映时间。WPS演示具有排练计时功能，可以进行相应的演示操作，同时记录幻灯片切换的时间间隔，具体操作步骤如下。

（1）单击“放映”→“排练计时”按钮。

（2）系统以全屏幕方式播放，并出现“预演”对话框，如图6-34所示。左侧放映时间框中显示当前幻灯片的放映时间，在右侧总放映时间框中显示当前整个演示文稿的放映时间。

（3）如果对当前幻灯片的播放时间不满意，可以单击“重复”按钮重新计时。如果知道幻灯片放映所需的时间，可以直接在幻灯片放映时间框中输入所需的时间。

（4）要播放下一张幻灯片，可以单击“预演”对话框中最左侧的“下一项”按钮，这时可以播放下一张幻灯片，同时放映时间框中重新计时。如果要暂停计时，可以单击“暂停录制”按钮。放映到最后一张幻灯片时，系统会显示总的时间，并询问是否保留新的幻灯片排练时间，如图6-35所示，单击“是”按钮则保留排练时间。

图6-34 “预演”对话框

图6-35 提示总排练时间

在设置幻灯片的计时之后，如果要将设置的计时应用到幻灯片放映中，单击“放映”→“放映设置”按钮，打开“设置放映方式”对话框，如图6-36所示。在“换片方式”选项区域中选中“如果存在排练时间，则使用它”单选按钮。如果不选择此选项，即使设置了放映计时，在放映幻灯片时也不能使用。

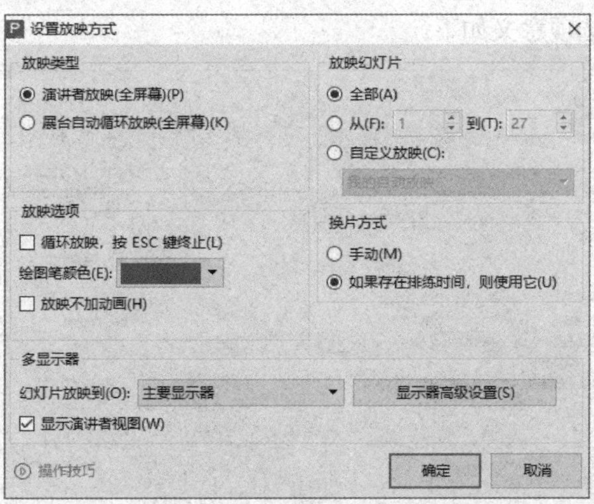

图6-36 “设置放映方式”对话框

6.6.4 演示文稿的输出

幻灯片制作完成后，可通过计算机进行放映观看，还能根据需要将编辑完成的幻灯片或其中包含的备注、大纲打印出来。打印幻灯片是指将幻灯片的内容打印到纸张上，打印之前需要进行页面设置、打印设置等。

1. 页面设置

对幻灯片页面进行设置主要包括调整幻灯片的大小、设置幻灯片编号起始值、更改打印方向等，使之适合各种类型的纸张。页面设置的方法为单击“设计”→“幻灯片大小”→“自定义大小”按钮，打开“页面设置”对话框，如图 6-37 所示，各选项意义如下。

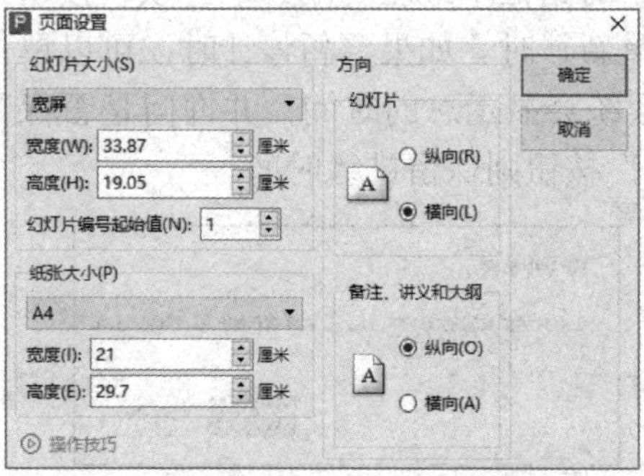

图 6-37 “幻灯片大小”对话框

（1）“幻灯片大小”下拉列表：选择预设的幻灯片大小，具体设置应参照实际需求。

（2）“宽度”和“高度”数值框：自行设置幻灯片的大小。

（3）“幻灯片编号起始值”数值框：设置幻灯片开始的编号数值，以便打印后根据编号整理纸张。

（4）“方向”选项区：可以设置幻灯片、备注、讲义和大纲的页面方向。

2. 打印设置

完成页面设置后，应对幻灯片的打印效果进行预览，对打印范围、打印颜色等参数进行设置。选择“文件”→“打印”命令，在当前界面中即可预览、设置、打印幻灯片，如图 6-38 所示，各选项意义如下。

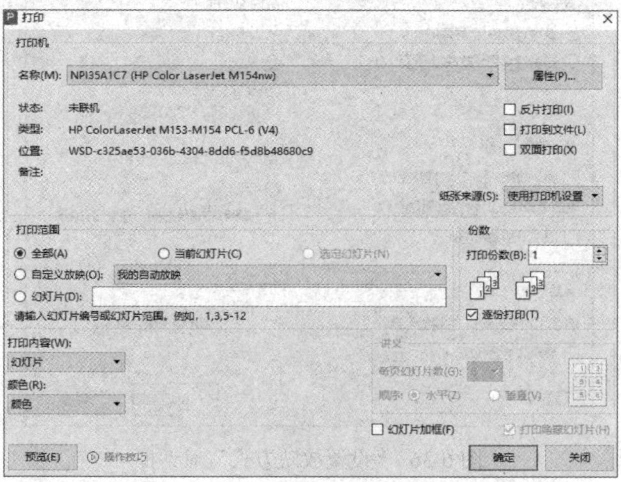

图 6-38 打印设置界面

（1）“确定”按钮：完成打印设置并确认预览效果无误后，可单击此按钮开始打印幻灯片。

（2）“份数”数值框：在其中可设置幻灯片的打印数量。

（3）“名称”下拉列表：在其中可选择需要的打印机。

（4）“打印范围”选项区：可以设置幻灯片的打印范围，包括打印全部幻灯片、打印选定幻灯片、打印当前幻灯片、自定义范围等。若要自定义打印范围，需要在“幻灯片”文本框中输入要打印的幻灯片编号。

（5）“颜色”下拉列表：有“颜色”“纯黑白”两个选项，对应不同的打印机。

第 7 章 人工智能基础

7.1 人工智能概述

7.1.1 人工智能的定义

人工智能（artificial intelligence，AI）是指通过计算机系统模拟和扩展人类智能的能力，使其能够执行通常需要人类智能才能完成的任务（图 7-1）。这些任务涵盖了多个领域，包括但不限于以下内容。

（1）感知：通过传感器收集并处理视觉、听觉或触觉数据，用以理解周围环境。

（2）推理：基于已知信息进行逻辑分析和推断，解决复杂问题。

（3）学习：利用数据和经验构建模型，从而提高任务完成的效率和准确性。

（4）规划：设计步骤以实现特定目标，并在动态环境中调整方案。

（5）决策：在多种可能性中权衡利弊，选择最佳行动方案。

（6）自然语言处理：通过计算机理解、生成和翻译人类语言。

（7）模式识别：分析和识别数据中的潜在结构，进行分类和预测。

图 7-1 人工智能

人工智能的发展历程中，图灵测试（Turing test）是一个里程碑式的概念，用以评估机器是否具有类人智能，是由英国数学家艾伦·图灵（Alan Turing）于1950年提出的，旨在评估机器是否具备人类智能。它以语言交流为手段，若在封闭对话环境中，人类测试者分不清交谈对象是人还是机器，即判定机器通过测试。图灵测试推动早期人工智能研究，为探索机器智能指明方向。但如今，人工智能能力超越图灵测试初衷，能处理非语言任务、解决多模态问题，部分领域表现优于人类。这表明，人工智能不再局限于模仿人类，而是追求广泛实现智能行为。

人工智能作为一个学科，自诞生以来便被赋予了多个层面的定义。这些定义从不同角度阐释了人工智能的核心思想和研究范围。

1. 约翰·麦卡锡的定义

1956年达特茅斯会议上，“人工智能之父”约翰·麦卡锡（John McCarthy）首次提出“人工智能”术语，并将其定义为“制造智能机器的科学与工程”。该定义突出两大核心：智能机器，也就是能模拟人类处理问题的计算机系统；科学与工程，包括探索理论基础（科学）和追求实际应用（工程）。

2. 广义定义

广义而言，人工智能囊括能辅助人类工作、提高效率、简化流程，甚至在特定场景替代人类劳动的所有技术。此定义凸显其广泛性与多样性，不局限于特定领域或技术，涵盖所有模拟、延伸乃至超越人类智能的技术与方法，包括感知环境、解决问题、学习、推理、规划及语言理解表达等能力。

3. 狭义定义

狭义上，人工智能是指能模拟人类学习，借不断学习、积累经验来提升智能，并自主判断的机器系统。这类系统既能处理复杂问题，也能在特定情境展现类似人类的创造性与决策力，强调了机器系统的自主性和智能性，即像人类一样通过学习提升智能并自主判断。

综上所述，人工智能定义因视角而异。广义突出广泛性、多样性；狭义侧重机器系统自主性、智能性；约翰·麦卡锡强调智能机器的科学与工程实现。这些定义显示，人工智能是融科学研究和工程实践的综合学科，目标是实现理论突破与广泛应用。

7.1.2 人工智能的3个层次

人工智能按照智能水平的高低和能力范围，通常分为3个层次：弱人工智能、强人工智能和超级人工智能。每个层次都有不同的概念、特点和应用场景。

1. 弱人工智能（narrow AI）

弱人工智能是指在特定领域能展现高智能的AI系统。它专注单一任务，基于特定算法和数据训练，无法跨领域迁移知识，也无自我意识。弱人工智能的特点具体如下。

（1）任务专一：只适用于特定领域，无法跨领域执行其他任务。

（2）无自我意识：缺乏理解能力，按预设编程逻辑和训练模式做事。

（3）依赖数据：系统效果直接取决于训练数据的质量与数量。

当前，弱人工智能在语音助手（如 Siri 等）、推荐系统（如电商和视频平台个性化推荐）、图像识别（如人脸识别等）领域广泛应用。借助大数据和深度学习，这些应用彰显了弱人工智能在现实中的巨大潜力与实用性。

2. 强人工智能（general AI）

强人工智能（通用人工智能）是指能在多领域灵活运用知识，具备自主学习、推理和规划能力的 AI 系统。它具有类似人类的认知与适应力，可解决跨领域复杂问题，不限特定任务，能依环境和需求自我调整，核心是模拟人类全面智能，含认知、推理、创新等。强人工智能的特点具体如下。

（1）跨领域适应性：能在不同领域解决问题并迁移知识。

（2）具备自我意识：能理解任务及意义，有一定“自我理解”。

（3）推理与创新：可进行逻辑推理、解决问题并产生新想法。

目前，强人工智能尚处研究阶段，虽然未完全实现，但是已在多功能机器人跨领域执行任务，如工业、医疗、服务等领域，以及自动科研系统自主设计实验、验证新假设等方向展开广泛探索。不过，实现强人工智能面临的主要难题是模拟人类全面智能与情感反应，尤其在处理复杂情感、社会交互及伦理问题时，现有技术存在瓶颈。

3. 超级人工智能（super AI）

超级人工智能是指智能远超人类的 AI 系统，能完成人类所有任务，还能以更高效率和创造力执行人类力所不能及的工作。它具有突破现有技术极限的潜力，可解决人类无法独自攻克的难题，如快速处理复杂海量任务、创造全新解决方案，在自我优化与创新方面具有独特优势。超级人工智能的特点具体如下。

（1）全面超越：全方位超越人类能力，各领域智能表现卓越。

（2）完全自主：能独立适应、学习并优化自身行为，自主决策能力强大。

（3）高效创新：能快速解决人类长期面临的难题，创新能力极高。

当前，超级人工智能还停留在理论与科幻层面，其设想应用于未来医疗新药物研发和创新治疗，以及全球治理中应对气候变化、能源危机等全球性挑战。不过，如何确保它符合人类利益、避免不良后果，是科学与伦理学领域亟须解决的关键风险问题。

7.1.3 人工智能的发展历程

人工智能的发展经历了从萌芽到崛起、从低谷到飞跃的漫长过程，其主要可以分为 4 个发展阶段（图 7-2）。

图 7-2　人工智能的发展历程

1. 人工智能的萌芽阶段（20 世纪 50 年代）

人工智能作为一门学术领域，起源于 20 世纪 50 年代，标志性事件是 1956 年达特茅斯会议，会上约翰·麦卡锡首次提出“人工智能”术语，并定义为“制造智能机器的科学与工程”，标志着其作为独立学科的诞生。这一时期的研究主要集中在符号推理、逻辑计算和基础理论上，重要成果如“逻辑理论家”程序，虽然技术初级，但是确立了 AI 的核心方向，为未来发展奠定了理论框架。

2. 发展与瓶颈阶段（20 世纪 60～80 年代）

20 世纪 60～80 年代，人工智能领域经历了初步繁荣，重点研究语音识别、自然语言处理和基于规则的专家系统，如 IBM 的 Shoebox 系统为语音技术奠定了基础，但随后因计算性能、算法效率及数据资源限制陷入瓶颈，70 年代末的“莱特希尔报告”更是指出其局限性，导致资助减少，人工智能进入“寒冬期”，研究进展停滞。

3. 复兴与机器学习的兴起（20 世纪 90 年代）

20 世纪 90 年代，随着计算能力的提升和统计学方法的引入，人工智能复兴，关键突破在于机器学习方法的兴起，实现从基于规则到数据驱动的学习模式转变，在模式识别、预测和优化领域取得显著进步，标志性事件是 1997 年 IBM“深蓝”（一款象棋计算机程序）战胜国际象棋世界冠军卡斯帕罗夫，展示了 AI 在复杂计算任务中的潜力，随后在医学诊断、金融分析等领域得到应用，加速了其发展。

4. 深度学习时代（21 世纪至今）

进入 21 世纪第二个十年，人工智能迈入深度学习时代，多层神经网络结合大数据与高性能计算，在图像识别、语音处理、自然语言理解和自动驾驶等领域取得突破，标志性事件包括 2011 年人工智能“沃森”参加智力问答节目，2016 年 DeepMind 的 AlphaGo 击败围棋世界冠军李世石，以及 OpenAI 推出 GPT 系列模型展现卓越自然语言生成能力，推动了 AI 技术的全球关注与发展。

深度学习时代的特点是人工智能技术的广泛落地应用，从医疗诊断到教育支持，从工业自动化到智能服务，无不体现其强大的社会影响力和商业价值。随着技术的不断演进，人工智能的未来将继续推动人类社会向更高层次发展。

7.1.4　人工智能的关键技术

1. 机器学习

机器学习作为人工智能的核心技术之一，通过特定的算法让计算机能够从大量的数据中自动学习并不断优化其性能。由于其能够适应变化的环境和复杂的任务需求，机器学习在推荐系统、金融分析、医学诊断等多个领域得到了广泛应用。

2. 深度学习

深度学习是机器学习的一个重要分支，它模拟人脑的神经网络结构，利用多层网络来处理复杂的数据和问题。与传统的机器学习方法相比，深度学习能够自动从数据中提取高阶特征，特别是在处理海量数据和高维数据时表现出色。

3. 自然语言处理

自然语言处理是人工智能的一个重要领域，旨在使计算机能够理解、生成和使用人类语言。这项技术融合了语言学和计算机科学的原理和方法，通过分析语言的语法、语义和语境，实现人与机器之间的自然交流。自然语言处理的典型应用包括智能语音助手、机器翻译、自动摘要和情感分析等。

4. 计算机视觉

计算机视觉是一门研究如何让计算机像人类一样"看懂"图像和视频的技术。它融合了图像处理、模式识别和深度学习等多种技术，旨在从视觉数据中提取有用的信息，包括物体识别、场景理解和运动分析等。计算机视觉在多个领域取得了显著的应用成果，如安防领域的人脸识别技术、自动驾驶中的视觉感知系统等。

5. 知识与知识图谱

知识与知识图谱技术是人工智能中用于存储、管理和应用复杂语义信息的重要工具。知识图谱通过节点和边的结构化方式表达事实、概念及其关系，为计算机提供了丰富的背景知识支持。知识与知识图谱在搜索引擎、医疗问答系统等领域发挥着重要作用，支持逻辑推理和智能决策，随着数据规模的增长和应用场景的扩展，知识图谱正成为人工智能中不可或缺的部分。

7.2 机器学习基础

7.2.1 机器学习概述

1. 机器学习的概念

机器学习（machine learning，ML）是人工智能（AI）的重要分支，旨在让计算机从数据中自动学习并自主完成任务。与传统编程的明确规则不同，它通过输入数据自动提取模式、做决策，优化任务执行。核心是让计算机从历史数据"学习"，用学到的经验处理新数据，提升处理能力，使计算机能自适应、优化，在复杂动态环境中做出更准确智能的决策。

2. 机器学习的核心思想和基本原理

机器学习的核心是让计算机通过分析处理数据自动学习、预测或决策，而非依赖于人工预先编写的规则，其基本原理可以概括为以下几个关键点。

（1）学习过程：模型从数据中提取特征以预测或决策，借助梯度下降等优化算法，调整参数，减少预测误差。

（2）训练和测试：模型先在训练集上学习，再于测试集中评估性能。训练集用于训练，测试集用于评估泛化能力。

（3）目标函数：训练时定义损失（目标）函数，衡量预测与真实值的差距，模型通过最小化该函数优化性能。

（4）模型泛化：目标是让模型在训练数据与新数据上都表现良好。过拟合是指模型过度适应训练数据中的噪声，欠拟合是模型未捕捉到数据中的规律。

3. 机器学习的基本要素

机器学习的基本要素可以分为以下几个方面。

（1）数据：是基础资源，含训练、验证、测试数据集，其质量、数量与多样性关乎模型性能。

（2）模型：作为核心组件，是将输入数据映射到输出结果的数学函数或算法。需要依据任务与数据特征选择，各有适用场景。

（3）算法：是指从数据中学习的具体办法，如监督、无监督学习等。通过迭代优化，从训练数据中提取特征规律，构建预测模型。

（4）特征：即数据关键信息，影响模型性能。经特征工程从原始数据中提取，可提升模型准确率与效率。

（5）损失函数：量化模型预测与实际值的差距，是模型优化的目标，通过最小化它改进性能。

（6）评价指标：衡量模型性能的标准，依任务选择不同指标，如准确率、召回率等，对模型优化与比较意义重大。

（7）优化算法：用于调整模型参数减小误差，常见的有梯度下降算法、随机梯度下降（stochastic gradient descent，SGD）算法、Adam 优化器等。

此外，数据预处理、模型选择、超参数调优、正则化等要素也很关键。它们共同构成机器学习完整框架，助力实现智能决策与数据挖掘。

7.2.2 机器学习的方式

机器学习可以根据学习过程的不同方式进行分类，主要分为以下几种类型：监督学习（supervised learning）、无监督学习（unsupervised learning）、半监督学习（semi-supervised learning）、强化学习（reinforcement learning，RL）和迁移学习（transfer learning）。每种

方式有其独特的特点和适用场景，选择合适的学习方式是机器学习应用成功的关键。

1. 监督学习

监督学习是用标注数据集训练模型的方法。训练时，模型接收输入数据及对应的标签，借此学习输入与输出的映射关系，以便对新输入数据做预测或分类。监督学习的核心是依据已知的输入—输出数据对，让模型学会精准预测新数据的输出。在训练过程中，模型会计算预测值与真实值的误差（如均方误差、交叉熵），并通过梯度下降等优化算法调整自身参数，以最小化误差，提高预测精度。监督学习的常见算法如下。

（1）线性回归：用于建立输入特征与输出标签之间的线性关系，实现预测。

（2）逻辑回归：通过 Sigmoid 函数将线性回归的输出映射到 0～1 之间，用于二分类任务。

（3）支持向量机：基于最大间隔原理进行分类，通过核函数解决非线性可分问题。

（4）决策树：通过特征划分形成树状结构，用于分类和回归任务。

（5）随机森林：集成多棵决策树，通过投票、平均等方式降低过拟合风险，以提高模型稳定性。

（6）K 近邻算法：基于实例学习，通过计算距离选择 K 个最近样本进行预测，适用于分类和回归任务。

这些算法在分类问题（如垃圾邮件检测、图像分类、人脸识别）和回归问题（如房价、股票价格预测）中均有广泛应用。模型根据输入特征学习判断类别或预测连续输出值，为人工智能领域的实际应用提供了有力支持。

2. 无监督学习

无监督学习是在无标签数据的情况下，让算法自主挖掘有价值信息与模式的过程。它和监督学习不同，不做预测或分类，重点是探索数据内部结构、揭示特征。核心是从非标注数据中提取信息模式，主要涵盖聚类（找出数据中的相似群体）和降维（简化数据表达并保留关键信息）两方面。通过衡量数据点间的相似性或距离，模型能揭示数据内在组织模式。无监督学习的常见算法如下。

（1）K 均值算法：根据聚类原理，将数据分成 K 个簇，优化聚类结果。

（2）主成分分析法（principal component analysis，PCA）：一种降维技术，它通过减少数据的维度来保留其主要信息。

（3）自编码器：基于神经网络的模型，用于数据降维和特征学习，支持数据去噪等任务。

这些算法在聚类、降维等领域具有广泛应用，有助于数据分析和模式识别。

3. 半监督学习

半监督学习是介于监督学习、无监督学习之间，融合少量标注数据与大量未标注数据。标注数据成本高，未标注数据易获取，半监督学习可有效化解这一矛盾。它先用有限标注数据训练模型，再借大量未标注数据强化性能，通过“伪标注”或自监督训练，既控制成本又提升学习效果，半监督学习的常见算法如下。

（1）自训练：用初始模型预测未标注数据，高置信度预测作为伪标签扩展训练集。

（2）协同训练：多视图下训练多个模型，相互利用预测结果增强训练。

（3）图半监督学习：利用图结构表示数据关系，通过信息传播优化预测。

这些算法广泛应用于自然语言处理、计算机视觉等领域，有效提高了学习效率和准确性。

4. 强化学习

强化学习是机器学习范式，智能体在一个环境中通过互动学习决策与控制策略。它让智能体做最优决策，追求长期累积奖励最大化。基本原理为：智能体行动影响环境，收获奖惩，然后不断调整策略。该过程看重长期奖励，智能提要兼顾即时回报与长期决策，在持续交互中学会最优决策。强化学习的常见算法如下。

（1）Q学习：通过更新行动—价值函数（Q值）来选择最优行动。Q值表示在给定状态下执行特定动作的预期奖励。通过不断尝试和更新Q值，逐渐学会在环境中做出最优决策。

（2）深度Q网络（deep Q-network，DQN）：DQN是Q学习的一种扩展，利用深度神经网络来逼近Q值函数，这使得DQN能够处理更复杂和大规模的状态空间。

这些算法依赖于智能体与环境的持续互动，以学习最优决策策略，从而最大化长期累积奖励。它们在诸如游戏AI、机器人操控、自动驾驶等多个领域，均展现出广阔的应用潜力。

5. 迁移学习

迁移学习是将一个领域（源领域）的知识迁移到另一个相关领域（目标领域）中，以加速学习并提升性能的方法。迁移学习利用源领域中学到的通用特征或模式，通过迁移这些知识到目标领域，减少模型在目标领域上的学习负担，提高学习效率。

迁移学习并非具体算法，却能用于多种机器学习算法以实现知识迁移。在计算机视觉领域，常用方法是借助在大规模数据集（如ImageNet）预训练的卷积神经网络（convolutional neural networks，CNN）模型，应用于医疗影像分析、人脸识别等小规模或特定领域任务。自然语言处理领域，迁移学习常指用于大型文本语料库（如Wikipedia、Common Crawl等）训练的语言模型，迁移至法律文本分析、情感分析等特定领域任务，这些预训练模型提供丰富的语言知识与特征表示，能够大幅提升目标任务性能。

7.3 神经网络与深度学习

7.3.1 神经网络基本结构

神经网络（neural network）是人工智能的重要组成部分，其灵感来源于人类大脑的神经系统。通过模拟神经元的连接结构和信息传递方式，神经网络能够学习并建模复杂的数据关系，是深度学习的基础。

1. 神经网络的基本构成

神经网络的基本结构可以分为 3 个主要部分：输入层（input layer）、隐藏层（hidden layer）和输出层（output layer）。

（1）输入层：输入层是神经网络的起点，其作用是接收外部数据，每个结点对应数据的一种特征，结点数由数据的特征维度决定，如一个具有 n 个特征的样本，其输入层将包含 n 个结点。

（2）隐藏层：隐藏层是神经网络的核心，提取输入数据特征并进行非线性变换。结点间通过权重、偏置连接，使用 ReLU、Sigmoid 等激活函数引入非线性，提取高阶特征。可含多层形成深度神经网络，层数和结点数为关键设计参数，需要依据任务调整。

（3）输出层：输出层生成预测结果，结点数与任务要求一致。分类任务结点对应类别数，回归任务一般单结点。常用 Softmax（多分类）和 Sigmoid（概率输出）激活，满足任务需求。

2. 神经网络的连接方式

神经网络中的结点通过加权连接构成，这些连接称为权重（weight），它们决定了信号传递的强度和方向。此外，还可以引入偏置（bias）来灵活调整输出，从而提升模型的表达能力。

（1）全连接（fully connected，FC）：在全连接网络中，每一层的所有结点与下一层的所有结点相连。全连接网络通常用于基本任务，但随着数据维度的增加，计算量会显著增长（图 7-3）。

（2）稀疏连接（sparse connection）：为提高计算效率，某些网络会采用稀疏连接，如卷积神经网络（CNN）中的局部连接只关注图像的局部特征（图 7-4）。

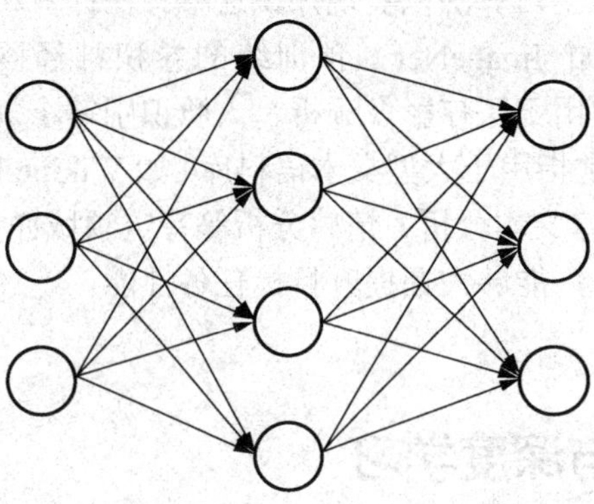

图 7-3 全连接

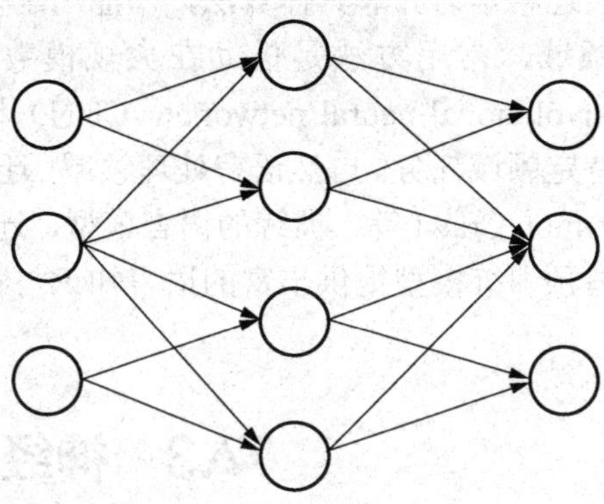

图 7-4 稀疏连接

（3）循环连接（recurrent connection）：在循环神经网络（recurrent neural network，RNN）中，结点之间可以形成循环结构，用于处理时间序列数据或上下文相关任务（图 7-5）。

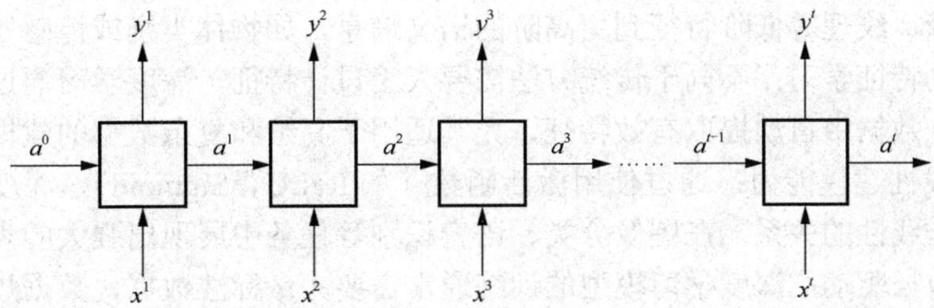

图 7-5 循环连接

3. 神经网络的计算过程

神经网络的计算过程通常可以分为以下 3 个步骤。

（1）前向传播（forward propagation）：是将输入数据通过网络的各层进行逐层计算的过程。数据从输入层开始，经过权重和偏置的线性变换以及激活函数的非线性处理，逐层传递至输出层，最终得到预测结果。这一过程是神经网络进行模式识别和决策的基础。

（2）损失计算（loss calculation）：计算损失是通过定义合适的损失函数，将网络的预测结果与实际标签进行对比，计算出损失值。这个损失值反映了网络在给定任务上的误差大小，是后续进行参数优化的依据。

（3）反向传播（back propagation）：是神经网络通过梯度下降等优化算法更新参数的过程。它根据损失函数对每个参数的梯度信息，逐层反向传播至输入层，指导网络参数的调整方向。通过不断更新权重和偏置，神经网络能够逐渐减小损失值，提高在验证集上的性能，直至达到满意水平或预设的迭代次数。

4. 激活函数

激活函数是神经网络中至关重要的组件，决定了神经元的输出形式。通过引入非线性激活函数，神经网络能够表示复杂的非线性关系。常见的激活函数如下。

（1）Sigmoid 函数：输出范围在(0,1)之间，适用于概率预测任务，但在深度网络中容易引发梯度消失问题。

（2）ReLU 函数：输出为非负值，计算简单且有效，被广泛应用于深度神经网络。

（3）Tanh 函数：输出范围在(−1,1)之间，常用于对称数据的建模。

（4）Softmax 函数：用于多分类任务，将输出转化为概率分布。

7.3.2 深度学习

1. 深度学习的定义

深度学习是一种基于多层神经网络的机器学习方法，其核心思想是通过分层特征提取，从数据中自动学习复杂模式和潜在规律。与传统机器学习依赖手工设计特征不同，深度学习能够通过端到端的方式直接从原始数据中生成预测结果，并且性能受益于大规模数据和高性能计算的支持。深度学习的特点具体如下。

（1）多层结构：深度学习模型由多个层次的神经元组成，每层提取数据的不同特征，从初级的边缘、纹理等低阶特征到更高阶的语义信息，如物体类别或情感倾向。

（2）自动特征学习：不同于传统方法需要人工设计特征，深度学习通过反向传播和梯度优化，从数据中自动提取有效特征，尤其适用于高维和复杂数据的建模。

（3）非线性建模能力：通过使用激活函数（如 ReLU、Sigmoid），深度学习模型可以表达高度非线性的关系，在图像分类、语音识别等任务中展现出强大的表现能力。

（4）大数据驱动：深度学习模型的训练通常需要大量标注数据，数据规模的增长显著提升了模型的泛化能力和预测精度。

（5）计算资源密集型：深度学习的训练和推理需要高性能硬件支持（如 GPU、TPU），以满足大规模矩阵计算的需求。

2. 深度学习的核心思想

（1）分层表示学习：深度学习采用分层结构，将复杂问题逐步分解为更简单的子问题解决。每一层都提取上一层的输出特征，形成逐级精细化的表示，从而更深入地揭示数据的内在规律。

（2）端到端学习：深度学习通过端到端的训练方式，将输入数据直接映射到输出结果，减少中间步骤。例如，在图像分类任务中，模型从原始像素值直接生成类别预测，无须人为定义特征。

（3）反向传播算法：深度学习依赖反向传播算法进行训练，通过计算损失函数对每一层参数的梯度，并利用优化算法（如 SGD 或 Adam）迭代更新权重，优化模型性能。

3. 深度学习模型简介

深度学习的强大能力主要得益于其多样化且高效的模型结构。其中，卷积神经网络（CNN）和循环神经网络（RNN）是两种极具代表性和广泛应用的模型。它们分别针对图像和序列数据进行了设计，能够有效解决特定场景中的复杂问题。

1）卷积神经网络（CNN）

CNN 是专为图像数据设计的深度学习模型，凭借高效提取图像空间特征的能力，在图像处理领域成绩斐然。它通过卷积核（过滤器）对输入图像逐层卷积扫描，捕捉从低阶（如边缘、纹理）到高阶（如复杂物体结构）的局部特征，并整合为全局信息。这种结构赋予 CNN 强大的特征学习能力，同时保证其计算性能高效。

CNN 核心组件包括卷积层、池化层和全连接层。卷积层负责提取图像局部特征，经不断迭代可捕捉更复杂的图像信息；池化层通过最大或平均池化等降维操作，减少数据量并保留关键信息，降低模型计算复杂度，增强鲁棒性，避免过拟合；全连接层把提取的特征映射到输出空间，实现图像分类、目标检测等任务。

CNN 在多场景方面性能卓越。图像分类领域，AlexNet、VGG 等模型在 ImageNet 竞赛中的成绩优异。目标检测中，Faster R-CNN 能精准标记识别多目标。医学影像方面，可检测病灶、分割器官、辅助诊断。这些应用尽显 CNN 在图像处理中的强大实力与广阔前景。

2）循环神经网络（RNN）

循环神经网络（RNN）是处理序列数据的深度学习模型，擅长时间序列、文本、语音信号建模。它能凭借 “记忆能力” 捕捉上下文依赖，利用历史信息预测未来输出。

RNN 核心由循环连接与参数共享构成。循环连接借隐藏层特殊结构，结合当前输入与前序隐藏状态，实现信息传递与序列依赖建模；参数共享是指不同时间步用相同权重，降低模型复杂度并提升泛化能力。

但传统 RNN 处理长序列时易出现梯度消失或爆炸问题，影响实际效果。为此，研究者提出长短期记忆（long short-term memory，LSTM）网络和门控循环单元（gated recurrent unit，GRU）。LSTM 网络引入输入门、遗忘门和输出门的“门机制”，控制信息传递与遗忘，缓解长期依赖；GRU 简化 LSTM 网络结构，仅用更新门和重置门，减少计算开销，性能与 LSTM 网络相近或更优。

RNN 应用广泛，在语言建模与翻译中可用于机器翻译；语音识别领域能实现语音到文本转换；还可用于股票价格、气象数据等时间序列预测，充分展现其处理序列数据的强大实力与广阔前景。

7.4　自然语言处理

7.4.1　自然语言处理概述

自然语言处理（natural language processing，NLP）作为人工智能关键分支，融合语言学、计算机科学与人工智能，旨在让计算机理解、生成并应用人类语言，实现与人类自然流畅互动，其核心任务包括语言的语法分析、语义理解、信息抽取、机器翻译、文本生成及文本分类等（图 7-6）。研究内容涵盖语法、语义、语用等多个层面，但因自然语言的多样性、模糊性、上下文依赖及动态变化等特点，面临语言复杂性、数据质量、跨语言迁移及语义理解困难等挑战。即便如此，NLP 的研究与应用仍意义深远，它在提升人机交互、促进信息获取处理、推动跨语言沟通等方面发挥重要作用，并在教育、医疗、法律等领域展现新的应用前景。

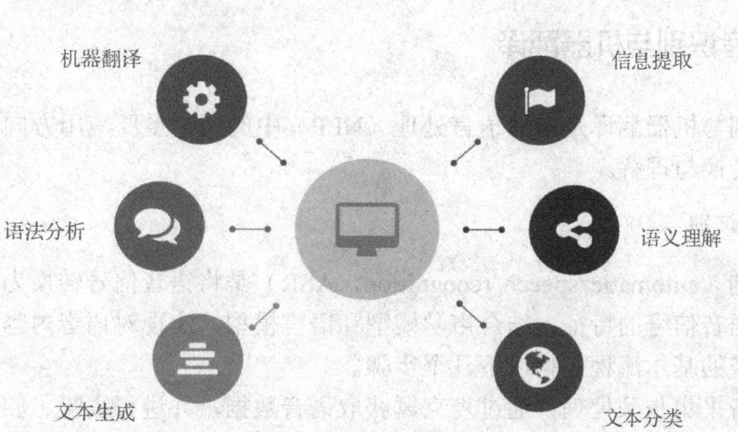

图 7-6　自然语言处理的任务

7.4.2 文本分类与生成

文本分类与生成是自然语言处理（NLP）中的核心任务，分别对应从文本中识别特定类别信息，以及通过计算机自动生成连贯、符合语法规则的自然语言内容。

1. 文本分类

文本分类旨在将文本数据自动分配到预定义的类别中，文本分类技术在信息检索、情感分析、垃圾邮件检测、新闻分类等多个领域有着广泛的应用，其工作原理如下。

（1）文本预处理：将文本进行分词和停用词处理，即将文本分解为词语并去除常见但无实际意义的词汇，如“的”“是”等。

（2）特征提取：将文本转换为能够被机器学习算法处理的数值特征。常见的特征提取方法包括词袋模型（bag of words）、TF-IDF（词频－逆文档频率）、词嵌入（如 Word2Vec、GloVe）等。

（3）分类算法：利用提取的特征，选择合适的分类算法进行训练。常见的分类算法有朴素贝叶斯、支持向量机、决策树、随机森林、K 近邻以及深度学习模型（如 CNN、RNN、LSTM、Transformer 等）。

2. 文本生成

文本生成是指利用自然语言生成（natural language generation，NLG）技术，生成符合语法规则且语义连贯的文本内容。与传统的模板式生成不同，现代文本生成依赖深度学习，能够根据上下文生成更加自然且富有创造力的内容。文本生成的工作原理如下。

（1）序列建模：文本生成本质上是一个序列到序列（Seq2Seq）的转换问题，涉及对输入序列的编码和对输出序列的解码。

（2）语言模型：基于大量文本数据训练，用于预测下一个词或字符的概率分布。

（3）生成算法：包括贪心搜索、集束搜索（beam search）、随机采样等，用于从语言模型中生成文本。

7.4.3 语音识别与机器翻译

语音识别与机器翻译是自然语言处理（NLP）中的两个重要应用方向，分别致力于语言的高效转换与理解。

1. 语音识别

语音识别（automatic speech recognition，ASR）是将语音信号转换为文本的技术。它通过提取语音信号的特征，结合声学模型和语言模型，实现对语音内容的准确解析。语音识别系统的基本流程包括以下几个步骤。

（1）语音采集与预处理：通过麦克风获取语音数据，并进行去噪、归一化等预处理操作，将连续语音转换为数字信号。

（2）特征提取：提取语音信号中的关键特征，如梅尔频率倒谱系数（Mel-scale

frequency cepstral coefficients，MFCC）或滤波器组（filter bank，FBank）特征，用于后续的建模过程。

（3）声学建模：通过机器学习模型［如隐马尔可夫模型（Hidden Markov model，HMM）、深度神经网络（deep neural network，DNN）］对语音特征与音素之间的关系进行建模。

（4）语言建模：使用统计语言模型或基于深度学习的语言模型，结合上下文信息解码音素序列，生成语义连贯的文本输出。

（5）解码与输出：基于解码算法（如 Viterbi 算法），寻找最优的音素组合，将识别结果转换为最终的文本。

2. 机器翻译

机器翻译（machine translation，MT）是实现不同语言之间文本转换的技术。机器翻译的核心目标是生成既准确又流畅的目标语言文本，跨越语言障碍，促进全球交流。现代机器翻译，特别是神经机器翻译，主要采用以下两种关键技术。

（1）编码器–解码器模型：编码器负责将源语言文本转换为语义向量，解码器根据这个语义向量生成目标语言的文本。这一模型可以捕捉语言之间的复杂语义关系。

（2）注意力机制：通过引入注意力机制，翻译模型能够在翻译过程中聚焦于源语言中与当前翻译最相关的部分，提高了模型对长句的处理能力，进一步增强了翻译质量。

7.5　计算机视觉

7.5.1　图像处理的基本方法

图像处理是计算机视觉的基础技术，旨在对图像数据进行分析、变换和优化，以提取有用的信息或增强视觉效果。通过图像处理，计算机能够理解和分析图像中的关键信息，为后续计算机视觉任务奠定基础。

1. 图像处理的定义与目标

图像处理是指利用计算机算法对图像信息进行处理，以达到某种预期目的的技术或方法。这些处理可以包括但不限于图像的数字化、增强、恢复、压缩、分割、特征提取等。图像处理的目标通常是为了改善图像的视觉效果，或者是为了从图像中提取有用的信息，以便于机器分析或理解。图像处理的核心目标可以归纳为但不限于以下几点。

（1）信息提取与理解：提取图像信息，从而为后续的决策或分析提供基础。

（2）改善视觉效果：改善图像的视觉效果，使其更加清晰、易于观察和理解。

（3）数据压缩与存储：压缩图像数据，从而节省资源和提高效率。

（4）自动化与智能化：自动地识别、分析和处理图像。

（5）适应性与鲁棒性：提升图像处理系统还需要具备适应性和鲁棒性。

2. 图像处理的步骤

图像处理的具体步骤如下。

（1）图像预处理：旨在提升图像质量并降低噪声干扰。主要包括灰度化处理，将彩色图像转换为灰度图像，以减少计算量；去噪处理，利用高斯滤波、中值滤波等技术去除噪声；图像增强，通过直方图均衡化、伽马校正等方法提高图像的视觉效果。

（2）特征提取：从图像中抽取关键信息，如边缘、角点和纹理特征。边缘检测利用 Sobel、Canny 等算法识别图像边缘；纹理分析通过局部二值模式（local binary patterns，LBP）等技术分析表面特征；关键点检测使用 SIFT、SURF 等算法识别图像中的显著点。

（3）图像变换：通过数学方法将图像从一种空间转换到另一种空间，以便提取特定信息。主要方法包括傅里叶变换，将图像转换至频域，以去除周期性噪声；霍夫变换，用于检测直线、圆形等几何形状；小波变换，实现多分辨率分析，适用于细节提取。

（4）几何变换：调整图像的空间位置，包括旋转与缩放，以改变图像的方向和大小；平移与裁剪，用于重定位图像或移除不需要的部分；仿射变换，保持图像的几何关系，如比例和平行线。

7.5.2 目标检测与图像识别

1. 目标检测

目标检测，作为计算机视觉领域的一个核心分支，旨在实现图像中物体类别的准确识别与位置的精确定位。目标检测可以同时完成两项任务，即识别图像中存在的物体类别，并精确标注每个物体的位置信息，通常以边界框的形式呈现。

随着深度学习技术的发展，目标检测方法取得了显著进步。R-CNN 系列方法通过引入卷积神经网络（CNN）和区域建议网络（region proposal network，RPN），实现了高精度的目标检测。这些方法首先生成候选区域，然后利用 CNN 提取特征，最后进行分类和位置调整。YOLO 系列方法则是一种单阶段检测方法，它直接通过神经网络预测目标的位置和类别，显著提高了检测速度。YOLO 将目标检测任务转化为回归问题，实现端到端的检测。

此外，目标检测方法结合 YOLO 的速度优势和 R-CNN 的精度优势，通过多尺度特征图进行目标检测。该方法在不同尺度的特征图上设置不同大小和长宽比的锚框，然后对每个锚框进行分类和位置回归，从而在保持较高检测精度的同时，实现实时检测。

2. 图像识别

图像识别作为计算机视觉领域的一项基础性任务，其核心目标在于准确地将图像中的主要内容归类至预设的类别框架内。这一过程不仅涵盖对图像整体的分类判定，还涉及从图像中提取具有代表性高维特征的特征提取环节。传统方法依赖于人工设计的特征与机器学习分类器的结合，如支持向量机（support vector machine，SVM）和随机森林等，虽然在特定场景下有效，但是泛化能力和识别精度存在局限。

随着深度学习技术的蓬勃兴起，卷积神经网络（CNN）以其强大的特征学习能力，在图像识别领域掀起了一场革命。CNN 通过层层递进的卷积与池化操作，能够自动地、分层次地提取图像中的丰富特征信息，为图像分类任务提供了强有力的支持。在此基础上，残差网络（ResNet）通过巧妙地引入残差模块，有效缓解了深度神经网络训练过程中的梯度消失难题，进一步推动了图像识别精度的跃升。

此外，近年来兴起的 Vision Transformer（ViT）等基于 Transformer 架构的模型，更是为图像识别领域注入了新的活力。ViT 通过将图像切割为若干小块，并充分利用 Transformer 的注意力机制来捕捉这些小块之间的全局关联，从而在一定程度上打破了传统 CNN 模型的固有局限，为图像识别任务的解决提供了更为广阔的思路与手段。

7.5.3 语义分割

1. 语义分割概述

语义分割是计算机视觉领域中的一项关键任务，其核心目标是将图像中的每个像素分配给特定的语义类别。这一任务要求对每个像素进行精确分类，而不仅仅是对整个图像进行分类。通过语义分割，我们可以获得图像中不同区域的语义信息，如物体的轮廓、位置和类别，进而实现更高级的图像理解和分析。

语义分割是实现场景完整理解的重要步骤，它为各种应用提供了关键信息。例如，在自动驾驶中，语义分割可用于识别行人、车辆、道路标志等对象，从而提高车辆的安全性和行驶效率。在医疗图像分析中，语义分割有助于医生对病变区域进行精确标注和诊断。此外，语义分割还在人机交互、虚拟现实等领域发挥重要作用。

2. 语义分割的方法

1）基于区域的语义分割

基于区域的方法通常遵循"使用识别的分割"管道。它们首先从图像中提取自由形式的区域并对其进行描述，然后进行基于区域的分类。在测试时，基于区域的预测转换为像素预测。R-CNN 是基于区域的方法的代表性工作之一，它利用选择性搜索来提取大量的目标提案，并计算每个提案的 CNN 特征，最后使用类特定的线性支持向量机对每个区域进行分类。

2）全卷积神经网络语义分割

全卷积神经网络（fully convolutional networks，FCN）是另一种常用的语义分割方法。FCN 学习从像素到像素的映射，而不提取区域建议。它通过卷积层和池层对任意大小的输入进行预测，并使用转置卷积对低分辨率的特征图进行上采样，以恢复原始图像的分辨率。FCN 的变种包括 SegNet、DeepLab-CRF 和 Dilated Convolutions 等，它们在处理复杂场景和多类别分割时具有更好的性能。

3）弱监督语义分割

弱监督语义分割旨在减少对手工标注的依赖。它使用较弱的监督信号（如边界框注释）来训练网络，并迭代地改进用于语义分割的估计掩码。这种方法降低了标注成本，但性能可能受到一定限制。

3. 语义分割的应用

语义分割在多个领域具有广泛的应用价值。在自动驾驶中，它可用于识别道路、车辆和行人等关键元素，提高自动驾驶系统的安全性和可靠性。在医疗图像分析中，语义分割有助于医生对病变区域进行精确标注和诊断，提高医疗服务的效率和质量。此外，语义分割还可用于遥感图像解译、人机交互、虚拟现实等领域。

尽管语义分割取得了显著进展，但仍面临一些挑战。例如，处理复杂场景和多类别分割时，模型的性能和准确性可能受到限制。此外，标注成本高昂也是制约语义分割广泛应用的一个因素。未来，随着深度学习技术的不断发展和计算机视觉领域的不断进步，相信语义分割将在更多领域发挥重要作用，为人类社会带来更多的便利和价值。

7.6 知识与知识图谱

7.6.1 知识的定义

知识是人们在社会实践中，凭借经验、感知、发现与学习，所获认识和经验的总和。它涵盖对客观世界多方面的感知、理解、解释和判断，反映客观事物属性与联系，是客观世界在人脑中的主观印象，形式多样，如感性知觉、表象等。知识具有多样性、系统性和实用性，分显性与隐性，也有正式系统或零散非系统之分，实用性是衡量其价值的重要标准。

知识可分为显性知识、隐性知识、陈述性知识、程序性知识。

（1）显性知识：易表达、编码和共享，常见于书本文字、数据库数据或文档，方便人们获取、理解与传播。

（2）隐性知识：与个人经验、直觉、技能紧密相连，靠个体实践、体验和感悟，难以用语言文字准确描述与传授。

（3）陈述性知识：描述事物状态或事实的知识。这类知识通常以命题或陈述的形式出现，如“北京是中国的首都”这样的简单事实描述，或是更为复杂的科学原理和理论。

（4）程序性知识：是关于执行动作或解决问题的知识，与操作步骤、方法、技能相关，如烹饪方法、算法步骤等操作流程，依赖个体实践和经验，需要在实际操作中练习完善。

7.6.2 知识的表示方法

知识表示（knowledge representation）是人工智能领域中的一个核心问题，它关乎如何将人类的知识转化为机器可以理解和处理的形式。在构建与应用知识图谱的过程中，知识表示方法构成了理解和操作知识的基础。常见的知识表示方法包括符号表示、逻辑表示、语义网络等。

1. 符号表示

符号编码是一种将知识转化为符号（包括单词、数字、图形等）的手段。该方法基于一个假设，即现实世界中的实体与概念能够通过符号得以表达。

（1）语句结构的符号编码：语句结构的符号编码是符号编码法中较为基础的一种形式，它借助自然语言的句子结构来阐释知识。例如，“猫属于动物范畴”和“人类具有思考的能力”等语句，直接展现了知识的直观性。然而，机器在解读和处理此类编码时面临挑战，因此通常需要将语句转换为机器可操作的形式。

（2）规则的符号编码：规则的符号编码法采用一系列规则（通常是条件与结论的配对）来阐释知识。该方法的核心在于其能够清晰地表达因果关系和逻辑推理。例如，“若天气状况为雨天，则应携带雨具”即为一条典型的规则。在推理和决策系统中，规则的符号编码法被广泛用作描述和推理的基础。

2. 逻辑表示

逻辑表示是一种精确的知识表达手段，其通过形式化的逻辑语言对现实世界中的事实及其相互关系进行描述。

（1）命题逻辑：作为基础逻辑体系之一的命题逻辑，其核心在于每个命题均为一个简单的陈述句，且仅能取真值或假值。通过逻辑连接词（如“合取”“析取”“否定”）对命题进行组合，可以构建更为复杂的逻辑表达式。例如，“今日降雨且本人携伞”可表达为$P \wedge Q$，其中，P代表“今日降雨”，Q代表“本人携伞”。

（2）谓词逻辑：谓词逻辑（亦称一阶逻辑）相较于命题逻辑更为复杂，其能够表达关于实体及其属性的知识。通过谓词、实体以及量词（如“存在”“全称”）的组合，谓词逻辑能够描述更为复杂的知识和关系。例如，“所有猫科动物均属于动物界”可表示为$\forall x\ (Cat(x) \rightarrow Animal(x))$，而“存在某物体为红色”则可表示为$\exists x\ (Red(x))$。

3. 语义网络

语义网络作为一种基于图论的知识表示工具，旨在系统地描述实体与概念及其相互间的逻辑关系。在该网络体系中，结点（node）充当概念或实体的象征，而边（edge）则用于揭示结点之间的关联性，其基本框架由结点与边所形成的图（graph）结构所构成。例如，在表达“猫属于动物”这一知识命题时，可设定一个结点表征“猫”，另一结点表征“动物”，并通过一条标有“属于”的边将二者相连接。语义网络具备表达类型与实例关系、部分与整体关系、因果关系等多种知识类型的能力，且因其直观性而具有较高的可理解性。

7.6.3 知识图谱的构建

知识图谱（knowledge graph，KG）是用于表示和存储语义知识的图形化结构，具有强大的知识表达、推理和查询能力。它将现实世界中的实体（如人、地点、事件、物体等）及其之间的关系（如“属于”“位于”“参与”等）通过图的形式进行建模。随着人工智能的发展，知识图谱已广泛应用于搜索引擎、推荐系统、智能问答等领域。

知识图谱的构建是一个复杂且多步骤的过程，主要包括以下几个关键步骤。

1. 知识抽取

知识提取是一个复杂而精细的过程，旨在从多元化的来源中搜集、提炼、转换及编码知识，以确保知识图谱中嵌入的是高质量、精确无误的领域知识。这一过程不仅考验技术的深度与广度，更体现了对知识的尊重与敬畏。常见的知识抽取方法包括如下内容。

（1）信息抽取（information extraction，IE）：通过自然语言处理技术从非结构化文本中提取实体、关系和属性。常用的技术有命名实体识别（named entity recognition，NER）、关系抽取、事件抽取等。

（2）本体学习：从现有文本或数据中自动生成本体，定义实体类别、属性和实体之间的关系。

（3）规则抽取：基于预定义的规则或模式，从文本中识别特定的知识，尤其适用于领域特定的知识图谱构建。

2. 知识融合

知识融合是将来自不同来源、格式和质量的知识进行整合的过程，确保图谱中的知识是准确、一致和无冗余的。知识融合过程涉及以下几方面。

（1）去重与冲突解决：处理不同来源中的相同或相似实体，消除冗余。

（2）数据对齐：将知识按相同的标准进行对齐，确保实体和关系在图谱中是统一的。

（3）知识合并：将多个数据源中的知识融合到同一框架中，创建一个完整的知识库。

3. 知识表示与存储

知识图谱的表示通常基于图数据库，其中，实体作为图中的结点，实体之间的关系作为边。常用的图数据库包括如下内容。

（1）资源描述框架（resource description framework，RDF）：一种用于表示知识图谱的标准化语义网络模型，采用三元组来表示实体和关系。

（2）图数据库：如 Neo4j、Amazon Neptune 等，通过图的结构来存储和查询大规模的知识数据。

此外，存储方案还需要考虑知识图谱的可扩展性、查询效率和知识更新的实时性。

4. 知识推理与更新

知识图谱的构建不仅是一个静态过程，还涉及对知识的动态推理和更新。知识推理使得图谱能够根据已有知识推导出新的信息，支持更智能地查询和决策。例如，利用推理引擎可以推导出新关系或填补图谱中的知识空白。与此同时，随着新知识的不断产生，知识图谱需要不断更新，以保持其时效性和准确性。

7.6.4 知识图谱的应用

知识图谱不仅在学术研究中具有重要价值，而且在多个领域的实际应用中发挥关键作用。以下是一些典型的应用场景。

1. 搜索引擎优化

知识图谱在搜索引擎中的应用，帮助提升了信息检索的准确性和智能化。例如，Google 的知识图谱通过理解用户查询背后的实体和关系，能够返回更具语义深度的搜索结果，而不仅仅是基于关键词的匹配。通过对知识图谱的查询和推理，搜索引擎能够为用户提供丰富的上下文信息，解决模糊查询和长尾查询问题。

2. 推荐系统

推荐系统利用知识图谱帮助构建更精准的推荐模型。通过将用户、物品、行为等信息结构化并在知识图谱中建模，推荐系统可以通过知识图谱中的实体和关系推导出用户的偏好和需求，从而提供个性化的推荐。例如，电商平台通过将商品、用户、购买行为等数据集成到知识图谱中，能够提供更加智能化的商品推荐。

3. 智能问答系统

智能问答系统（如 Google Assistant、Siri、Bing 等）依赖于知识图谱来理解用户的问题并返回准确的答案。通过对知识图谱中的实体和关系进行查询，问答系统能够基于语义理解来回答复杂问题。例如，用户提问“乔布斯是哪家公司的创始人？”时，系统能够从知识图谱中提取“乔布斯”和“创始人”之间的关系，给出“苹果公司”作为答案。

4. 企业知识管理

知识图谱可以帮助企业整合、管理和利用知识，促进信息的共享与协作。通过构建企业的知识图谱，员工可以快速访问和查询企业内部的信息资源，提高工作效率。例如，企业知识图谱可以整合员工、项目、文档和业务流程等信息，帮助员工更好地理解组织结构、业务流程以及历史决策，从而提升决策效率。

5. 医疗健康领域

在医疗健康领域，知识图谱被广泛应用于疾病诊断、药物研发、个性化治疗等方面。通过将医学文献、病例数据、药物信息等整合成知识图谱，医生可以利用图谱进行病因分析、诊断辅助以及治疗方案推荐。例如，某种疾病的症状与基因突变之间的关系可以通过知识图谱推理出来，帮助医生做出更精确的判断。

6. 法律领域

在法律领域，知识图谱可以帮助律师和法官快速检索相关法律条款、判例以及案件之间的关系。通过将法律文件、判决书、法规条文等信息集成到知识图谱中，法律从业者能够快速获得有关案件的背景信息和相关法规的支持，从而提高工作效率和决策质量。

第 8 章 程序设计基础与软件工程

8.1 程序设计基础

8.1.1 计算机程序的概念

有些人认为计算机是“万能”的，会自动完成许多工作，甚至觉得计算机是神秘的，这是初学者常见的误解。实际上，计算机的每一个操作都是按照人们事先给出的指令进行的。例如，用一条指令要求计算机执行一次循环操作，用另一条指令要求计算机执行一次加法操作。为了使计算机执行一系列的操作，必须事先编好一条条指令并输入计算机。

程序是计算机可以识别和执行的一组指令。每一条指令都会使计算机执行相应的操作。只要让计算机执行某个程序，计算机就会“自动地”执行每一条指令，并以有序的方式工作。为了使计算机系统能够执行各种功能，需要成千上万个程序。这些程序是由系统软件设计人员根据需要提前设计好的，并作为计算机系统的一部分提供给用户。此外，用户还可以根据实际需求设计一些应用程序，如图书管理程序、教务管理程序、财务计算程序等。

总之，计算机的所有操作都是由程序控制的，没有程序，计算机将无法工作。因此，计算机的本质是程序的机器，程序和指令是计算机系统中基本的概念。只有懂得程序设计，才能了解计算机是如何工作的，才能更深入地使用计算机。

8.1.2 程序设计语言

人和人需要通过语言进行交流。人类和计算机交换信息，也要解决语言的问题，需要创造一种计算机和人类都能识别的语言，这就是计算机语言。计算机语言经历了以下几个发展阶段。

1. 机器语言

计算机是基于二进制进行工作的。从本质上讲，计算机只能识别和接收由“0”和“1”组成的指令。在计算机发展的早期，一般计算机的指令长度是 16，即 16 个二进制数（“0”或“1”）形成一条指令，16 个“0”和“1”可以组成各种排列组合。人要使计算机知道自己的意图并执行相应的操作，需要编写许多条由“0”和“1”组成的指令。然后用纸带穿孔机在特制的黑色纸带上以手工的方式打孔，在指定的位置上，有孔代表“1”，无孔代表“0”。一个程序通常需要一卷很长的纸带。当需要运行此程序时，将纸带安装在光电输入机上，当光电输入机从纸带上读取信息时，在孔处产生一个电脉冲，指令变成电信号，使计算机执行各种操作。

计算机可以直接识别和接收的二进制代码称为机器指令（machine instruction）。机器指令的集合就是该计算机的机器语言（machine language）。语言的规则规定了各种指令的表示形式及其功能。

显然，机器语言与人类习惯的语言是不太一样的，学习难，写作难，记忆难，检查难，修改难，推广使用难，在早期仅有很少的人能够编写计算机程序。

2. 符号语言

为了克服机器语言的上述缺点，人们发明了一种符号语言（symbolic language），它使用英文字母和数字表示一种指令，如用 ADD 表示“加”，SUB 表示“减”，LD 表示“传送”。机器指令可以改用符号指令代替，例如：

```
ADD A,B（执行 A+B→A，将寄存器 A 中的数与寄存器 B 中的数相加，结果放到寄存器 A 中）
```

显然，计算机不能直接识别和执行符号语言的指令，它需要用一种称为汇编程序的软件，将符号语言的指令转换为机器语言的指令。通常，符号语言中的一条指令对应转换为一条机器语言指令，转换的过程称为“代真”或“汇编”。因此，符号语言又称符号汇编语言（symbolic assembler language）或汇编语言（assembler language）。

虽然汇编语言比机器语言更简单、更容易记忆，但是它仍然难以普及，而且只能由专业人员使用。

不同型号计算机的机器语言和汇编语言并不相同。用机器 A 的机器语言编写的程序不能在机器 B 上使用。机器语言和汇编语言是完全依赖于具体机器特性的，是面向机器的语言。因为它们“贴近”计算机，或者“非常接近”计算机，所以称它们为计算机低级语言（low level language）。

3. 高级语言

为了克服低级语言的缺点，20 世纪 50 年代诞生了第一个计算机高级语言 Fortran。它非常接近人类习惯的自然语言和数学语言。程序中使用的语句和指令用英文单词表示，程序中使用的运算符和表达式类似于人们日常所用的数学公式，易于理解。程序运行的结果用英文和数字输出，非常方便。例如，在用 Fortran 语言编写的程序中，计算并且输出 $3.5\times6\sin(\pi/3)$，只需要编写下面一行语句：

```
PRINT*,3.5*6*SIN(3.1415926/3)
```

执行以上语句就会得到计算结果。这显然很容易理解和使用。

这种语言非常强大，且不依赖特定的机器，用它编写的程序可以应用于任意类型的计算机（或者只需很少的修改），故称为计算机高级语言（high level language）。

当然，计算机不能直接识别高级语言程序，还要进行“翻译”。用一种称为编译程序的软件将用高级语言编写的程序（称为源程序，source program）转换为机器语言指令的程序（称为目标程序，object program），然后让计算机执行机器指令程序，最后得到结果。高级语言中的语句通常对应于多个机器指令。

自从有了高级语言，一般的科技人员、管理人员、学生及广大计算机爱好者都能更容易地学习用高级语言编写程序，而完全不考虑机器指令，也可以不必深入理解计算机的内部结构和工作原理，方便地使用计算机进行工作，为计算机的推广普及创造了良好的条件，人们称高级语言的出现是计算机发展史上“惊人的成就”。

在过去的几十年里，世界各地出现了很多种高级语言，每一种高级语言都有其特定的用途，其中有100多种被广泛使用，具有代表性的有Fortran和ALGOL（适合数值计算）、Basic和Qbasic（适合初学者的小型会话语言）、LISP和PROLOG（人工智能语言）、Pascal（适合教学的结构程序设计语言）、Visual Basic（支持面向对象程序设计的语言）、C（系统描述语言）、C++（支持面向对象程序设计的大型语言）和Java（适用于网络编程的语言）等。

高级语言经历了以下几个发展阶段。

（1）非结构化语言。早期的高级语言属于非结构化语言，没有严格的规范要求，程序中的进程可以随意跳转。人们为了追求程序执行的效率而采用了许多“小技巧”，使程序变得难以读取和维护。早期的Basic、Fortran和ALGOL等都属于非结构化语言。

（2）结构化语言。为了解决上述问题，人们提出了一种“结构化程序设计方法”，即程序必须由具有良好特性的基本结构（顺序结构、选择结构和循环结构）组成。程序的执行流程不允许随意跳转，程序总是自上而下执行每个基本结构。这种程序结构清晰，易于编写、读取和维护。例如，Qbasic、Fortran 77和C语言等是支持结构化程序设计方法的结构化语言。

以上两种类型的语言都是面向过程的语言，需要在编写程序时指定每一个过程的细节。在编写规模较小的程序时使用方便，但在处理规模较大的程序时，往往不能满足设计要求。在实践的发展过程中，人们提出了面向对象程序设计方法。程序处理的不是过程的细节，而是由数据和对数据执行的操作组成的一个个对象。

（3）面向对象的语言。近几十年来，人们开始使用面向对象语言处理规模较大的问题。例如，C++、C#、Visual Basic和Java等语言是支持面向对象程序设计的语言。

进行程序设计时必须使用计算机语言，人们根据任务的需要来选择合适的语言，编写并运行程序以获得结果。

8.1.3 程序设计方法

随着计算机技术的不断发展，人们对编程方法的研究也在不断深入。早期评价程序设计优劣的标准是运行速度快和占用内存少。然而，在计算机的计算速度大幅提高，存储容量不断扩大的情况下，具有良好的结构成为评价程序优劣的首要标准。虽然一个结构良好的程序在效率上可能不是最好的，但它具有清晰的结构，易于阅读和理解，并且易于验证其正确性。这对传统的程序设计方法提出了新的要求，从而促使了程序设计方法的进步。

1. 结构化程序设计

在20世纪60年代，出现了严重的软件危机，由软件错误而引起的信息丢失和系统报废现象频繁发生。为此，1968年，荷兰学者艾兹格·W. 迪科斯彻（Edsger W. Dijkstra）提出了常用的GOTO语句在编程中的3个主要危害：破坏了程序的静态和动态一致性，程序难以测试，限制了代码优化。此举在软件行业引起了多年的争议，促使结构化程序设计方法出现，同时诞生了基于这一设计方法的程序设计语言 Pascal。Pascal 由瑞士计算机科学家尼古拉斯·沃斯（Niklaus Wirth）开发，其以简洁、丰富的数据结构和控制结构而备受欢迎，为程序员的程序开发提供了极大的方便和灵活性。结构化程序设计（structured programming）是进行详细设计的基本原则，以模块功能和过程设计为主要部分。它的主要思想是采用自顶向下、分步细化的程序设计方法；使用3种基本控制结构构造一个程序，任何程序都可由3种基本控制结构构成顺序、选择和循环。它以模块化设计为中心，将软件系统划分为几个相互独立的模块进行开发，从而简化了各个模块的程序设计工作。显然，它为一些大型软件的设计奠定了良好的基础。

结构化程序设计自提出以来就受到了实践的检验，并在实践中不断发展和完善。它已经成为软件开发的一种重要方法。该方法设计的程序结构清晰，易于阅读和理解，便于调试和维护。

一般来说，结构化程序设计方法具有以下特点。

（1）自顶向下、分步细化。首先，将一个复杂的问题分解成几个独立的子问题，然后对每个子问题进行进一步分解，重复上述过程，直到每个问题都容易解决为止。

（2）模块化。模块化是结构化程序的一个重要原则。整个程序由层次化的功能模块组成，功能模块通过接口进行信息交流，使功能模块具有良好的独立性和层次性。这样更有利于系统的开发和维护。

（3）结构化。任何程序的实现都有 3 种基本控制结构（顺序、选择和循环），采用单入口、单出口的控制结构，避免了使用无条件转移GOTO等非结构化语句造成程序结构混乱的问题，保证程序具有良好的结构，有利于验证程序的正确性。

任何程序都可以由3种基本控制结构构成：顺序、选择和循环。

（1）用顺序方式将过程分解，确定各部分的执行顺序。

（2）用选择方式将过程分解，确定某个部分的执行条件。

（3）用循环方式将过程分解，确定某个部分进行循环的开始和结束条件。

对于处理过程中仍有歧义的部分可以重复使用上述分解方法，最终确定所有细节。

结构化程序设计的过程就是将问题求解由抽象逐步具体化的过程。该方法符合人们求解复杂问题的一般规律，可显著提高程序设计的质量和效率。

结构化设计语言主要有C、Fortran、Pascal、Ada、Basic等。

2. 面向对象程序设计

在程序设计中引入结构化思维，有效地降低了软件开发的复杂性，并且初步缓解了20世纪60年代后期出现的软件危机。然而，结构化程序设计方法仍然有两个问题需要解决。

（1）结构化程序设计基于求解过程来组织程序流程，程序设计的主要任务就是用不同的功能模块来描述求解过程。这种基于功能的设计方法很难适应程序中功能的变化，功能的变化往往意味着程序的重新设计。

（2）在结构化程序设计中，数据进行操作的过程是程序的主体，而被操作的数据处于实现功能的从属地位，即数据和施加于数据的操作是独立设计的，每个功能模块可以随意修改未加封装的数据，使数据的安全性难以保证。此外，当数据结构发生变化时，所有相关的处理过程都需要进行相应的修改，程序的可重用性较差。

由于上述缺陷不能满足现代软件开发的要求，软件开发需要对程序设计方法进行改进，面向对象程序设计（object-oriented programming，OOP）方法便应运而生。

1968年，挪威计算中心的克利斯登·奈加特（Kisten Nygaard）和奥利·约翰·达尔（Ole Johan Dahl）开发了SIMULA-68语言。该语言提供了比子程序更高层次的抽象和封装，并引入了数据抽象和类的概念，被认为是第一种面向对象的语言。在它的影响下，面向对象语言迅速发展。通过面向对象的方法解决问题，不是把问题分解成过程，而是把问题分解成对象，以对象为程序的主体。各对象有自己的数据（属性），也有作用于数据的操作（方法），面向对象的方法将对象的属性和方法封装成一个基本逻辑单元，供程序设计时使用。对象之间的交互是通过消息传递实现的。类用于描述具有相同属性的一组对象，继承用于在类与类之间共享数据和方法。

下面是面向对象程序设计的一些重要概念。

（1）对象。现实世界中客观存在的事物称为对象（object），它可以是有形的，如一个人、一本书、一架钢琴等；也可以是无形的，如一场音乐会、一笔交易、一次出行等。任何对象都具有各自的特征（属性）和行为（方法）。例如，一个人有姓名、性别、年龄等特征，也具有行走、吃饭、说话等动作行为。

面向对象程序设计中的对象是程序设计中客观事物在现实世界中的具体体现。它也有自己的特征和行为。对象特征由称为属性（property）的数据表示。对象的行为由程序代码实现，程序代码称为对象的方法（method）。简而言之，任何对象都是由属性和方法组成的。

（2）类。当人们认知客观世界时，采用抽象的方法将具有共同特征的事物划分为一类。类（class）是具有相同属性和行为的一组对象的集合，即类是指对具有相同特征和行为的一组对象的抽象描述，任何对象都是某个类的实例（instance）。例如，计算机是一个类，而每一台具体的计算机是该类的一个对象或实例。

类为属于该类的全部对象提供了统一的抽象描述。在程序设计过程中，通常有很多相似的对象，它们具有相同的属性、响应相同的消息、具有相同的方法。对每个这样的对象单独进行定义是很花费时间的，因此将类似的对象分组到一个类，每个这样的对象称为类的一个实例，类中的所有对象共享一个公共的定义。例如，所有的学生构成学生类、所有的汽车构成汽车类等。

（3）消息。一个系统由若干对象组成，它们之间通过消息（message）相互联系、彼此交互。消息是来自一个对象的请求，该请求需要另一个对象来执行某种操作。发送者发送消息时，在一条消息中需要包含消息的接收者和要求接收者执行某项操作的请求，接收者通过调用相应的方法来响应消息，这个过程被不断地重复，从而驱动整个程序的运行。

（4）封装。封装（encapsulation）是指将对象的数据（属性）和操作数据的过程（方法）结合在一起，构成独立的单元。该单元的内部信息对外界是隐蔽的，不允许外部直接访问对象的属性，只能通过使用类提供的外部接口对该对象实施各项操作，以确保程序中数据的安全性。

（5）继承。继承（inheritance）是面向对象方法为提高软件开发效率而采取的一项重要措施，这意味着子类可以具有父类的属性和行为。继承提高了程序代码的可重用性，在定义子类时，不需要重新定义那些在父类中定义过的属性和方法。例如，学生是一个父类，研究生、本科生则是它的子类。在研究生子类中，不但有学生的全部属性，如姓名、性别、年龄，而且有自己的属性，如学制、学位、研究方向等。

（6）多态性。多态性（polymorphism）是指具有相同名称的方法，会产生许多不同的操作，即不同的对象收到相同的消息时产生不同的行为方式。例如，“看病”是医生和患者共有的动作行为，当就诊消息发出后，医生和患者都要进行“看病”，但医生是“看病”，而患者是“就诊”。将多态的概念应用在面向对象程序设计中，增强了程序对客观世界的仿真能力，不仅为软件结构的设计提供了灵活性，而且减少了信息的冗余，提高了软件的可扩展性。

简而言之，面向对象程序设计用类、对象的概念直接模拟客观世界。在面向对象的程序设计语言中，可以找到对应的机制来说明客观世界中事物的存在、事物的属性及事物之间的关系。面向对象程序设计方法采用这种方式是合理的，符合人们认识事物的规律，改善了程序的可读性，使人机交互更加贴近自然语言，这与传统程序设计方法相比，是一个巨大的进步。

8.1.4　可视化程序设计

传统编程方法采用的是面向过程的顺序机制，缺点是程序员总是要关心什么时候发生了什么事情，应用程序的接口需要程序员编写语句来实现，对于图形界面的应用程序，只有在程序运行时才能看到效果，一旦不满意，就需要修改程序，因而使开发工作非常烦琐。

可视化程序设计是一种全新的程序设计方法，其主要是指编译环境的可视化，程序设计人员使用开发环境本身提供的各种可视化控件、方法和属性等，像搭积木一样构造出应用程序的各种界面。

可视化程序设计具有以下特点。

（1）可视化程序设计基于“眼见为实”的编程思想，力求实现编程工作的可视化，即程序设计、调整和结果的呈现可同步。

（2）将可视化编程与传统的编程方式进行比较时，可视化指的是减少文本语句的输入，只有通过直观的操作才能完成用户界面的设计工作。

目前，主流可视化程序设计环境的主要特点表现在两个方面：一是基于面向对象的思想，引入控件和事件驱动的概念；二是程序开发过程一般遵循首先绘制界面，其次根据事件编写程序代码，以响应鼠标和键盘的各种动作的步骤。

目前，有很多可视化编程语言，比较常用的有 Visual Basic、Visual C++、Java 等。以 Visual Basic 为例，其工具箱中提供了大量的界面元素（在 Visual Basic 中称为控件对象），如窗体（form）、命令按钮（command button）、标签（label）、文本框（text box）、单选按钮（radio button）、复选框（check box）等。在设计应用程序界面时，只需用鼠标将这些控件对象拖曳到窗体中，适当调整位置，再设置它们的属性，就可以设计出所需的应用程序界面。界面设计不需要编写很多代码，一些底层的程序代码是由 Visual Basic 自动生成或修改的。

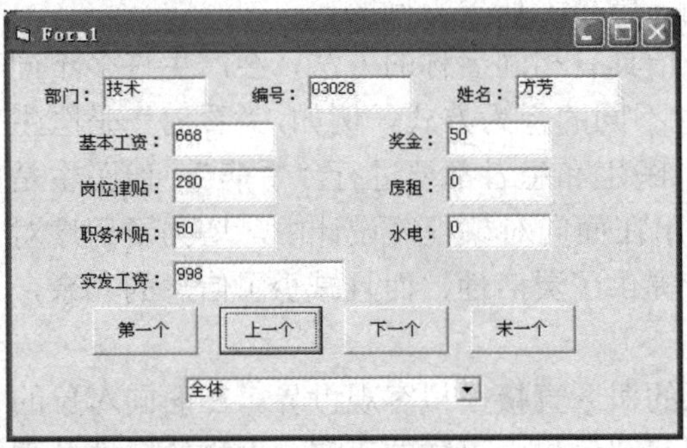

图 8-1 用 Visual Basic 设计的程序界面

图 8-1 显示了用 Visual Basic 设计的程序界面。界面中有一些标签对象、文本框对象、下拉菜单对象及命令按钮。标签对象用于提示文本框对象所输入的内容，文本框对象用于输入标签对象所需要的信息，下拉菜单对象用于控制显示人员的范围，命令按钮用于显示其他人的工资信息，起到了分页的功能，当单击（click）事件发生时，相应的过程代码被执行，完成程序功能。

就现代程序设计而言，界面设计在整个编程工作中占有很大的比例。这是因为程序需要通过界面与用户实现交互，这种交互都是基于图形用户界面（graphical user interface，GUI）的，因此可视化程序设计已经成为当今程序设计的主流。

8.2 算法与算法分析

算法与程序设计和数据结构密切相关。简单地说，算法就是解决问题的策略、规则和方法。算法有很多具体形式的描述，但计算机程序是对算法的一种精确描述，它可以在计算机上运行。数据结构操作的实现方法就是一个算法问题，但该问题是针对数据结构的，是在给定数据结构上进行的。下面从算法的特征、描述、性能分析和度量等方面对算法进行介绍。

8.2.1　算法的定义及特征

算法（algorithm）是对解决特定问题步骤的一种描述，是有限的指令序列。其中，每条指令表示一个或多个操作。一个算法必须满足以下 5 个重要特性。

（1）有穷性：对于任何一组合法的输入值，它必须在执行有限的步骤之后结束。也就是说，算法中的每个步骤都可以在有限的时间内完成。

（2）确定性：对于每种情况下所应执行的操作，在算法中都有明确的规定，使算法的执行者或阅读者都可以明确其含义及执行方法。在任何情况下，算法都只有一条执行路径。

（3）可行性：算法中描述的所有操作必须可以通过已经实现的基本操作运算执行有限次实现。

（4）输入：一个算法有零个或多个输入。输入作为算法加工对象的量值，通常在算法中表示为一组变量。有些输入量需要在算法执行期间输入，而有些算法表面上可以没有输入，实际上的输入已经嵌入算法中。

（5）输出：一个算法有一个或多个输出。它是一组与输入有确定关系的量值，这是算法进行信息处理后得到的结果，这种确定关系即为算法的功能。

算法和程序是两个不同的概念，两者之间既有联系又有区别。一方面，程序不一定满足有穷性。例如，操作系统，只要整个系统没有被破坏，它就永远不会停止。即使没有要处理的作业，它仍然处于动态等待状态。因此，操作系统不是一种算法。另一方面，程序中的指令必须是机器可执行的，而算法中的指令则没有限制。算法代表了问题的解决方案，而程序则是算法在计算机中的具体实现。如果用程序设计语言描述一个算法，则它就是一个程序。

算法和数据结构是相辅相成的。解决某一类型问题的算法可以选择不同的数据结构，选择的数据结构是否恰当将直接影响算法的效率。反之，某一种数据结构的优劣由各种算法的执行来体现。

8.2.2　算法设计的原则

设计一个好的算法，通常应遵循以下原则。

（1）正确性。首先，算法应当满足以特定的“规格说明”方式给出的需求。其次，对于算法是否“正确”的理解可以分为以下 4 个层次：一是程序中不含有语法错误；二是程序能够满足多组输入数据的要求；三是程序能够对精心选择的、典型、苛刻的输入数据产生满意的结果；四是程序对于一切合法的输入数据都能得出满足要求的结果。第三层含义的正确性通常被用来衡量一个算法是否合格。达到第四层含义的正确性是非常困难的，因为验证所有输入数据是不现实的。

（2）可读性。算法主要是用于人的阅读与交流，其次才是用于计算机的执行。因此，算法应易于理解；另外，晦涩难读的程序容易隐藏较多错误而难以调试。

（3）健壮性。当输入数据是非法的，算法应该做出适当的反应或进行相应的处理，而不是产生无法解释的输出结果。此外，处理出错的方法不应该是中断程序的执行，而应是返回一个表示错误或错误性质的值，以便在更高的抽象层次上进行处理。

（4）高效率与低存储量需求。一般来说，效率是指算法的执行时间。针对同一问题的多个算法，执行时间短的算法效率高。存储量是指算法执行期间所需的最大存储空间。两者都与问题的规模有关。例如，对 10 个数进行排序和对 100 个数进行排序所用的执行时间和运行空间有一定的差别。

8.2.3 算法效率的衡量方法和准则

算法的执行时间需要通过依据算法编制的程序在计算机上运行所需的时间来度量。通常有以下两种方法衡量算法的效率。

（1）事后统计法。通过计算机内部的计时功能，求得算法的执行时间，从而衡量算法的效率。这种方法有两个缺点：一是首先必须依据算法运行编写的程序；二是所得时间取决于计算机的软件、硬件等环境因素，有时很容易掩盖算法本身的优缺点。

（2）事前分析估算法。依据算法编制的程序在计算机上运行时，其运行时间取决于以下因素。

① 算法使用的策略。

② 问题的规模。

③ 编写程序的语言。

④ 编译器产生的机器代码的质量。

⑤ 计算机执行指令的速度。

显然，同一个算法用不同的语言来实现，或者用不同的编译器进行编译，或者在不同的计算机上运行时，效率均不相同。因此，使用绝对时间单位来衡量算法的效率是不合适的。除了与计算机软、硬件环境相关的因素外，可以认为特定算法的“运行工作量”的大小，仅取决于问题的规模（通常用整数 n 表示），或者说，它是问题规模的函数。

定义 如果存在两个正常数 c 和 n_0，使得对任意 $n \geqslant n_0$ 有 $T(n) \leqslant c*f(n)$，则 $T(n)=O(f(n))$。

当问题规模 n 增加时，如果算法执行时间的增长率与 $f(n)$的增长率相同，则表示为 $T(n)=O(f(n))$，称 $T(n)$为算法的（渐近）时间复杂度。

如何估算算法的时间复杂度？通常从算法中选取一种原始操作（指固有数据类型的操作）作为所研究问题的基本操作，并将该基本操作在算法中重复执行的次数（又称语句的频度）作为算法运行时间的衡量准则。

例如，在下列程序段中：

```
for(i=0;i<=n;i++)
    for(j=1;j<=i;j++)
        for(k=1;k<=j;k++)
            x=x+1;
```

基本操作“x=x+1”语句的频度为 $1+(1+2)+\cdots+(1+\cdots+n)=n(n+1)(n+2)/2$，因此这个程序段的时间复杂度为 $O(n^3)$ 。

在某些情况下，算法中基本操作重复执行的次数随问题的输入数据集而变化。例如，在下面的起泡排序算法中：

```
//将数组 a 中的整数序列排列成从小到大的有序整数序列
void bubblesort(int a[],int n){
    int i,j,tmp,flag;
    for(i=n-1,flag=1; i>1&&flag;--i){
        flag=0;                    // flag 为元素进行交换的标志
        for(j=0;j<i;++j){
            if(a[j]>a[j+1]){
                tmp=a[j];
                a[j]=a[j+1];
                a[j+1]=tmp;
                change=1;
            }
        }
    }
}//bubblesort
```

“交换序列中相邻的两个整数”为基本操作。当 a 中的序列从小到大有序时，基本操作的执行次数为 0；当初始序列从大到小有序时，基本操作的执行次数为 $n(n-1)/2$。对于这种算法时间复杂度的分析，一般采用其平均时间复杂度。但当无法计算平均时间复杂度时，采用其最坏情况下的时间复杂度。因此，可得上述算法的时间复杂度为 $O(n^2)$。

8.2.4 算法的存储空间需求

空间复杂度作为算法所需存储空间的量度，表示为 $S(n)=O(g(n))$，其中，n 为问题的规模，它表示随着问题规模 n 的增大，算法运行所需存储量的增长率与 $g(n)$的增长率相同。一个上机执行的程序除了需要存储空间来寄存本身所用指令、常量、变量和输入数据外，还需要对数据进行操作的工作单元和存储实现计算机所需信息的辅助空间。如果输入数据所占用的空间仅仅取决于问题本身，并且与算法无关，则只需分析除输入和程序以外的辅助变量所占用的额外空间，否则应同时考虑输入本身所需空间（和输入数据的表示形式有关）。如果所需的额外空间相对于输入数据量来说是恒定的，则称此算法为原地工作。如果所需存储量取决于特定的输入，则通常按最坏情况考虑。

8.3 软件工程的基本概念及软件生命周期

8.3.1 软件工程的基本概念

软件工程（software engineering）是应用计算机科学、数学、工程科学及管理科学等原理，开发软件的工程。软件工程借鉴传统工程的原则、方法，以提高质量、降低成本。其中，计算机科学、数学用于建立模型与算法，工程科学用于制定规范、设计范例、评估成本及确定权衡，管理科学用于计划、资源、质量、成本等管理。软件工程学的主要内容是软件开发技术和软件工程管理。

软件开发技术包含软件工程方法论、软件工具和软件开发环境，软件工程管理包含软件工程经济学和软件管理学。

1. 软件工程基本原理

著名软件工程专家 B.博姆（B.Boehm）综合了相关专家和学者的意见并总结了多年的软件开发经验，于 1983 年在一篇论文中提出了软件工程的 7 项基本原则：①用分阶段的生存周期计划进行严格的管理；②坚持进行阶段评审；③实行严格的产品控制；④采用现代程序设计技术；⑤软件工程结果应能明确审查；⑥开发团队的人员应该少而精；⑦认识到需要不断改进软件工程实践的必要性。

B.博姆指出，遵循前 6 项基本原则，可以实现软件的工程化生产；按照第 7 条原则，不仅要主动采用新的软件技术，而且要注意不断总结经验。

2. 软件工程的框架

软件工程的框架可以概括为软件工程的目标、过程和原则。

1）软件工程的目标

软件工程的目标是生产出具有正确性、可用性且成本适宜的产品。正确性是指软件产品达到预期功能的程度。可用性是指软件基本结构、实现及文档为用户可用的程度。成本适宜是指软件开发、运行的总体成本满足用户要求的程度。无论在理论上还是在实践中，这些目标的实现均有很多问题需要解决，这些问题形成了对过程、过程模型及工程方法选取的约束。

2）软件工程的过程

软件工程的过程是指生产一个能满足需求且达到工程目标的软件产品所需的步骤。软件工程的过程主要包括开发过程、操作过程及维护过程。它们包含需求、设计、实施、测试及维护等活动。

3）软件工程的原则

软件工程所遵循的基本原则是围绕工程设计、工程支持和工程管理而提出的，主要包括以下 4 条。

（1）选择适当的开发模型。这一原则与系统设计有关。在系统设计中，软件需求、硬件需求及其他因素之间是相互制约和影响的，往往需要权衡。因此，有必要认识到需求定义的可变性，并采用适当的开发模型来确保软件产品满足用户的需求。

（2）采取适当的设计方法。在软件设计中，通常要考虑软件的模块化、抽象和信息隐蔽、局部化、一致性及适应性等特征。适当的设计方法有助于实现这些特征，达到软件工程的目标。

（3）提供高质量的工程支撑。“工欲善其事，必先利其器。”在软件工程中，软件工具和环境对于支持软件过程尤为重要。高质量的工程支撑可以提高开发效率，减少错误，确保软件开发过程顺利进行。

（4）重视软件工程的管理。软件工程的管理直接影响可用资源的有效利用，生产满足目标的软件产品及提高软件组织生产力等问题。因此，只有有效地管理软件过程，才能实现有效的软件工程。

8.3.2　软件生命周期

软件生命周期（software life cycle）是指从软件计划开始制订，到软件的需求分析、软件设计、编码、软件测试、运行和维护直至软件报废的全过程。

软件生命周期的各阶段是从宏观的角度对软件进行划分。当然也可以粗略地划分为 3 个阶段：计划、开发和维护。软件生命周期与开发模型相关，不同的开发模型可能对应不同的生命周期。生命周期不同，软件开发阶段的划分、评审次数和基线标准都是有所不同的。

1. 软件的计划阶段

确定要开发软件的系统工作范围，给出其功能、性能、约束、接口和可靠性等方面的要求；预测开发软件所需的人力、物力资源；估算软件成本；对进度进行安排。软件计划阶段结束后，项目开发计划应与可行性研究报告一起提交给管理部门审查。

2. 需求分析阶段

了解用户要求，分析所开发软件的需求，给出详细定义，编写软件需求说明书（software requirements specification，SRS）和初步的用户手册，提交管理部门审核，SRS 是今后每个阶段工作的基础。

3. 软件设计阶段

基于 SRS 将确定的软件需求转换为相应的体系架构，描述每个模块的具体工作，编制设计规范，并提交给相关部门审查。

4. 编码阶段

将软件设计转换为计算机程序代码，编写测试用例，并且对模块进行测试。

5. 软件测试阶段

对系统进行单元测试、整体测试、有效性测试和系统测试，以验证所开发的软件是否完成了所要求的功能，包括整体性能、结构如何，是否满足用户的要求及是否能与其他系统元素协同工作等。

6. 运行和维护阶段

软件系统投入运行后，会逐渐暴露出错误。此外，用户还会不断提出一些新的要求。因此，系统需要不断地调试、修改和扩充功能，这些工作都是维护阶段要处理的。维护的工作量很大，一般占软件工作量的 80%以上。

在软件生命周期的每个阶段，都要产生具有特定规范的文件移交到下一个阶段，以便下一个阶段根据提供的文档继续开展工作。在软件开发过程中主要应按照相关标准和规范编制 14 种文件，它们是可行性研究报告、项目开发计划、SRS、数据要求说明书、概要设计说明书、详细设计说明书、数据库设计说明书、用户手册、操作手册、模块开发文件、测试计划、测试分析报告、开发进度月报和项目开发总结报告。

8.4 结构化分析与设计方法

8.4.1 需求分析的任务

需求分析的任务是发现、细化、建模和规范，包括对已建立的软件范围的详细细化，创建所需数据、信息、控制流和操作行为的模型，对可选择的解决方案进行分析并将它们分配到各个软件元素中。

软件需求分析主要包括 5 个阶段的工作，即问题分析、问题评估和方案汇总、建模、规范及复审。

（1）首先，要研究的是系统规约和软件项目计划，对其进行理解及复审，以完成整个软件的评估。其次，建立针对分析的相互通信方式，以确保问题分析顺利进行，目的是对用户认识到的基本问题要素进行识别。

（2）问题评估和方案汇总是指分析员必须定义所有外部可观察到的数据对象。分析员的工作包括评估信息流和内容，定义和详细说明所有软件功能，理解软件行为，建立系统接口特性，以及揭示其他设计约束。这些任务中的每一项都是为了描述问题，以便在整个评估和综合过程中集成一个全面的方法或解决方案。分析的主要焦点是“什么”，而不是“如何做”，需要明确的问题包括系统会生成和使用什么数据、系统必须执行什么功能、将定义什么界面及会应用什么约束。

（3）在问题评估和汇总解决方案的活动中创建系统模型，能够更好地理解数据和控制流、处理功能和操作行为，以及信息内容。模型是软件设计的基础，也是创建软件规范的基础。然而，在这个阶段要获得一个详细的规范是非常困难的，甚至是不可能的，因为用户可能很难准确地肯定需要什么。由于开发人员很难确定使用哪些特定方法来正确地完成功能和性能，因此另一种可选择的方法是使用原型法来进行需求分析。

（4）软件需求规范是软件工程后续各个阶段工作的基础，其质量直接影响软件的质量，因此复审是非常重要的。

（5）软件需求规范的复审可以从粗到细地进行，从客观性上保证规范的完整性、一致性、精确性，复审过程中可以考虑以下问题。

① 所述的软件目标和系统目标是否一致。

② 是否描述了所有系统元素的重要接口。

③ 问题域的信息流和结构是否定义正确。

④ 图清楚吗？每个图可以单独存在而不需要文本补充吗？

⑤ 主要的功能是否保留在范围中，描述是否正确。

⑥ 软件的行为与必须处理的信息及必须完成的功能是否一致。

⑦ 设计约束是否现实。

⑧ 是否考虑过开发的技术风险。

⑨ 是否考虑过其他可选的软件需求。

⑩ 是否详细地规定了检验标准。

⑪ 是否存在不一致性、信息遗漏或者冗余。

⑫ 是否与客户进行了全面接触。

⑬ 用户是否审阅过初步的用户手册或者原型。

⑭ 对计划阶段的估算有什么影响。

在此之后，复审的重点是规约的细节，重点关注措辞，发现隐含的问题，并澄清模糊的术语。

8.4.2　需求规范说明书

软件需求规范说明书即 SRS，它是分析阶段的产物，编写 SRS 并经复审通过，就意味着分析阶段已经结束。因此，SRS 是开发人员和用户必须遵守的“契约”。一份好的 SRS 应该具有以下特征：唯一性、完整性、可验证性、一致性、可修改性、可跟踪性和可用性。它不仅是软件人员设计软件的依据，还是用户考虑验收方案的基础。SRS 是软件开发过程中的一个重要里程碑，它体现了所有相关人员对所开发软件的共同理解和共同意愿。

由此可见，SRS 就是对所开发软件的功能、性能、用户界面和运行环境等作出详细描述的文件。

8.4.3　结构化分析方法常用工具

1. 数据流图

数据流图是系统逻辑模型的图形化表示，即使非计算机技术人员也很容易理解它，因此它是分析员和用户之间极好的通信工具。

数据流图的 4 种基本成分和说明如表 8-1 所示。

表 8-1 数据流图的 4 种基本成分和说明

符号	说明
	外部实体，位于被建模的系统之外的信息生产者或消费者
	加工处理，表示被建模的系统之内的信息交换者（功能）
	数据流，沿箭头方向传输数据的通道，一般在旁边标注数据流名
	数据存储，表示处理过程中存储各种数据的文件

2. 数据字典

数据字典是数据流图中所有元素定义的集合，是结构化分析的核心。数据流图和数据字典共同构成了系统的逻辑模型。没有数据字典，数据流图就不严格；若没有数据流图，数据字典也很难发挥作用。数据字典中有 4 种类型的条目，即数据流、数据项、数据存储和加工。

3. 判定表

有些加工逻辑不容易用语言形式表达清楚，但以表的形式则一目了然。如果一个加工逻辑具有多个条件、多个操作，并且在不同的条件组合下执行不同的操作，那么可以使用判定表来描述。

8.4.4 软件设计的任务

软件开发工作的需求分析阶段，主要解决需要开发的软件“做什么”的问题，并且在 SRS 中详细并充分地阐明了这些需求。进入设计阶段，开始对软件需求的实施，即着手解决“怎么做”的问题。

在软件设计阶段主要研究的是软件的总体结构和实现细节，一般来说，软件设计可以分为两个阶段：概要设计和详细设计。

1. 概要设计

概要设计阶段主要应完成的工作如下。

（1）确定软件系统的总体结构：包括整个软件系统应分为哪些部分，这些部分之间有什么联系，以及如何将已确定的需求分配给各组成部分去实现。

（2）数据相关设计：包括文件系统的结构设计、数据库的结构设计、模式设计、数据的完整性及安全性设计。

（3）审定需求阶段编写的初步用户手册：在概要设计的基础上确定用户的使用方式和要求，完成系统的用户手册。

（4）完成概要设计以后，应制订软件的初步测试计划，明确测试策略、方法和步骤。

在此基础上，测试计划经过进一步完善和补充，可作为今后系统化测试工作的重要依据。

（5）完成上述工作后，有必要组织对概要设计工作的质量进行评审，特别要评审软件的总体结构、各子系统的结构、各部分之间的联系、软件的结构如何保证需求的实现等。

2. 详细设计

详细设计阶段有 3 项主要任务。

（1）确定实现软件各组成部分功能的算法及各部分的内部数据组织。

（2）选择合适的表达方式来描述每种算法。

（3）进行详细设计的评审，重点考察算法的正确性和效率。

3. 软件设计的目标和准则

软件设计所追求的目标是使设计出的软件系统易于维护、易于理解、具有高可靠性和高效率。

衡量软件设计是否达到了上述目标的标准：首先，设计出的软件结构应具有明显的层次性，以便于软件元素之间的控制；其次，设计出的软件结构应呈模块化，这些模块要具有完全独立的功能，高内聚性和低耦合性；再次，设计出的软件与环境的界面应当清晰；最后，软件设计规范应当清晰、简洁、完整和无歧义。软件设计规范也是软件工程中的一个里程碑式文件，是软件设计的最终结果，它既是编码人员编写源程序的基础，又是今后对系统进行测试和维护的指南。

8.5 软件测试

任何软件产品在投放市场之前都必须进行测试。即使软件产品是非结构化的工程项目，也必须经过严格的测试。测试是软件工程中一个非常重要的阶段，是保证软件质量和可靠性的重要手段。根据软件的重要性差异，软件测试的工作量各不相同。一般来说，软件测试工作量约占软件开发总工作量的 40%，重要软件的测试工作量占软件开发总工作量的 80%以上。

8.5.1 测试目标

软件测试的目标是确保软件的功能符合用户需求，在发布或交付之前发现并改正尽可能多的问题。

（1）测试是为了寻找错误而运行程序的过程。

（2）如果用一个测试用例发现了一个至今未发现的错误，那么该测试用例就是一个好的测试用例。

（3）如果一次测试发现了一个至今未发现的错误，那么，这次测试就是成功的。

由此可见，测试是为了发现并排除软件工程各个阶段和各项工作中出现的错误，并不是向别人展示该软件如何正确。

8.5.2 测试原则

在进行有效的测试之前，应该了解软件测试的基本原则。

（1）测试显示软件存在缺陷。测试只能证明软件中存在缺陷，但并不能证明软件中不存在缺陷。软件测试是为了降低存在缺陷的可能性，即便是没有找到缺陷，也不能证明软件是完美的。

（2）穷尽测试是不可能的。现在软件的规模越来越大，复杂度越来越高，想做到完全性的测试是不可能的。在测试阶段，测试人员可以根据风险和优先级来进行集中和高强度的测试，从而保证软件的质量。

（3）测试尽早进行。为什么测试要尽早进行呢？简单地说，就是保证软件质量，降低风险和成本。测试人员一般在需求阶段就开始进行测试，使缺陷在需求或设计阶段就被发现，缺陷发现越早，修复的成本就越小。

（4）缺陷集群性（2/8 原则）。缺陷集群性表明小部分模块包含大部分的缺陷。软件测试中存在 Pareto 原则，即 80%的缺陷发现在 20%的模块中。一个功能模块发现的缺陷越多，其存在的未被发现的缺陷也越多，即发现的缺陷数量与未发现的缺陷数量成正比。

（5）杀虫剂悖论。反复使用相同的杀虫剂会导致害虫对杀虫剂产生免疫而无法杀死害虫，软件测试也一样，如果一直使用相同的测试方法或手段，可能无法发现新的漏洞。为了解决这个问题，测试用例应当定期修订和评审，增加新的或不同的测试用例帮助发现更多缺陷。测试人员不能一直依赖于现有的测试技术，而要不断地提升测试方法以提高测试效率。

（6）测试活动依赖于测试内容。根据业务的不同，软件测试内部也分为不同的行业，如游戏行业、电商行业、金融行业。不同的行业，测试活动的开展有所不同，如测试技术、测试工具的选择，测试流程都不尽相同，因此软件测试活动的开展依赖于所测试的内容。

（7）“没有错误便是好”是谬论。有可能 99%没有漏洞的软件也是不能使用的。如果对错误的需求进行了彻底的测试，就会发生这种情况。软件测试不仅是找出缺陷，还需要确认软件是否满足需求。如果开发出来的产品不能满足用户的需求，即便找到和修复了缺陷，作用也不大。

8.5.3 软件测试的方法与实施

1. 软件测试方法

软件测试具有多种方法，依据软件是否需要被执行，可以分为静态测试方法和动态测试方法；依照功能划分，可以分为白盒测试方法和黑盒测试方法。

1）静态测试和动态测试

（1）静态测试：静态测试可以人工完成，充分发挥人的逻辑思维优势，也可以通过软件工具实现自动化。静态测试包括代码检查、静态结构分析、代码质量度量等。经验表明，使用人工测试可以有效测出 30%～80%的逻辑设计和编码错误。

代码检查主要检查代码和设计的一致性，包括代码逻辑表达的正确性、代码结构的合理性等方面。这项工作可以发现违背编程标准的问题，程序中不安全、不明确和模糊的部分，找出程序中不可移植的部分、违背程序编程风格的问题，包括变量检查、命名和类型审查、程序逻辑审查、程序语法检查和程序结构检查等内容。代码检查包括代码审查、代码走查、桌面检查等具体方法。

① 代码审查：小组集体阅读、讨论检查代码。

② 代码走查：小组成员通过执行程序来检查代码。

③ 桌面检查：由程序员自己检查自己编写的程序。程序员在程序通过编译之后，进行单元测试之前，对源代码进行分析、检验，并补充相关文档，以发现程序的错误。

静态结构分析，即对代码的机械性、程式化的特性进行分析，包括控制流分析、数据流分析、接口分析、表达式分析。

（2）动态测试：静态测试实际上并不运行软件，主要通过人工进行分析。动态测试就是通常所说的上机测试，是通过运行软件来检验软件中的动态行为和运行结果的正确性。设计高效、合理的测试用例是动态测试的关键。测试用例是为测试设计的数据，包括测试输入数据和相应的预期输出两部分。测试用例的格式为

[（输入值集），（输出值集）]

2）白盒测试和黑盒测试

测试用例的设计方法一般分为两类，即白盒测试方法和黑盒测试方法。

（1）白盒测试：白盒测试基于软件的内部工作过程，设计测试用例并检查每种操作是否满足需求。白盒测试将测试对象视为一个透明的玻璃盒子，测试人员使用程序内部的逻辑结构和条件，设计并选择测试用例，对程序的所有逻辑路径及条件进行测试。通过检查程序在不同点的状态，确定实际的状态是否与预期的状态一致。

理论上说，通过白盒测试可以对程序进行彻底完全的测试，只要把所有逻辑路径都确定并为每一条逻辑路径设计一个测试用例即可，但实际上这种穷举测试是不可能的，即使是很小的程序，其逻辑路径可能也会很多。例如，图 8-2 为一个待测试程序的流程图，其中包括一个执行 20 次的循环，那么它所执行的不同路径数为 5^{20} 条，假定每一条路径进行测试需 1ms，1s 测试 1000 次，一天工作 24h，一年 365 天，则把该程序的所有路径测试完需要 3024 年。

（2）黑盒测试：黑盒测试基于软件的功能描述，设计测试用例，并检查已实现的每个功能是否满足需求。黑盒测试将被测试对象看作一个黑盒子，测试人员不需要考虑程序的逻辑结构和内部特征。因此，黑盒测试是在软件的接口上进行测试，检查输入数据是否被正确地接收并产生正确的结果。

如果要执行彻底的黑盒测试，则必须检查所有可能的输入数据，以确定程序是否都能产生正确的输出，但是这种穷举测试是不可能的。例如，有一个非常简单的程序，输

入 X、Y，输出 Z，假定程序运行在 32 位计算机上，且 X、Y 均为整数，则输入数据的可能组合数为

$$2^{32} \times 2^{32} = 2^{64}$$

假定程序每执行一次需 1ms，那么把所有这些数据测试一遍将要用 5.8 亿年。

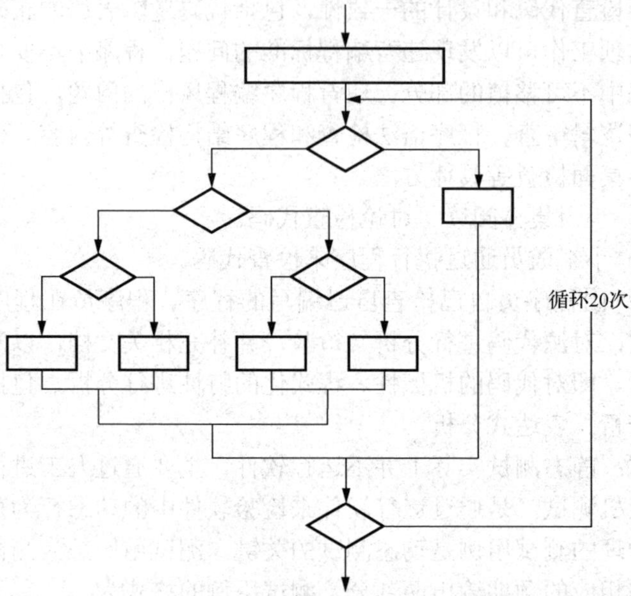

图 8-2 一个待测试程序的流程图

由此可见，无论采用哪种方法进行穷举测试都是不现实的。由于人们的时间和经济条件有限，必须从大量可用的测试数据中谨慎挑选少量的测试用例，以便这些测试用例尽可能多地发现错误。需要注意的是，因为穷举测试是不可能的，所以无论采用何种方式进行测试，都不能保证程序不会出错。

2. 软件测试的实施

软件测试过程分 4 个步骤，即单元测试、集成测试、确认测试和系统测试。

1）单元测试

单元测试是对软件设计的最小单位——模块（程序单元）进行正确性检验测试。单元测试又称模块测试，目的在于发现各模块内部可能存在的差错，单元测试要从程序的内部结构出发设计测试用例，多个模块可平行独立地进行单元测试。单元测试的技术可以采用静态测试和动态测试。

2）集成测试

集成测试是将经过单元测试的各模块进行组装的一个系统化技术，这时要根据概要设计说明书对各模块进行测试，以发现与接口有关的错误。集成测试的目的是将经过单元测试的模块构成一个设计所要求的软件结构。集成测试所涉及的内容包括软件单元的接口测试、全局数据结构测试、边界条件和非法输入的测试等。集成测试时将模块组装成程序，通常采用两种方式，即非增量方式组装和增量方式组装。不同的组装方式对模

块测试用例的形式、所用测试用例的类型、模块测试的次序、生成测试用例的费用和调试的费用有不同的影响。

3）确认测试

确认测试又称有效性测试，它的任务是验证软件的功能和性能，以及其他特性是否满足 SRS 中指定的各种需求，包括软件配置是否完全、正确。在 SRS 中描述了用户可见的所有软件属性，其中包括有效性准则，它包含的信息就是软件确认测试的基础。确认测试的实施首先运用黑盒测试方法，对软件进行有效性测试，即验证被测软件是否符合 SRS。

4）系统测试

系统测试是将通过测试确认的软件，作为整个计算机系统的一个元素，与计算机硬件、外设、支持软件、数据和人员等其他系统元素结合在一起，在实际运行（使用）环境下对计算机系统进行一系列的集成测试和确认测试。由此可知，系统测试必须在目标环境下运行，其功能在于评估系统环境下软件的性能，发现和捕捉软件中潜在的错误。

系统测试的目的是验证软件是否可以在系统的实际工作环境中与系统正确连接，并找出软件与系统要求之间的不一致。系统测试实际上是针对系统中各个组成部分进行的综合性检验，它已超出了软件工程的范围。

系统测试的具体实施一般包括功能测试、性能测试、操作测试、配置测试、外部接口测试和安全性测试等。

第9章 医学信息系统基础

随着信息技术的迅猛发展，信息化、数字化已经深入人们工作、生活的各个领域。在医疗领域，人们不仅可以看到计算机断层扫描（computed tomography，CT）、磁共振成像（magnetic resonance imaging，MRI）、彩色多普勒超声检查等大型数字化医疗设备在医院中广泛应用，还可以看到公共卫生系统、远程诊疗系统和医院信息系统等信息系统的普及与发展。因此，通过信息学的角度去探索医学科学，利用信息系统辅助医疗行为和开展医学研究有其独特的意义。本章将围绕医学信息系统，介绍相关信息技术的基本概念及基本系统。

9.1 医学信息系统概述

医学信息系统的建设与应用综合反映了一个国家卫生工作状况和医疗服务水平，也是计算机技术、信息处理技术、网络通信技术、现代企业管理等现代科学技术综合应用能力的体现。目前，我国已完成了中央、省、地（市）三级公共卫生信息系统的构建，许多地级医院已完成了医院管理信息系统的建设，而省市大型医院在完成医院信息系统的建设后将重心转向了临床信息系统的探索与应用，彰显了我国公共卫生信息处理能力和医疗服务水平的全面提升。

9.1.1 信息系统相关概念

基于计算机的信息系统（information system，IS）是由计算机网络、硬件、软件、信息资源、信息用户和规章制度组成的以处理信息流为目的的人机一体化系统。

从用途上看，信息系统的基本结构一般可分为以下4个层次。

（1）硬件、操作系统和网络层。

（2）数据管理层：是信息系统的基础，包括数据的采集、传输、存取和管理，一般以数据库管理系统作为核心软件。

（3）应用层：是与应用直接相关的，包括各种应用程序，如分析、统计、报表、规划和决策等。

（4）用户结构层：是信息系统提供给用户的界面。信息系统是一个向单位或部门提供全面信息服务的人机交互系统。

信息系统的特点，概括来说一般具有以下4个方面。

（1）以数据库为核心，以网络为技术支撑环境。

（2）以经营业务为主线，以提高工作质量与工作效率和辅助决策为主要目的，可以提高综合管理水平，增强竞争力，获得更大社会效益与经济效益。

（3）在系统内部按一定原则划分若干子系统，各子系统、分系统之间互有接口，可有效进行信息交换，真正实现信息资源共享。

（4）处理的对象既有结构化数据，也有半结构化或非结构化数据，同时还有静态和动态区分。

9.1.2　医学信息系统的概念与特点

随着社会的进步，以及医学科学和信息技术的发展，人们对卫生环境、疾病预防、医疗服务及自身健康水平的关注程度日益提高，需要运用医学信息处理技术解决这些与自身健康密切相关的医学问题，围绕卫生健康服务的各类信息系统也就应运而生。

1. 医学信息系统的概念

按照信息系统的定义，医学信息系统就是与医学相关业务的信息系统。当今社会的医疗卫生活动不再局限于医院，医疗活动的概念已经从医院拓展到社区卫生保健。区域卫生信息系统连接着上至国家卫生健康委员会下至社区卫生服务中心、社会保障数据中心、各个医院的医院信息系统，构成了庞大的、全民的医学卫生计算机网络体系。因此，医学信息系统从广义上来讲，应该包含公共卫生、医学服务和卫生管理三大类信息系统，而每大类系统在其应用领域内又可分为若干相关子信息系统，如图9-1所示。

一个完整的数字化医院拥有许多与医疗相关的信息系统，其中，医院信息系统（hospital information system，HIS）是其他医学信息系统的基础，是其他医学信息系统不可缺少的信息来源与信息枢纽，为相关医疗活动提供支持；而其他医学信息系统则是医院信息系统的纵向延伸，如医学影像信息处理系统和社区卫生信息系统。

2. 医学信息系统的特点

医学信息系统具有以下8个特点：①医学信息的体量大，复杂程度高；②医学信息的应用广泛，影响大；③医学信息的标准化程度低；④医学信息的处理难度大；⑤医学信息的私密性强，涉及个人、家庭甚至国家信息；⑥医学信息的连续性、时效性显著；⑦医学信息系统的商业化产品少；⑧医学信息系统的开发技术需求多、周期长、投入大、维护难。

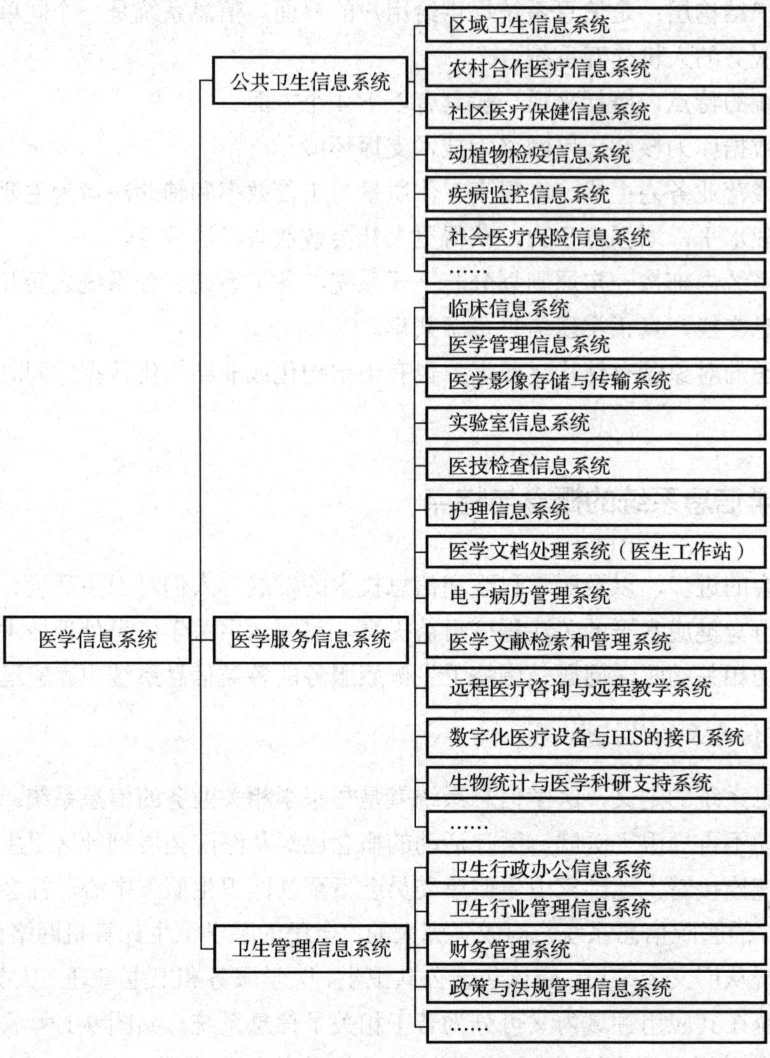

图 9-1　医学信息系统分类示意图

9.1.3 医学信息标准

医学信息标准包括医学信息相关的各类标准，是指在医学信息处理过程中，对信息进行采集、传输、交换和利用时采用的统一规则、概念、名词、术语、代码和技术。随着医学信息研究领域的不断深入，特别是医疗卫生信息化发展的进程加速，由于缺乏统一的规范和标准，医疗机构与相关单位各信息系统之间无法进行信息共享与交换，甚至出现“信息孤岛”情况，严重制约了医疗的信息化和智能化发展。因此，建立医学信息的统一标准，实现医疗卫生信息的互联互通，是医学领域信息化建设的重要任务。

1. HL7

卫生信息化交换标准（Health Level Seven，HL7）成立于 1987 年，为 ANSI 认证的

非营利的标准制定组织，致力为电子健康信息的交换、集成、共享和检索提供应用框架和相关标准。2000 年我国加入 HL7 组织，成为一个地区性分会，并在国内开始进行 HL7 的推广与应用。

HL7 是一种医疗卫生信息交换标准，它是基于 OSI 参考模式第七层（应用层）的医学信息交换协议，汇集了不同厂商用来设计应用软件之间接口的标准格式，可以规范各医疗机构之间，医疗机构与患者、医疗事业单位、保险单位以及其他相关单位之间各种不同类型的信息系统，实现各系统之间的信息传输。

在 HL7 中，信息（message）是数据交换的基本单位。HL7 的信息是自动生成的，它将 HL7 标准文档自动转化为一个 HL7 规则数据库和部分程序数据结构代码。实现一个通信标准的具体工作是生成数据结构，以及实现一个构造器（builder）和一个解析器（parser）。数据结构清晰展现了标准中各个数据对象的相互关系。构造器将数据结构中的数据转化为能在电子数据交换媒介中传输的数据串，而解析器能够将数据串解析回原来的数据结构。HL7 标准是一个文本结构的文档。首先，利用一些文字处理工具将文档中的各个数据定义抽取成数据结构，再将结构的形式存入预先定义的 HL7 规则数据库。然后，开发一种代码生成器，它根据规则数据库的内容，自动生成某一种计算机语言代码。最后，可将这些代码加入实际应用的程序框架。

2. DICOM

在医学影像信息学的发展和研究过程中，医疗设备生产厂商的不同，造成与各种设备有关的医学图像存储格式、传输方式千差万别，使医学影像及其相关信息在不同系统、不同应用之间的交换受到严重阻碍。为此，美国电器制造商协会（National Electrical Manufacturers Association，NEMA）和美国放射学会（American College of Radiology，ACR）联合制定了通用的医学影像标准——医学数字成像和通信（digital imaging and communications in medicine，DICOM）。

DICOM 标准参考了其他 ISO 标准和 HL7 等放射领域外的医疗卫生标准的制定经验，总结和涵盖了医学图像领域的其他标准，详细规定了传输医学图像及其相关信息的交换方法和交换格式。涵盖了医学数字图像的采集、归档、通信、显示及查询等大多数信息交换的协议，以开放互联的架构和面向对象的方法定义了一套包含各种类型的医学诊断图像及其相关的分析、报告等信息的对象集，定义了用于信息传递、交换的服务类与命令集以及消息的标准响应，详述了唯一标识各类信息对象的技术，提供了应用于网络环境（OSI 或 TCP/IP）的服务支持，结构化地定义了制造厂商的兼容性声明等。

DICOM 标准实现了医学影像信息交换的互联互通，推动了不同厂商、不同设备和不同型号之间的开放式医疗影像的传输与交换，促进了影像存储与传输系统（picture archiving and communication system，PACS）的发展，推进了 PACS 与 HIS 等系统的集成，实现了高效、快速的医学影像数据通信。

3. IHE

1999 年，北美放射学会（Radiological Society of North America，RSNA）与医疗保

健保障信息管理系统协会（Healthcare Information and Management Systems Society，HIMSS）联合发起医疗健康信息集成规范（integrating healthcare enterprise，IHE）项目，意在通过规范 HL7 与 DICOM 等标准来解决医院医疗环境中信息化建设各子系统间的无缝集成，从而实现医疗健康信息资源的集成和共享。

IHE 是在已有标准的基础上，通过严密的技术框架的文档性描述，提出、确定和介绍集成模式，通过兼容测试进行验证，确保医疗健康领域各个参与的环节和过程都具有良好的互联性与协调性。

IHE 技术框架实现了医疗健康领域相关机构或部门信息系统之间有效对接，为医疗部门、企业以及国家级卫生健康体系提供了协同工作方案，为进一步完善工作流程，提高应用效率奠定了基础。

9.2 医学信息安全概述

随着信息技术与智能化应用的迅速发展，云计算、大数据、物联网等先进技术得以在医学领域广泛应用，从而对临床医疗、科学研究、公共卫生、健康管理以及健康产业发展等方面产生了积极的推动作用。医学信息的产生、存储以及应用规模呈爆发式增长，随之而来的信息安全问题日益严重，医疗数据及信息被非法获取、恶意篡改等问题屡见不鲜。因此，加强医学信息安全保护对促进医疗卫生事业健康发展具有重要意义。

9.2.1 信息安全

信息安全是为数据处理系统建立和采用的技术、管理上的安全保护，目的是保护计算机硬件、软件、数据不因偶然和恶意的原因而遭到破坏、更改和泄露。信息安全是指在信息的生产、存储、传输、加工以及利用过程中，对个体、群体、国家乃至全球带来不同程度的影响和危害的信息要素与信息行为的总和，包括信息设施安全、软件安全、数据安全，网络安全、信息资源安全以及信息管理的法规制度等。

从国家宏观安全角度看，信息安全是指一个国家的社会信息化状态和信息技术体系存在潜在或正在面临的威胁与侵害。它强调的是社会信息化带来的安全问题：一方面是指具体的信息技术系统发展的安全；另一方面则是指某一特定信息体系（如金融系统、指挥作战系统等）的安全。

从微观角度看，信息安全是指在信息产生、制作、传播、收集、处理以及选取等信息传播与使用过程中的信息资源安全。对信息安全的关注点主要集中在信息处理安全、信息存储安全以及网络传输信息内容安全 3 个方面。

9.2.2 医学信息安全

医学信息安全除包含医疗机构信息安全外，还涉及医疗行政管理、公共卫生、互联网医疗等多个方面。在医疗卫生实践中，对各信息系统硬件、软件及数据库进行安全保护和管理，避免受到偶然或者恶意的破坏和泄露，即信息系统不会因为各种影响因素而导致中断，服务具有连续性、可靠性以及稳定性，数据具备完整性、准确性和一致性。

9.2.3　医学信息安全技术

1. 数据加密技术

数据加密技术主要是采用密码学中的相关算法对信息进行加密处理，以此来防止数据的泄露。传统的数据加密技术可归纳为 3 类，即对称加密、非对称加密和单向加密。

对称加密是指一组加密信息的传输者和接收者的加密、解密方式是一样的，密钥相同。数据加密标准（data encryption standard，DES）算法是最常见的对称加密算法，但存在明显的缺陷：密钥较短，安全性低。高级加密标准（advanced encryption standard，AES）算法密钥长度设计更加灵活，并且运行速度更快，实现效率更高，安全性更强，逐渐取代了 DES 算法，成为对称加密技术中的主流算法。

非对称加密技术是指传输者与接收者的加密方式、解密方式不同，密钥由公开密钥和私有密钥组成，分别用于加密和解密。

单向加密技术又称不可逆加密技术，在整个加密过程中不需要使用密钥，系统直接通过加密算法将明文转换为密文。

在远程医疗中，数据加密技术是保证医疗数据安全传输的关键。

2. 身份认证技术

身份认证（或“身份鉴别”）是证实用户的真实身份与其对外的身份是否相符的过程，从而确定用户信息是否可靠，防止非法用户假冒其他合法用户获得一系列相关权限，保证用户信息的安全、合法利益。目前，应用较多的身份认证技术有包括基于口令的身份认证方式、基于物理介质的身份认证方式和基于生物特征的身份认证方式等。

1）基于口令的身份认证方式

基于口令的身份认证方式是最基本的身份认证方法，系统通过口令来验证用户的合法有效性。简单来说，通过用户名和用户密码来认证用户，只要能够正确通过验证，系统就判定操作者是合法用户。这种身份认证方式主要适用于小型封闭型系统，口令一般分为两种，静态口令和动态口令。静态口令方式存在安全隐患，动态口令认证相比静态口令认证在安全性方面有所提高。

2）基于物理介质的身份认证技术

常用的基于物理介质的身份认证方式有 IC 卡认证和 USB key 认证，该方式是目前被广泛应用的认证身份的手段，在实际使用过程中通常与其他技术一起使用。

3）基于生物特征的身份认证技术

由于基于生物特征的身份认证技术是利用人体具有的、不可模仿的、不易伪造的特定生物标志来进行验证，因此具有很高的可靠性。使用最广泛的生物标志有人的指纹、脸形、声纹、眼纹等，用于对用户身份进行识别。另外还可以利用行为来进行验证，如签字、按键力度等。目前已经开发出指纹识别、脸形识别、声音识别、签字识别等多种生物识别设备。常用于身份识别的生理标志具备以下 3 个条件：足够的可变性，系统可根据它来区别成千上万的不同用户；保持稳定，不会经常发生变化；不易被伪装。

3. 访问控制技术

访问控制技术是一套身份认证和权限管理机制，用于保证用户的合法身份，以及授予用户访问数据的恰当权限。访问控制由两个主要部分组成：身份认证与授权。身份认证本身并不足以保证数据安全，想要保证数据安全，还需要添加额外的安全层——授权。授权用以确定用户是否能够访问其所要求的数据。没有身份认证与授权，就没有数据安全。访问控制可以划分为基于角色的访问控制、基于风险的访问控制和基于策略的访问控制。

（1）基于角色的访问控制：通过为用户分配角色，可对数据的访问权限进行控制。基于传统的访问控制模型，一些研究通过将角色与访问目的、责任结合起来，提出了改进方案。

（2）基于风险的访问控制：动态的基于风险的访问控制模型使用量化和集合的风险矩阵来管理用户对于云端资源的访问。针对医学数据的隐私保护，有研究者提出了一种可量化风险自适应访问控制模型：通过定义量化算法，利用统计学和信息论的方法。例如，访问与目标不相关的信息会导致高风险，访问相关的信息则产生低风险，从而实现基于风险的访问控制。

（3）基于策略的访问控制：在基于策略的访问控制模型中，患者可以制订自己的个人策略，标记自己认为的敏感信息和个人信息，将个人策略和访问目的关联起来。个人信息的用途必须与自己的策略一致，否则必须得到患者的同意才能使用。基于策略的访问控制算法有效解决了细粒度访问控制问题，访问有效降低患者敏感数据在未经其许可而发生泄露的风险。

4. 数据溯源技术

数据溯源技术就是对数据的来源、流向、使用等进行追踪和查询的过程。简单来说，就是利用技术手段和方法，对数据的全生命周期进行记录、查询和验证，以确定数据的来源、状态、用途和传递过程。数据溯源的意义在于确保数据的准确性、完整性和可靠性，从而提高数据质量；帮助发现和防范数据泄露、篡改等安全风险，保障数据安全；准确地分析数据的价值和意义，为决策提供更有力的支持；有效加强数据的透明度，促进不同部门、机构之间的数据共享和协作。

在医疗健康领域的应用，数据溯源技术可以有效防止医疗数据滥用、篡改、贩卖等行为，使医疗数据变得更加安全可靠，在保护用户隐私、处理大数据分析等方面有着重要的意义。

9.3 医院信息系统

随着医院现代化水平的逐步提高，越来越多的医院实行了计算机网络化管理，医院信息系统（hospital information system，HIS）的发展经历了范围不断扩大、内涵不断深化、技术不断更新和投入不断增大的过程。目前，医院信息系统已经成为医院管理的必要设施，是提高医疗卫生服务能力和水平的重要手段之一。

9.3.1 医院信息系统概述

医院信息系统是指利用计算机软硬件技术、网络通信技术等现代化手段，对医院及其所属各部门的人流、物流、财流进行综合管理，对医疗活动各阶段中产生的数据进行采集、存储、处理、提取、传输、汇总、加工，并形成各种信息，从而为医院的整体运行提供全面的、自动化的管理及服务的信息系统。

从 20 世纪 60 年代初，美国就开始了医院信息系统的研究。通过引进大型计算机应用于医院管理，以整个医院为对象进行数据处理，这一时期的应用研究开创了医院信息系统的先河。20 世纪 70 年代，医院信息系统向两个方向发展，一个是使用大型机集中式处理；另一个是小型机的分散式处理。不少医院利用这些方法建成了各个部门之间信息可以共享的医院信息系统。随后，微型计算机的出现使情况发生了极大的变化，微型计算机局域网络、用于数据处理的高速计算机和用于数据存储的大容量存储介质的出现，极大程度上促进了医院信息系统的推广和发展。

经过几十年的发展，我国医院信息系统的发展大体经历了 4 个阶段。

（1）独立应用阶段。早期的医院信息系统多为单机系统，各科室分散应用，简单地实现以计算机操作替代人工操作的功能，不能实现信息的共享和交换。例如，患者信息管理、药品、器械的信息管理都是相互独立的。

（2）局部应用阶段。此阶段提供面向事物的电子化处理手段和有限的信息共享。该阶段的特点是在一个局部系统内部存在多方面的应用，它们之间信息可以共享，但局部系统与局部系统之间不能实现集成。

（3）信息完整、集成度高的一体化应用阶段。目前，正在发展的医院信息系统是较为完整的、集成的医院信息系统，这一阶段主要特征是能够从医院总体上把握信息系统的功能，围绕患者在医院活动的各个环节构造系统的整体框架，使医院内各个系统之间的信息高度共享与集成。

（4）区域医疗信息化应用阶段。现阶段，国内一些地方卫生健康委员会、大型医院以及一些有实力的机构开始探索区域医疗信息化，力图在一定区域内实现医疗机构间的医疗信息交换与共享。在此阶段，通过集成不同应用系统构建医院信息平台，与外界互联互通、共享医疗信息。

由此可见，医院信息系统将现代信息技术和医院的管理理念、各部门业务特点及经验有机地加以结合，用数据库的方式管理、存储信息，利用计算机网络加速信息流通和传递速度，对医院的发展和当前的改革具有重要意义。

9.3.2 医院信息系统的意义和作用

医院信息系统的应用在改善医疗服务质量，提高医院科学管理水平，提升医院社会经济效益等方面具有重要的意义和作用，主要体现在以下 3 个方面。

（1）实现对患者信息的采集、存储、传输，使医院内部的信息高度共享，为医院科学管理和决策分析提供必要的数据支持。

（2）优化医院工作流程，实现患者信息的全流程管理，规范医护人员的工作行为，提高医护人员工作质量。

（3）简化患者就诊流程，减少患者诊疗程序，缩短患者就医时间，保证医疗机构秩序的顺畅，在提高医疗资源利用率的同时，提高医院的工作效率和管理水平，真正实现以患者为中心的服务宗旨。

9.3.3 医院信息系统的主要功能

医院信息系统以患者基本信息、卫生经济信息和物资管理信息为 3 条主线，其应用范围应覆盖医疗护理管理部门、临床科室及各个医技科室，应满足不同类型医院的管理和医疗护理工作的需求。医院信息系统的主要功能可分为信息服务功能、事务管理功能和系统功能三大类。

1. 信息服务功能

1）辅助决策功能

医院每一项管理工作和决策工作的最终目的是保证医院以较高的工作效率为患者提供更好的服务，并得到较好的经济效益和社会效益。医院信息系统的应用可以帮助决策者及时了解医院运行的情况，开展一些在以往的传统管理中不能或难以实现的工作，以提高对医疗工作决策的能力和水平，最终提高决策的质量和效果。医院信息系统应能为决策者迅速而准确地提供决策所需要的数据、信息和背景资料，帮助决策者明确决策目标，建立、修改决策模型，提供各种可选择的方案，并对各种方案进行评价和优选，为医院领导决策和实施有效的管理发挥强大的辅助作用。

2）统计服务功能

医院信息系统应有强大的综合医务统计功能，能够完成医疗数量和质量指标的统计分析，在院内实现数据共享。例如，当日或当月医疗数据、医疗经济信息、患者信息、病种分析、各种统计报表等全部在网上传输，可极大地提高信息的时效性。同时，还应提供多种多样的统计查询功能，使统计工作更加全面，统计职能进一步得到发挥。医院信息系统应能变集中录入、定期分析为实时采集、实时分析，免去手工抄送报表，使在线日报、月报及时生成，领导者和管理部门可以随时查询。医院信息系统的应用可实现医院分级管理标准中的病种管理、医疗经费管理和工作量统计等要求，克服以往统计工作中的人为错误。例如，综合查询系统、医务统计系统等可随时提供医疗数量和质量指标完成情况、医疗动态情况等，由以往单纯的医疗信息变为综合的和完整的信息，使综合统计功能大幅加强。

3）为医疗、科研、教学服务功能

医院信息系统运行以后，医院领导和各业务管理部门不仅可以随时从自己的工作站上任意查询某一时段、某一类型的医疗数据、医疗经济信息、患者信息、病种分析等信息，还可以在该系统上进行单病种分析、病种治疗过程分析、药物治疗效果分析等。医院信息系统自动生成统计分析图表，可为医疗、科研、教学提供种类繁多的信息资料。同时，可利用这些丰富的信息资源进行临床医疗管理、医院行政管理、卫生经济管理及药品物资管理等方面的综合对比和研究。

4）卫生经济管理服务功能

医院信息系统在记录患者医疗活动过程的同时，产生了各种医疗费用信息。例如，通过对卫生经济信息的综合处理，可以查询单病种平均费用及人均费用，以及各种费用的构成比例。又如，通过对成本信息的综合处理，可提供在收入增加中调价因素所占的比例、新增设备所占的比例等。这些都为医院卫生经济宏观管理和微观管理创造了良好的条件，为研究和制定医院卫生经济管理工作发展规划、管理制度、规范要求提供了基本的依据。

2. 事务管理功能

1）门诊管理

门诊管理系统覆盖了患者在门诊就医的全流程，包括挂号预约、就诊、划价、收费、取药等环节。患者既可以选择电话预约挂号，又可以现场挂号。患者所做的所有检查、治疗及购买药品都由计算机网络系统自动完成划价。该系统支持患者使用医疗保险卡，该卡可以方便持卡人进行挂号、检查、治疗、取药，自动完成划价收费。有些医院信息系统还研发了触摸屏电子咨询系统或采用双屏显示方法，极大地方便了患者门诊就医的便利性，同时也提高了医院的服务质量。

2）住院管理

从患者入院开始，即可通过网络查询患者的基本信息并安排床位。医生在自己的工作站上书写病历、下达各种检查和治疗医嘱，通过网络传输，患者及时得到了妥善处理。患者在做完各种检查后，检查结果通过网络自动传回相关的工作站。有需要手术的患者，在医生工作站提出手术预约申请，手术室医护人员进行手术安排。医生还可在线查看各种检查报告及影像图片。患者在医疗过程中，系统自动记录相关的医疗经费，卫生经济管理部门负责审核、监控，提升了卫生经济管理的透明度，有效防范了欠费、漏费。计算机网络管理模式下的临床医疗管理，优化了工作流程，提升了医疗服务质量，实现了一切以患者为中心的服务宗旨。

3）药品管理

医院信息系统中的药品管理系统能对医院药品的采购、使用、研制情况及分布于药库、各个药房、制剂室等部门的各种药品的物流和相应财务流进行有效的管理。系统根据库存消耗制订采购供应计划，有效地避免和减少了药品的积压、浪费现象，并且能动态地提供药品流向综合查询。药品管理系统的应用严格规范了药品的采购、入库、上账、出库处理、药库管理、药品有效期管理、药品流向、药品调价收费等一系列计算机网络下的控制和管理，增加了药品采购、消耗的透明度，实现了门诊药房与门诊收费处、住院药房与护士工作站及住院收费处、卫生经济管理科一体化管理。

4）经济管理

医院采用计算机网络系统管理卫生经济，是强化医院经济活动实行统一、有序、规范管理的有效手段，也是对医院的经济活动进行决策、计划、组织、指挥、调节和监督的重要途径。医院实行全方位的卫生经济管理，不仅增强了收费的透明度，避免了欠费、漏费、错费的现象，而且实现了会计收费账务管理、价格管理、自动分类记账、转记账、凭证生成、成本核算等一体化管理，形成了较为完整的医院卫生经济管理体系。

5）综合信息管理

医院信息系统生成的患者基本信息、医疗护理信息、经济管理信息和药品物资信息等，可以满足医院信息集中存储、分散处理、综合查询的需求，并可用直观的图表方式查询各时期、各部门和各类人员的医疗工作综合信息、卫生经济管理综合信息、患者综合信息等。这一系列综合信息是医院管理的基础和制订计划、决策的可靠依据，同时也是控制、监督各项工作和协调、促进各项工作的重要手段。它解决了手工管理无法解决的问题，使医院管理更加规范化、标准化和科学化。

3. 系统功能

系统功能满足了医院不同层次和岗位的需要，包括医院管理者在医院宏观管理和决策方面的需要、医技人员在诊疗业务和科研上的需要、行政人员在日常工作中事务处理和汇总的需要，以及系统管理人员对系统管理和维护的需要。

（1）为医院管理者提供服务：医院管理者在宏观管理和决策方面需要医院信息系统。

（2）为直接使用者带来便利：医生、技术人员、护士和行政人员是医院信息系统的直接用户，通过对医院信息系统的使用能够对其工作产生快捷、显著的帮助。

（3）为维护人员提供所需工具：医院信息系统的很多常见问题的处理方法和系统维护方法可以列入子系统，作为子系统的其中一项功能，为系统维护人员提供便利。

9.3.4 医院信息系统的系统结构

医院信息系统的总体结构应包括临床信息系统、医院管理信息系统、外部接口，如图 9-2 所示。

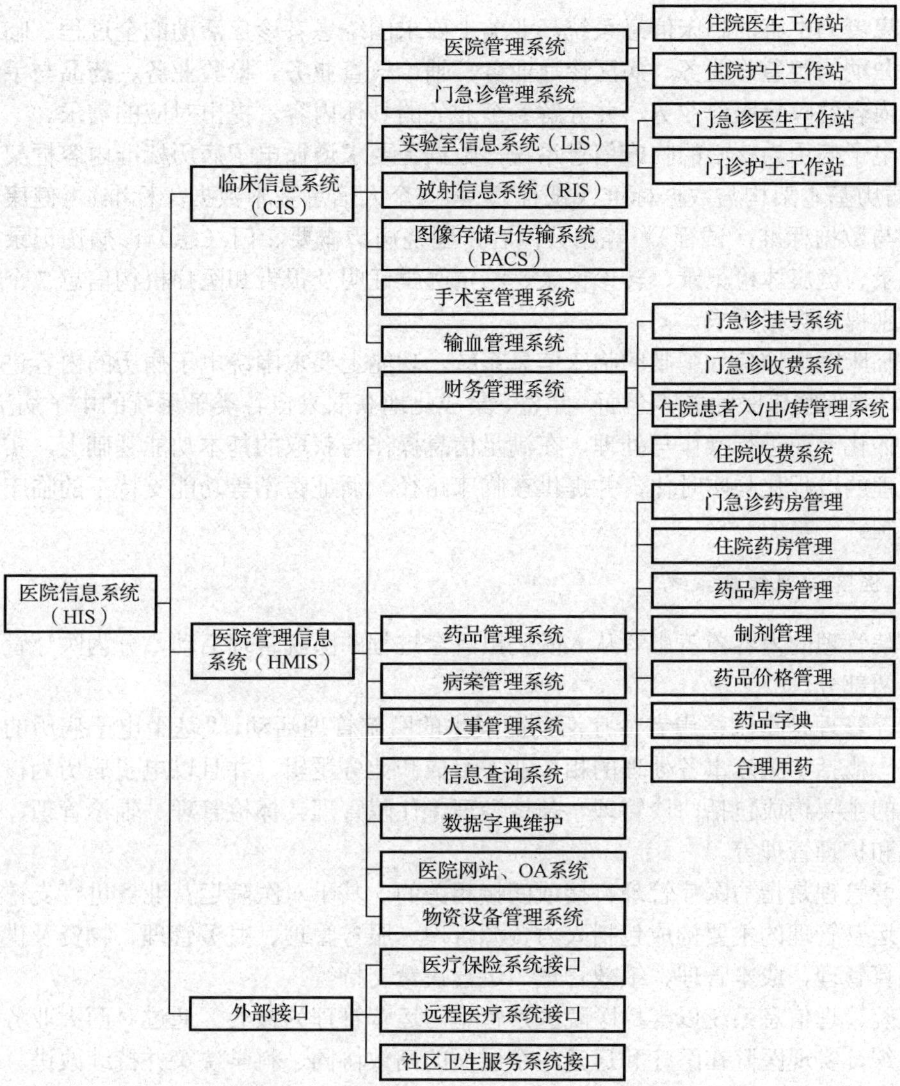

图 9-2　医院信息系统的总体结构示意图

1. 临床信息系统

临床信息系统（clinical information system，CIS）是医院信息系统的组成部分，其对在医疗活动各阶段产生的数据进行采集、存储、处理、提取、传输、汇总并加工生成各种信息，支持医院医护人员的临床活动，丰富和积累临床医学知识，并提供临床咨询、辅助诊疗、辅助临床决策，以提高医疗质量和工作效率。临床信息系统应该涵盖患者诊疗过程的所有环节，包括医生工作站、护士工作站、门急诊管理系统和放射科信息系统等。

临床信息系统还应实现与管理信息系统的流程交互及数据共享。围绕临床信息系统和管理信息系统，还要使相应的网络、硬件、软件、安全、标准等支撑体系平稳运转，达到对内信息资源广泛共享、对外互联互通的目标。

以患者为中心的临床信息系统，业务上要求围绕患者诊疗活动的全过程。临床诊疗业务可归纳为门急诊业务、病区诊疗业务、辅诊检查业务、检验业务、药品与手术麻醉业务等内容的医疗服务业务，并分解各个业务的具体内容，提出对应的需求。

以电子病历为核心的临床信息系统，数据上要求遵循电子病历标准内容框架，根据《电子病历基本架构与数据标准（试行）》和《个人信息基本数据集标准》《健康档案基本架构与数据标准（试行）》等相关内容，围绕病历概要、门（急）诊病历记录、住院病历记录、健康体检记录、转诊记录、法定医学证明及报告和医疗机构信息 7 个方面的内容分别提出数据需求。

以临床医师诊疗为基础的临床信息系统，功能上要求围绕电子病历的内容进行规划与设计，确保临床医师能够全面、完整、集成化地获取来自各类子系统的电子病历数据，并在一体化界面进行操作与处理，在满足信息操作与获取的基本功能基础上，实现临床业务处理的过程化与实时化，并提供在临床路径、循证医学等功能支持下的临床决策与质量控制。

2. 医院管理信息系统

医院管理的内容覆盖患者从入院到出院全过程的医院管理活动，分为医疗管理和运营管理两部分。

医疗管理是指围绕患者诊疗活动而发生的医院管理活动，“基于电子病历的临床信息系统”概括了医疗事务处理的相关业务组成和业务逻辑，并且以电子病历为核心。医疗管理的主要构成包括门诊管理、急诊管理、住院管理、体检管理、辅诊管理、手术麻醉管理和护理管理等。

运营管理是指与医疗管理直接或间接相关的，基于对医院运营业务进行支撑的管理范畴。运营管理的主要构成包括人力资源管理、服务管理、财务管理、物资及供应链管理、预算管理、成本管理、绩效管理、运营决策支持等。

医院管理信息系统以支撑医院医疗管理与运营管理为核心，通过对两大业务主线的科学组织，实现医院在医疗和运营两个层面的高效协同、科学决策并持续改进。

3. 外部接口

外部接口实现医院信息系统与其他部门进行信息交换的功能，包括下载、上传和处理患者在医院就诊过程中发生的各种费用、诊疗信息等内容，做到及时与其他系统进行通信并协助处理接口的程序，是与外部信息系统进行传输、共享数据的纽带，如医疗保险、远程医疗平台等。

9.3.5 医院信息系统建设

医院信息系统作为整个医疗信息系统的基础，其建设思想必须遵循高起点、全方位、智能化、网络化的原则，一个完备的医院信息系统应具备以下原则。

（1）医院信息系统应采用模块化开放式设计，满足不同模式下管理医院的需求，充分利用医院信息资源，实时准确地反应各项数据，量化并完善管理制度，提高医院整体素质和等级。

（2）医院信息系统必须在满足国家有关管理部门的法规的同时，保证医院的灵活管理，使得不同医院的需求得以满足。特别需要注意的是，随着有关改革的不断深入、相关政策的不断出台，软件应及时升级、修改，适应新标准。

（3）医院信息系统的设计应满足最少的投入获取最大的性能产出，充分考虑系统的可扩展性。同时，根据医院规模大小、现有应用水平以及地区基础网络资源的发展程度，结合自身情况实行分步建设。

（4）提供完善的接口服务，如医疗保险单位、上级医疗管理部门等提供数据支持。

（5）完善的医疗信息系统除具备通常的门诊住院收费、药房库房、财务查询等基本功能外，还应具备相应的个性化功能模块供医院选择，如人事、工资、物资、设备管理等内容，满足医院的发展需要。

9.4 医学影像与检验信息系统

9.4.1 医学影像存储与传输系统

医学影像存储与传输系统（picture archiving and communication system，PACS）首次出现在 20 世纪 70 年代末，主要用于解决医学影像的采集和数字化、图像的存储和管理、数字化医学图像的高速传输、图像的数字化处理和重现、图像信息与其他信息的集成 5 个方面的问题。建立 PACS 的目的在于促进医疗卫生信息化的发展，提高诊断水平，降低医疗成本，加强质量管理以及构建临床信息资源。

1. PACS 的定义

医学影像存储与传输系统（PACS）是利用计算机和网络技术对医学影像进行数字化处理的系统。PACS 将医学图像资料转换为计算机数字形式，通过高速计算设备及通信网络，完成对图像信息的采集、存储、管理、处理及传输等功能，使图像资料得以有效管理和充分利用。建立 PACS 的主要目的在于实现医学影像设备的数字化，实现大容量数字信息的存储、通信和显示。

2. PACS 的发展

PACS 最初主要应用于放射科，随着医学影像技术的发展，一方面，出现了各种医学成像方法和设备，如传统的 X 射线透视和摄影、X 射线计算机体层摄影（X-CT）、数字减影血管造影术（digital subtraction angiography，DSA）、核医学（nuclear medicine，NM）、磁共振成像（MRI）、超声成像等，这些成像设备产生的医学影像成为医生诊断疾病的重要依据，同时也使人们面临一个新的问题：如何处理这些大量的有价值的信息。另一方面，各类图像常常需要在科室内部、科室之间、医院之间，甚至地区之间进行传递，以满足医疗诊断治疗、远程会诊和教学的需要。在传统的模拟医学影像体系中，由于采用传统的胶片图像管理模式，保存胶片需要很大的存放空间，常规的 X 射线摄影照片需要暗室冲洗、显影、定影等一系列操作环节，耗时、耗财、耗人力资源，而且不便于存储和传输，无法实现实时异地会诊，无法有效利用影像资源来辅助临床医生进行诊断。因此，有效地管理和及时提供这些医学影像是 PACS 要解决的问题。

20 世纪 80 年代初，欧美等发达国家的医院信息系统已基本完成研究阶段，转向实施阶段，研究工作也逐步转向为医疗服务的系统。20 世纪 80 年代到 90 年代，欧美和日本已经建立起一些实用 PACS。自 20 世纪末以来，随着 PACS 的不断发展，医学数字成像和通信（DICOM）标准被广泛接受，使得 PACS 进入了快速发展阶段。目前，PACS 已经成为医院信息系统中的一个重要组成部分，与其他系统相互交换信息，共同形成医院的整体信息环境。

3. PACS 的作用及分类

PACS 的主要作用有影像的传输与管理，包括图像的采集与处理，信息的查询与管理，影像的显示、处理与诊断，辅助测量与打印输出。虽然不同的 PACS 在组织与结构上可能有很大的差别，但是都必须具备上述功能。无论大型、中型还是小型 PACS，都由医学图像获取、大容量数据存储及数据库管理、图像显示和处理，以及用于传输影像的网络等多个部分组成。按规模和应用功能划分，PACS 可分为以下 3 类。

（1）小型 PACS（mini-PACS）：局限于医院影像部门内，在医学影像科室实现影像的数字化传输、存储和图像显示功能，其具备 DICOM 标准的完全遵从性，是现代 PACS 不可或缺的基本特征。

（2）数字化 PACS（digital PACS）：包括常规 X 射线影像以外的所有数字影像设备（如 CT、MRI、DSA 等），常规 X 射线影像可经胶片数字化仪（film digitizer）进入 PACS，其具备独立的影像存储及管理子系统和必要的软、硬复制输出设备，支持大容量存储设备。

（3）全规模 PACS（full-service PACS）：涵盖全放射科或医学影像学科范围，包括所有医学成像设备、有独立的影像存储及管理子系统、足够的图像显示和胶片复制输出设备，以及临床影像浏览、会诊系统和远程放射学服务。

4. PACS 的工作流程

PACS 由影像采集设备、影像数据存储中心及相关影像工作站组成，涉及硬件和软件两个部分，其基本结构如图 9-3 所示。硬件主要有接口设备、存储设备、主机、网络设备和显示系统。PACS 的主要工作包括图像采集、传输存储、显示、处理以及输出打印等流程。

1）图像采集

图像采集是 PACS 的基础，是指从各种影像设备中迅速、可靠地获取图像及相关的信息（如患者信息、研究描述、图像采集参数和有关的图像处理等）。采集的图像可分为静态图像和动态图像两种类型。静态图像主要是单帧图片，如 DR、CT、MRI 图像；动态图像是由一段或多段连续的图像系列组成，如心脏超声可以采集一个或多个心动周期的图像。

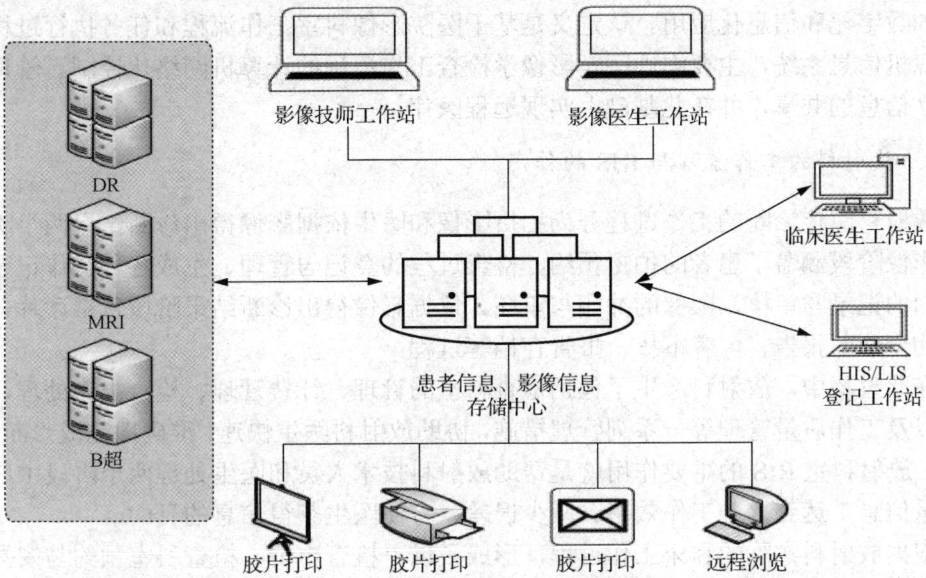

图 9-3　RACS 结构示意图

2）传输存储

图像传输是将医疗设备中采集到的图像传输到指定存储位置并保存的一个过程。这一过程必须解决的问题包括通信协议、传输格式、存储格式、存储空间以及存储介质等。医学图像数据量大，必须进行压缩后才能传输和存储，为保证图像质量，通常采用无损压缩。存储方面，随着现代存储技术的发展，海量存储设备的价格越来越低廉，为 PACS 图像存储和备份提供了多种选择，如光盘库、磁盘阵列等。

3）显示

显示是医学图像获取后利用的一个过程，其通过软件来实现图像的显示。所有能够访问存储中心影像数据的工作站，包括影像科室工作站、临床医生工作站都可以访问并显示采集到的图像，充分实现影像数据的共享。

4）处理

通过对图像的处理，使得图像中所包含的特征更加容易被识别，从而提高诊断质量。医学图像处理主要包括图像缩放、色彩增强、图像锐化，开窗以及图像面积与周长的测量等。

5）输出打印

PACS 可以将 DICOM 格式的图像转换为计算机通用的标准 BMP、JPG 等格式图像，以方便医生进行教学和科研工作。在 PACS 实现的初级阶段，胶片仍然是一种不可替代的方式。PACS 提供 DICOM 接口的打印模块，可将图像用高品质的激光打印机打印在纸张或胶片上。

9.4.2 放射信息系统

1. 放射信息系统的定义

放射信息系统（radiology information system，RIS）主要实现放射科内部工作流程、管理的数字化和信息化应用。该定义是基于医院影像科室工作流程和任务执行过程管理的计算机信息系统，主要实现医学影像学检查工作流程的计算机网络化控制、管理和医学图文信息的共享，并在此基础上实现远程医疗。

2. 放射科的工作流程与 RIS 的作用

放射科医疗诊断的工作过程分为拍摄影像和医生依据影像得出诊断结果两个阶段。拍摄影像阶段涵盖了患者的拍摄预约、检查过程的登记与管理、生成各种操作记录、检查费用的记录与审核、影像的冲印与审核。依据影像得出诊断结果阶段包括读片分析、书写初步诊断报告、内容审核、报告存档等过程。

在此过程中，放射科产生了包括检查科室的管理、计费管理、检查报告处理、检查工作以及工作质量管理等一系列管理措施，协助放射科医生快速、准确地完成诊断过程。因此，放射科室 RIS 的主要作用就是帮助放射科技术人员和医生处理两个阶段中所产生的大量信息，达到提升工作效率、减少误差、方便医生获得信息的目的。

根据放射科实际的临床工作过程，形成了以“检查申请、检查科室预约与安排、检查与诊断、书写报告、报告传送归档”为核心任务的 RIS 工作流程。医生在医院信息系统中根据患者病情的需要检查申请，然后由患者通过医院信息化设施进行检查预约或直接在影像科室登记处进行检查登记预约。在预约规定的时间，RIS 自动将患者基本信息及历史影像资料推送到检验设备的联网工作站，患者进行影像拍摄。拍摄完毕后的检查信息将反馈给 RIS，拍摄的影像文件则自动存储在 PACS 内，可根据需要为患者打印影像胶片；同时，拍摄影像发送至影像诊断工作站，放射科医生开始读片并在系统中书写检查报告。最后形成诊断报告发送至患者的临床医生，同时将诊断报告存储于 RIS 的数据库中。临床医生能够随时调阅患者的检查影像和诊断报告。

3. RIS 的组成与功能简介

根据放射科的工作流程及内容，RIS 应具有预约、登录、检查安排、诊断报告、查询检索、统计分析、系统管理等功能。因此，RIS 应包含以下几个模块，如图 9-4 所示。系统的逻辑功能可归结为申请预约与登记、检查报告处理两大子功能，对应形成两大子系统。

（1）申请预约与登记子系统。该部分的主要功能是提供申请的录入与预约，检查登记与确认、计价等功能。该子系统可以接收病房或门诊送来的检查申请，也可以接收直接录入的检查申请。该子系统根据这些申请和事先准备好的安排表做出检查日程安排并通知申请的病房或门诊部门。当患者来做检查时，该子系统对检查的项目内容进行确认登记。这些登记数据是以后医生书写报告、进行计价的基础。该子系统利用每天登记数据生成检查登记单，完成放射检查数量的统计。

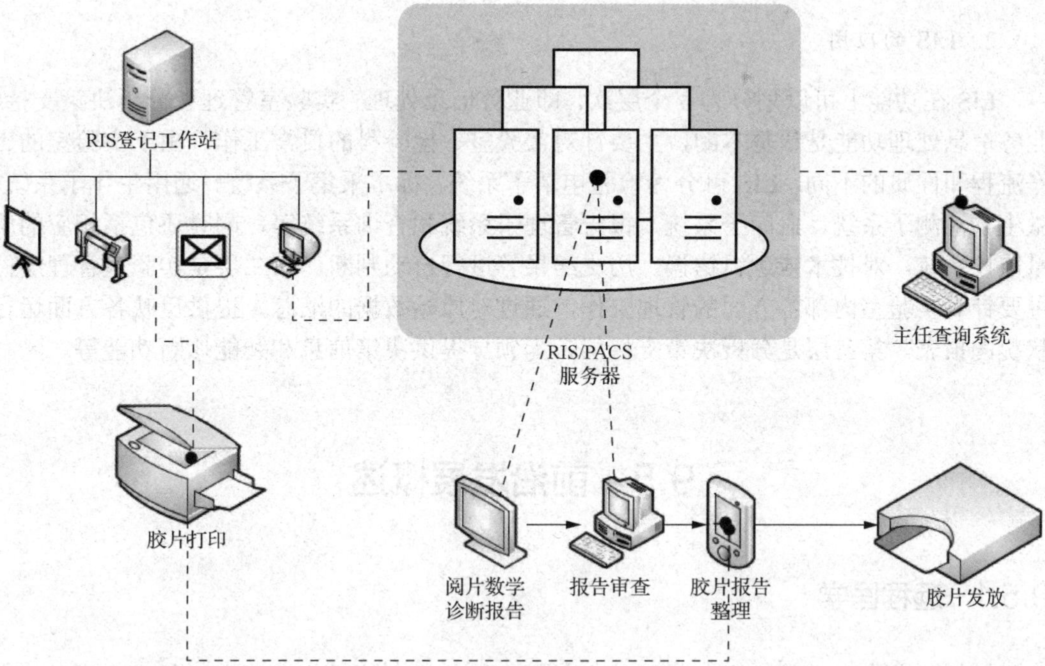

图 9-4　RIS 结构示意图

（2）检查报告处理子系统。提供报告的书写、修改、打印和浏览等功能。该子系统提供了各种检查模板、词库以提高医生书写报告的效率和质量。放射科的随诊工作是提高医生诊断水平的一种重要手段。每过一段时间，放射科将先前做过诊断的病历进行回顾，将放射科的诊断和手术诊断、病理诊断及出院诊断进行对比，同时结合读片，使医生能够更加全面地掌握影像和疾病的联系。随诊工作的主要作用就是提供病历及其他检查报告的阅读工具。

RIS 不仅可以采集患者信息和形成诊断报告，而且可以利用这些信息进行充分分析并加以深化，使疾病诊断、图像信息、教学科研等资源得到了充分的积累与有效地利用。RIS 的建立在提升科室的管理水平、培养队伍业务素质综合能力及优化工作流程和方便患者等方面起到了积极作用。

9.4.3　实验室信息系统

1. 实验室信息系统的定义

实验室信息系统（laboratory information system，LIS）是指利用计算机网络和信息技术，实现实验室业务信息和管理信息的采集、存储、处理、传输、查询，并提供分析及诊断支持的信息管理系统。LIS 处理的信息包括受检者（患者或体检者）信息、标本信息、检验申请信息、检验结果信息与结论信息以及实验室运作、管理等辅助信息。

2. LIS 的应用

LIS 在功能上可以划分为 3 个层次，即业务信息处理、实验室管理和分析决策支持。业务信息处理功能是最基本的，主要针对实验室、检验科的日常工作。由于实验室的工作流程和性质的不同，LIS 可分为检验申请子系统、标本采集子系统、通用生化子系统、微生物检测子系统、血库子系统、报告管理子系统和查询系统等，同时还包括相应的质量监控系统，对技术或逻辑错误、历史结果等进行自动判断。第二层是实验室管理层，主要针对实验室内部各方面的管理工作，通过对原始数据的汇总，提供反映各方面运行状况的报表。第三层是分析决策支持层，为领导提供决策信息和智能诊断功能等。

9.5 前沿发展概述

9.5.1 远程医学

计算机技术、通信技术、网络技术以及多媒体技术的迅猛发展为远程医疗服务的实现提供了技术保障，远程医学随之孕育而生。远程医学的出现能够优化医疗资源配置，创新服务模式，拓展医疗服务供给，推动优质医疗资源下沉，有效提升了医疗现代化管理水平。

远程医学概念最早始于 1992 年，由勃兰斯敦提出“利用远程通信技术，以双向传送数据、语音、图像的方式开展远程医疗活动”。世界卫生组织在 1997 年召开的 21 世纪远程医疗与全球卫生发展战略会议上将远程健康信息系统定义为“通过医疗信息和通信技术从事远距离健康活动的系统，其目的是促进全球人类健康、疾病控制、病人保健、医学教育、卫生管理以及相关研究”。

从远程医学的内涵出发，我们可以将远程医学分为狭义和广义两个角度进行定义。狭义的远程医学主要是指远程医疗，即利用信息与通信技术跨越时空限制，通过临床医学信息、数据的传输和处理进行医疗活动，如临床咨询、远程影像、远程诊断、远程检查、远程手术等。广义的远程医学包括使用计算机技术和远程通信技术提供的所有医学信息和医学服务。

远程医学的主要支撑条件主要包含软硬件系统支撑环境、医学信息数字化环境、通信网络环境、协同工作环境以及远程医学信息标准 5 个方面。

9.5.2 智慧医疗

智慧医疗是将互联网、物联网、智联网高度融合的新型交叉领域，通过对医学文字、图像的智能解析和识别，实现智能化、自动化的医学流程推动，在标准化重复工作方面，在可高度智能识别的大数据方面，能够积极辅助医学专业人员的日常工作。

智慧医疗必须是多学科、多行业的联合实施方向，综合了医疗设备、信息服务系统、大数据分析、图像语音技术、通信互联网等互相协作的建设成果，这种强势组合形成了强势效应，极大提升了医疗行业的智能化应用水平，推动了医疗资源的优化配置，以及促进了医疗业务流程从人工走向智能自动化驱动的进程。

9.5.3　智能临床决策

临床决策支持系统（clinical decision support system，CDSS）是一类辅助临床工作人员、患者及其他潜在用户智能化地获取或筛选临床医学数据和知识，进行专项问题的辅助判断，进而实现改善医疗服务和提高医疗质量为目的的系统，同时在患者诊断过程中为临床医生提供不同程度知识和辅助作用的计算机系统，也被称为临床诊断决策支持系统（clinical diagnostic decision support system，CDDSS），其意义在于帮助医疗相关专业人士做出临床决策，提高医疗质量，减少医疗差错，以及提高医疗效益。

参 考 文 献

陈明，2023．人工智能基础[M]．北京：清华大学出版社．

代涛，2022．医学信息学概论[M]．3 版．北京： 人民卫生出版社．

丁艳，2023．人工智能基础与应用[M]．2 版．北京：机械工业出版社．

董涛，2011．浅析计算机数值编码中的原码、反码与补码[J]．数字技术与应用（1）：118-119.

冯祥胜，朱华生，叶军，等，2019．大学计算机基础[M]．北京：电子工业出版社．

龚玉清，程宇朱，云梁艳春，2024．大学计算机应用基础教程-WPS 版[M]．北京：清华大学出版社．

李修云，尤淑辉，2023．WPS Office 办公应用基础教程[M]．北京：北京大学出版社．

刘瑞新，井荣枝，2024．计算机应用基础[M]．2 版．北京：机械工业出版社．

谭浩强，2017．C 程序设计[M]．5 版．北京：清华大学出版社．

仝军，赵治，田洪生，2018．计算机网络基础[M]．北京：北京理工大学出版社．

吴辰文，李晶，吴辰军，2024．计算机网络基础教程（题库+微课视频版）[M]．4 版．北京：清华大学出版社．

谢江宜，蔡勇，黄艳，等，2022．大学计算机基础-WPS 版[M]．北京：中国水利水电出版社．

谢希仁，2021．计算机网络[M]．8 版．北京：电子工业出版社．

张海藩，牟永敏，2013．软件工程导论[M]．6 版．北京：清华大学出版社．

赵源源，2022．学电脑从入门到精通[M]．北京：人民邮电出版社．

赵越，王之琼，2022．医学信息学[M]．2 版．北京：清华大学出版社．

祝建中，2016．医学信息技术基础教程[M]．2 版．北京：清华大学出版社．